KB266028

도시를 움직이는 모든 것들의 과학

도시를 움직이는 모든 것들의 과학

SCIENCE AND THE CITY

도시를 움직이는 모든 것들의 과학

거대한 도시의 숨은 원리와 공학 기술

로리 윙클리스 지음 | 이재경 옮김

반니

Contents

시작 begin

나도 잘 안다. 내가 얼마나 성가신 존재인지.

어려서 말을 뗀 이후로 나는 질문을 멈추지 않았다. 내 입에서 질문을 멈출 방법은 없었다. 나를 그저 친화적이고 호기심 많은 사람으로 봐주는 사람들도 있다. 친절하고 너그러운 축에 드는 사람이다. 그들에게 깊이 감사한다. 하지만 나는 내 호기심이 싫지 않다. 나는 답을 찾는 것에서 쾌감을 얻는 인간일 뿐이다. 그 쾌감을 좇아 물리학을 공부하고 연구자의 길에 들어섰다. 그리고 운명의 인도로 지금 이렇게 이 글을 쓴다.

얼마 전 나는 내가 사는 곳, 나를 비롯해 지구의 수많은 사람들이 사는 곳에 대한 흥미로운 질문들이 별처럼 많다는 것을 깨달았다.

: 도시

2014년 유엔은 현재 인류 역사상 처음으로 세계 인구의 절반 이상이 도시 지역에 거주한다고 밝혔다. 우리는 공식적으로 더 이상 농경 시

도시를 움직이는 모든 것들의 과학

대에 있지 않다. 도시 시대에 살고 있다. 도시들은 전에 없이 커지고, 붐비고, 중요해졌다. 운 좋게도 나는 내가 세계에서 가장 위대한 도시라고 자부하는 곳에 살고 있다. 그곳은 런던이다. 어떤 반론도 가능하지만 런던에 대한 내 사랑은 변치 않음을 말해둔다.

11년 전 런던으로 이주한 후 처음 얼마 동안은 헤드라이트 불빛에 잡힌 놀란 토끼처럼 어쩔 줄을 몰랐다. 하지만 일단 도시의 스케일에 놀란 가슴이 진정되자 차츰 세세한 것들이 눈에 들어오기 시작했다. 예컨대 지하철 터널의 어둑한 벽들에 숨어 있는 요상한 파이프.

나는 모든 것이 어떻게 한데 묶여 돌아가는지, 그 뒤에 어떤 엔지니어링과 테크놀로지와 과학이 숨어 있는지 궁금해졌다. 간단히 말해서 나는 도시가 어떻게 작동하는지 알아내고 싶었고, 같은 궁금증을 가진 사람들을 돕고 싶었다.

나는 밤이나 낮이나 트위터에 매달려 출판사의 관심을 끌고 내게 책을 쓸 기회를 달라고 졸랐다. 거기까지는 식은 죽 먹기였다! 2년 후 여기 이렇게 나의 첫 책《도시를 움직이는 모든 것들의 과학》이 탄생했다. 근본적으로 이 책은 내가 세상의 모든 위대한 도시들에게 보내는 과학적 러브레터다.

이 책에서 나는 독자 여러분을 모시고 흥미로운 사실과 기대로 가득한 도시 대탐험에 나선다. 우리는 각 장을 차례로 통과하며 세계 도시들의 문 뒤를 엿보고 길 밑을 들여다보고 거기 숨은 비밀들을 캔다. 교통망부터 상하수도와 전력망까지 모든 것을 거시적으로 또 미시적으로 논한다. 여러분은 나를 통해서 수백 명 전문가들이 전하는 생생한 현장의 소식을 듣고, 그동안 여러분이 도시 정글에 대해 품었던 의문들에 대한 답을 찾게 될 것이다.

나의 일은 우리를 둘러싼 과학기술들이 어떻게 작용하는지 설명하는 것이고 여러분은 그 설명을 토대로 각자 나름대로 미래 도시의 비전을 세울 수 있다. 나와 함께 최신 연구 논문들을 뒤져 전에 없던 근사한 테크놀로지와 조우한다. 그 기술들이 장차 우리가 건설하고 이동하고 일하는 방식을 바꿔놓게 된다. 매우 흥미로운 여정이 될 것으로 믿는다.

《도시를 움직이는 모든 것들의 과학》은 물정 모르는 한 과학자가 다른 물정 모르는 과학자들을 위해 쓴 책이 아니다. 교통 신호등은 어떻게 작동하는지, 전선 위의 새들은 어째서 감전되지 않는지 한 번이라도 궁금했던 사람들을 위한 책이다. 이 책은 자신이 사는 세상에 호기심을 가진 사람들을 위해 태어났다.

자료조사를 하고 책을 쓰면서 여러 비범한 과학자들과 엔지니어들을 만났다. 그들은 내가 세상을 보는 방식을 바꿔놓았다. 하지만 진정한 스타는 도시 그 자체다. 세상의 모든 도시에 감사를 표한다.《도시를 움직이는 모든 것들의 과학》을 그들 각각에게 헌정한다.

빌딩,
마천루의
과학

눈을 감고 상상해보자. 여러분은 지금 세계의 금융 중심지 한복판에 서 있다. 런던이어도 좋고, 홍콩이나 뉴욕이어도 좋다. 주변을 둘러보고 자신이 있는 곳을 묘사해보자. 도시의 랜드마크 건물을 지나는 중인가? 아니면 옆길에 숨어 있는 카페에서 오후의 커피를 즐기고 있는가? 아니면 택시를 타고 혼잡한 도로를 전쟁터처럼 누비고 있는가?

도시 정글 속 어디에 있든 한 가지는 확실하다. 당신의 시야 어딘가에, 또는 시야 너머 어딘가에 수없이 번쩍이며 치솟아 있는 유리와 강철의 빌딩들이 있다는 사실이다. 바로 마천루다. 북적이고, 요동치고, 나날이 팽창하고, 끝없이 미래지향적인 도시의 모습을 이보다 효과적으로 압축하는 존재는 많지 않다. 따라서 이곳이 우리의 탐험을 시작할 완벽한 시작점이다.

마천루를 딱히 현대의 발명이라고 할 수는 없다. 고층건물이 도시의 심장부에 존재한 것은 130년 전부터고, 하늘에 닿을 듯한 건물을 짓겠다는 인간의 욕망은 그보다 더 오래되었다. 땅의 면적은 제한되어 있고 그것을 원하는 사람은 많다. 홍콩센트럴이나 로어맨해튼 같은 곳이 대표적이다. 이때 방법은 딱 하나, 위로 올라가는 것뿐이다.

오늘

:

땅 한 조각에 얼마큼이나 욱여넣을 수 있을까? 2013년 기준 미국 가정 집 평균 크기는 점유 면적 232m², 한 집당 거주 인원은 세 명이다. 하지만 뉴욕 금융가 중심부라면 이야기가 좀 달라진다. 9·11 테러로 사라진 세계무역센터 쌍둥이 타워의 점유 면적은 각각 4,000m² 조금 넘었다. 일반 가정집 17채 크기에 불과하다. 하지만 세계무역센터 타워 각각의 일간 수용 인원은 51명이 아닌 25,000명에 달했다.

물론 공평한 비교는 아니다. 대개의 사무실 건물은 생활공간을 제공하지 않는다. 작업공간만 있다. 직원 수만큼 침대를 놓을 필요가 없다면, 이들을 수용하는 데 드는 면적이 극적으로 준다. 어쨌든 큰 그림이 바뀌는 건 아니다. 건물을 하늘 높이 올리게 되면서 상대적으로 좁은 땅을 수천 명이 안락하게 이용할 수 있게 되었다.

우리 시대 최고의 공학 기술을 한눈에 대변하는 것이 있다면 그것은 고층빌딩들이 만드는 도시의 스카이라인이다. 나는 그렇게 생각한다. 마천루는 도시가 하는 모든 것을 조금씩 다 한다. 자신의 무게와 자신이 수용하는 모든 것의 무게를 지탱해야 하고, 바람에, 때로는 지진에도 견뎌야 하고, 화재와 침수로부터 입주자와 사용자를 지켜야 한다. 거기다 눈길을 끌 만큼 매력적이어야 하고, 널찍하고 쾌적한 환경을 제공해야 하고, 모든 층이 서로 원활히 소통해야 한다.

도시를 움직이는 모든 것들의 과학

그뿐 아니다. 도시 전력망에 온전히 접속해 있어야 하고, 상하수도 인프라와 통신 시스템을 안정적으로 유지해야 한다. 이 모든 것을 다 하면서 건축가의 독창적 비전까지 구현하기란 결코 쉬운 일이 아니다. 엄청난 양과 수준의 엔지니어링 기술과 상당한 기획력이 필요하다.

저렇게 거대한 타워들은 어떻게 세워지는 걸까? 문득 궁금한 것이 있다. 빌딩이 얼마나 높아야 마천루라고 할 수 있을까? 세계의 마천루 정보를 관리하는 국제초고층도시건축학회는 높이 300m 이상을 초고층 빌딩supertall으로, 600m 이상을 극초고층 빌딩megatall으로 분류한다. 하지만 넓게 분류해서 폭보다 높이가 월등히 큰 건물을 모두 마천루로 봐도 무방하다.

현대 고층도시에 대한 비전을 잡는 최선의 방법은 마천루를 한 번 지어보는 것이 아닐까 한다. 건설 자재부터 시작해서 마천루의 안정적 직립을 보장할 건설 설비와 공법을 짚어보자. 마천루는 결코 쉽게 서지 않는다. 건설 과정에서 넘어야 할 산들이 많다. 우선 과거 산업혁명 시대로 한 걸음 들어가 보자.

: 강철

1800년대 중반까지 대형 건물은 네 가지 표준 재료로 지었다. 나무, 돌, 벽돌, 쇠. 나무는 인류 최초의 진정한 건축 자재다. 지금까지 목재의 사용이 중단된 적은 없다. 규모가 있는 구조물에는 수천 년간 돌과 벽돌이 주종으로 쓰였다. 하지만 돌과 벽돌은 힘겨운 준비 과정이 필요했다. 돌은 채석장에서 캐서 사각형으로 마름해야 했고, 벽돌은 손으로 빚어 화로에서 구워야 했다. 둘 다 이루 말할 수 없이 무거워서 자체 무게로 주저앉지 않을 선에서 짓다 보니 석조 건물이나 벽돌 건물은 올릴 수 있는 층수에 한계가 있었다.

1800년대에 이르러 연철과 주철의 생산이 용이해지면서 이 두 가지가 당대의 선도적 건축가들에게 새로운 건설 기법을 가능케 했다. 파리는 1889년 만국박람회를 맞아 7,300톤의 연철을 들어 높이 300m의 에펠탑을 세웠다. 하지만 '하늘을 긁는다scrape the sky'는 표현이 무색하지 않을 진정한 마천루를 올리려면 싸게 생산할 수 있는 가볍고 강도 높은 재료를 찾아야 했다.

그 첫 단계는 철에서 강철로 옮겨가는 것이었다. 금속성 철은 지표면에서 가장 흔한 물질 중 하나다. 선사 시대부터 철 자체를 얻는 건 어렵지 않았다. 하지만 천연 상태의 철은 상당히 무르다. 철을 건축 자재로 적당하게 바꾸려면 다른 성분을 적절히 섞어서 철 합금으로 만들어야 한다.

- **선철**pig iron 탄소 함유량이 3.5~4.5%로 높은 편이고 다른 불순물도 함유하고 있어서, 무르고 부러지기 쉽고 단련 등의 가공이 어렵다. 다시 말해 건축 자재로 적합하지 않다.

- **주철**cast iron 탄소 함유량이 2~3.5%로 선철보다 조금 낮고 실리콘이 2%까지 포함되어 있다. 단단하지만 여전히 잘 부러져서 견딜 수 있는 하중의 타입과 정도가 제한적이다.

- **연철**wrought iron 탄소 함유량이 0.02~0.08%로 매우 낮다. 단단하면서도 팽창력이 있어서 두드려 펴고, 말고, 압착해서 철판으로 가공하기에 적합하다.

우리가 원하는 합금은 마지막 두 가지 사이에 위치한다.

· **강철**steel 탄소 함유량은 0.5~2% 사이로, 연철보다 단단하면서도 주철과 달리 팽창력과 신축성이 있어서 우리의 니즈에 잠재적으로 완벽한 소재다. 하지만 산업혁명 초기에는 강철 제조에 들어가는 비용이 어마어마했다. 톤당 생산 비용이 80달러를 넘었고, 생산 과정도 지극히 노동집약적이었다.

그러다 1855년에 모든 것이 바뀌었다. 헨리 베서머Henry Bessemer라는 영국 엔지니어가 강철을 대량 생산할 새로운 방법을 발명하고 특허를 낸 것이다. 베서머 제강법은 조롱박 모양의 거대한 도가니에 선철을 녹인 쇳물을 가득 붓고 압축 공기를 주입하는 방식이었다. 압축 공기 속 산소가 선철 속 탄소와 결합해 이산화탄소CO_2를 생성한다. 이 과정에서 선철의 탄소 함유량이 낮아져 선철 쇳물이 강철 쇳물로 바뀐다. 선철에서 곧바로 강철을 뽑는 방법이라 생산 비용도 과거와 비교할 수 없이 쌌다.

하지만 이 방법은 이론적으로 간단해도 실제로는 극도로 불안정했다. 선철 속 불순물 때문에 최종 결과물의 성분을 매번 일정하게 맞추는 것이 불가능했다. 베서머 고객들의 분노가 쌓여갔다. 일부 고객은 그를 고소하기까지 했다. 이때 영국의 야금학자 로버트 무세트Robert Mushet의 아이디어가 베서머 제강법을 살렸다. 무세트는 탄소를 아예 완전히 제거해버린 다음, 거기에 필요한 만큼의 탄소를 다시 넣는 방법으로 베서머 공정의 유효성을 극적으로 향상시켰다.

베서머 공정은 제강업의 시대를 열고 급속도로 세상을 바꾸기 시작했다. 1875년까지 강철 생산비가 톤당 32달러로 떨어졌다. 값싸고 질 좋은 강철을 구할 수 있게 되자 당장 수요가 급등했고, 수요 급등은 대량 생산, 대량 공급을 불러서 톤당 생산비가 또다시 엄청나게 떨어졌다. 이제 세상은 근대판 철기 시대로 접어들었고, 아직도 우리는 그 시대에 살고 있다.

: 콘크리트

다시 우리의 마천루로 돌아가 보자. 우리에게는 이제 강철이라는 싸고, 안정적이고, 건물 뼈대를 높이 올리는 데 적합한 자재가 있다. 하지만 건물의 나머지 부분은?

콘크리트는 알고 보면 첨단 소재이면서 고전 소재다. 저비용 강철보다 훨씬 전부터 존재했다. 콘크리트를 간단히 설명하면 자갈과 모래처럼 물리적, 화학적으로 견고한 재료(콘크리트의 뼈대가 된다고 해서 골재라고 부른다)에 시멘트와 물을 섞어 뭉쳐놓은 것이다. 요즘은 여기에 강철봉을 더해 한층 강화된 콘크리트를 만든다.

콘크리트도 시작은 미미했다. 고대 바빌로니아에서는 점토와 자갈의 혼합물로 건축물을 지었고, 중국도 만리장성 일부 구간에서 시멘트와 비슷한 재료를 써서 돌덩이들을 붙였다. 그러다 1800년대 중반, 오늘날 쓰이는 시멘트의 '원조' 격인 포틀랜드 시멘트가 등장했다. 석회석과 점토를 혼합하는 포틀랜드 시멘트 제조법을 발명한 사람은 영국의 조셉 애스프딘Joseph Aspdin이다. 그의 시멘트가 영국령 포틀랜드 섬에서 나는 석재와 색이 비슷해서 이런 이름이 붙었다.

포틀랜드 시멘트가 최초로 적용된 공사는 1843년에 완공된 런던 템

 도시를 움직이는 모든 것들의 과학

스 강 터널 공사였다. 포틀랜드 시멘트로 터널의 틈과 구멍을 막아 누수 문제를 해결했다. 직접 시멘트를 만드는 것은 생각보다 어렵다. 아무 돌이나 빻는다고 시멘트가 되는 것은 아니다. 탄산칼슘(예를 들어 석회석)과 규산염(규소+산소)을 함유한 돌이 필요하다. 약간의 철광석과 산화알루미늄도 필요하다. 이 성분들을 갈아서 1,450℃ 이상으로 가열한 다음 다시 미세한 분말로 곱게 갈아야 한다. 여기에 물과 골재를 넣어 혼합하면 콘크리트가 완성된다.

오늘날의 세상은 콘크리트 세상이라 해도 과언이 아니다. 그건 콘크리트가 가진 장점이 많다는 증거이기도 하다. 우선 선택의 여지가 많다. 어떤 시멘트와 골재를 선택하느냐에 따라 최종 결과물의 강도와 내구성은 물론, 건물의 외관까지 달라질 수 있다. 콘크리트는 거푸집에 부어서 굳히면 그만이기 때문에 복잡한 형태로 가공하는 것도 용이하다. 그 자체로 내화성 소재고, 다른 건설 자재보다 부패와 부식과 퇴락에 강하다. 거기다 시간이 흐르면서 더욱 강해진다.

물론 콘크리트에는 매력적이지 못한 특성도 있다. 거기에 대해서는 나중 장들에서 논하기로 하고, 위 문단 마지막에 언급한 장점을 좀 더 풀어보자. 콘크리트는 시간이 가면서 강도가 높아진다. 이는 포틀랜드 시멘트와 물 사이에 일어나는 화학 작용 때문이다. 통념과 반대로 콘크리트는 '마르지' 않는다. 건축공학에서 양생養生, curing 이라고 부르는 과정을 통해 오히려 수분을 조직 안에 단단히 동여맨다.

규산칼슘의 미세 분말에 물을 섞으면 아주 끈적끈적한 화합물이 만들어지고 이것들이 골재에 달라붙어 콘크리트를 형성한다. 이 수화水和 작용은 매우 중요하다. 중요한 만큼 신중해야 하는데, 물이 너무 적으면 수화 작용이 완결되지 않고 물이 너무 많으면 사용되지 않은 물이 재료 내부에 그대로 남아 콘크리트를 약화시킨다. 그래서 콘크리트를 타설하는 날에 비가 오면 문제가 된다.

일반적으로 공사 현장에서는 콘크리트에 물을 분무하거나 수분 유지용 덮개를 쓰는 방법으로 양생 기간 동안 콘크리트가 '마르는' 것을 방지한다. 초기 양생initial curing(콘크리트의 경화 촉진을 위해 경화 초기에 하는 양생)이 완료된 후에도 공기 중 수분을 이용해서 더 이상 단단해질 수 없는 수준에 이를 때까지 계속 경화 작용을 이어간다.

우리는 '강하다'는 말을 일상에서 흔하게 쓰지만, 과학자들에게는 덮어놓고 '강하다'고 하면 못 알아듣는다. 구체적으로 얼마나 어떻게 강한지에 따라 강한 것에도 여러 종류가 있다. 그중 세 가지만 소개하면 다음과 같다.

· **압축 강도**compressive strength 재료를 압착할 때 재료가 파괴되지 않고 버티는 최대 하중. 재료가 압축 하중을 견디는 최대치.

· **인장 강도**tensile strength 재료를 잡아당길 때 재료가 끊어지지 않고 버티는 최대 하중. 재료가 인장 하중을 견디는 최대치.

· **전단 강도**shear strength 재료의 한 면에 평행으로 반대 방향의 힘을 가할 때 재료가 그 면을 따라 절단되지 않고 버티는 최대 하중. 재료가 전단 하중을 견디는 최대치.

콘크리트는 압축 하중에 강하다. 건물 기초 공사에 주로 콘크리트를 쓰는 건 지반과 건물 사이에서 받는 압축력을 잘 버티기 때문이다. 하지만 잡아 늘리는 인장 하중에는 매우 약하다. 그래서 문틀에는 절대로 콘크리트 빔을 쓰지 않는다. 빔 위에만 벽돌이 있고 빔 아래에는 아무것도 없다. 즉 빔을 내리누르는 벽돌의 무게를 받쳐주고 그 힘을 상쇄해줄 것이 없다. 결과적으로 콘크리트 빔이 힘에 눌려 늘어나다가 금이 가면서 쫙 갈라지게 된다. 마천루를 건설하는 마당에 콘크리트가 갈라지면 치명적이다.

우리가 건설 현장에서 보는 콘크리트는 대부분 철근 콘크리트다. 인장력이 강한 철망steel mesh이나 철봉steel rods을 넣어서 보강한 콘크리트를 말하는데, 이런 보강재를 철근rebar이라고 한다. 철근으로 보강한 콘크리트는 인장 강도가 높아져서 외력을 흡수해 붕괴의 위험을 최소화한다. 콘크리트의 압축력과 강철의 인장력이 만나 성능이 강화된 것이다.

콘크리트와 강철은 서로 물리적 차이가 크고 뚜렷하다. 그런데 놀랍게도 둘은 온도 변화에 거의 똑같은 비율로 팽창하고 수축한다. 철근 콘크리트 발명자는 이 두 가지 구성요소의 열팽창 계수가 거의 완벽하게 일치한다는 사실을 알고 있었을까? 이로써 수시로 변하는 기온에 대처하는 문제가 쉽게 해결되었다. 이것이 콘크리트가 범지구적 기초 건자재로 군림하게 된 이유다.

종합적으로 콘크리트는 건설업에 그야말로 편재한다. 콘크리트를 빼고는 건설을 생각할 수 없다. 특히 마천루 건설에 필수불가결하다. 특유의 역학적 성질 때문에 콘크리트는 하중을 많이 받는 구조물(예컨대 벽과 기둥)의 재료로 독보적이다. 또한 바닥재로 쓰일 때는 필요한 자리에 바로 쏟아 붓기만 하면 된다. 이로써 마천루의 틀은 갖춰졌다.

: 유리

빌딩의 뼈대는 세웠다. 그렇다면 외관은? 이제 유리가 등판할 때다. 빌딩 건설에는 유리도 무진장 들어간다. 고고학 기록에 따르면 인간이 처음으로 유리를 만들어 쓴 것은 기원전 3,500년경이었다. 그때부터 지금까지 유리의 주재료는 거의 변함없다.

유리의 주성분은 실리카SiO_2다. 고대에는 실리카가 유리의 약 90%를 차지했지만 오늘날은 75% 정도다. 나머지 성분들은 유리의 물리적 성질을 재단하고 다듬는 용도다. 가령 탄산나트륨을 추가해서 유리의 용융 온도를 1,200℃로 낮춘다. 산화납을 첨가하면 유리의 반사율이 높아지고, 산화붕소는 고온에 강한 내열 유리를 만든다. 1915년에 미국 코닝 사가 출시한 조리용 유리 용기 파이렉스Pyrex의 비결이 바로 산화붕소다.

그런데 크고 평평한 판유리는 어떻게 만드는 걸까? 1950년대에 영국의 앨러스테어 필킹턴Alastair Pilkington이 플로트 유리float glass 제조법을 발명해 본격적인 판유리 시대를 열었다. 현재 전 세계 판유리 물량의 대부분이 플로트 공법으로 제조된다. 이 공법이 없었다면 우리의 마천루들은 지금과 상당히 다른 모습을 하고 있을 것이다.

플로트 공법은 거대한 수조에 용융 상태의 주석을 부어놓고, 그 표면 위로 유리 녹인 물을 흘려서 판유리를 만드는 방법이다. 주석보다 유리의 밀도가 낮기 때문에 유리물이 주석물 위로 뜬다. 거기다 주석은 녹는점이 유리처럼 뜨겁지 않아서('고작' 232℃), 유리가 그 위로 퍼지며 식는 효과도 있다. 이렇게 하면 유리 표면이 양면 다 요철 없이 매끈하게 나오기 때문에 판유리를 만든 후 다시 표면을 다듬는 작업을

도시를 움직이는 모든 것들의 과학

할 필요가 없다.

이 공정은 실을 뽑듯 연결 작업이 가능해서 믿기 어렵게 커다란 판유리도 제조할 수 있다. 세계적 유리 제조업체 필킹턴이 제조하는 창유리의 최대 크기는 6m×3.21m에 달한다. 일반 거실 하나를 덮고도 남을 크기다.(제품의 최대 크기는 기술 여건이 아니라 대개 물류 여건으로 결정된다. 선적 가능한 크기에 한계가 있고, 유리 열처리에 쓰는 용광로의 크기도 대개 4m×2m 정도다) 성형 판유리는 제조 후에 열처리나 코팅을 거쳐 필요한 특성을 개선 또는 강화한다.

"전통적으로 마천루에는 강화 유리를 씁니다." 필킹턴 사의 필 브라운Phil Brown이 말한다. 강화 유리는 일반 유리보다 기계적 강도가 4~5배 높다. 고열로 가열했다가 급속히 냉각시키는 특수 열처리 과정을 통해 유리 분자를 압축시켜서 만든다. 강도가 높기 때문에 별다른 버팀대 없이도 상당히 너른 구간에 걸칠 수 있다. 하지만 빌딩이 높아지면서 건축가와 엔지니어들이 강도 이상의 것을 요구하게 되었다.

"지금은 혼성 가공hybrid glazing이 뜨고 있습니다. 강화 유리 두 장을 접합하고 그 사이에 폴리비닐부티랄PVB을 중간 막으로 끼워 넣는 거죠." 이런 PVB 접합 유리는 일단 잘 깨지지 않고, 만에 하나 깨지더라도 유리가 끈적한 PVB 층에 접착되어 파편이 날리지 않는다. 그래서 접합 유리를 안전유리라고도 한다.

또한 브라운의 설명에 따르면 고층건물에 쓰는 유리는 대개 고성능 일사 조정 유리solar control glass다. 이 코팅 유리는 여름에는 열기가 안으로 들어오는 것을 막고 겨울에는 밖으로 빠져나가는 것을 막는다. 이중 유리창의 안쪽 표면에 특수 코팅을 해서 이런 기능을 추가하는데, 유리를 풍화 작용에 따른 손상으로부터 보호해서 유리의 수명을 창문 수명만큼 연장한다.

한 가지 짚고 넘어갈 것이 있다. 고층건물에서 흔히 보는 거대한 유리 파사드facade(건물 정면)에 관한 것이다. 유리 파사드는 보기와 달리 건물의 어떤 부분도 지탱하지 않는다. 유리 커튼처럼 그저 건물 바깥에 걸려 있다고 보면 된다. 사물에 놀랍도록 노골적인 이름을 붙이는 숭고한 전통에 따라 이런 파사드를 일컬어 커튼월Curtain walls이라고 한다. 그렇다고 창유리와 창틀이 건물에 더하는 것이 없는 건 아니다. 건물에 질량을 더한다. 다만 건물의 수직 자립에는 직접적 도움을 주지 않는다.

: 시공

우리의 마천루 건설에 필요한 기초 자재는 충분히 모았다. 이제 얼마나 올릴지 높이를 정해야 한다. 90층(약 380m) 정도? 일단 그 정도로 정해보자.

건설 과정 내내 건물의 무게는 매우 예민한 요소로 작용한다. 건물 무게에는 두 가지가 있다. 하나는 건물 자체의 정하중dead load이다. 시간이 경과해도 크기와 방향이 변하지 않는, 정지해 있는 하중을 말한다. 다른 하나는 건물이 수용하는 모든 것(사람, 사무용 설비와 집기, 엘리베이터 등)의 무게로, 이를 활하중live load이라고 한다. 마천루의 기초는 정하중과 활하중 모두를 떠받쳐야 한다. 자, 여기서부터 시작해보자.

통상적으로 건물의 기초 공사란, 견고한 지반에 고강도 콘크리트와 강철 빔으로 만든 말뚝을 박아 넣는 작업이다. 이 말뚝들을 파일piles

　　　　　　　　　도시를 움직이는 모든 것들의 과학

이라고 부르는데, 파일들이 나무뿌리처럼 땅속에 퍼져서 건물의 하중을 분산한다. 지반이 약한 경우에는 다른 대안도 있다. 말레이시아 쿠알라룸푸르의 88층 초고층 빌딩 페트로나스 타워(452m)는 파일들이 떠받치는 두 개의 콘크리트 매트 위에 지어졌다. 파일 중 일부는 땅속으로 110m까지 뻗어 내려가 견고한 기반암으로 하중을 전달한다. 우리의 마천루는 토질이 좋고 단단한 곳에 세운다고 가정하자. 이때는 고강도 콘크리트와 강철 파일로 기초 시공을 한다.

다음 순서는 건물의 뼈대를 세우는 골조 공사다. 마천루 하면 전통적으로 떠오르는 이미지가 있다. 지지대를 가로세로로 엮어 만든 거대한 강철 골조. 철골은 기본적으로 작은 강철 박스들을 계속 쌓아서 만든 하나의 거대한 강철 박스다. 이런 구조물은 건설이 상대적으로 간단하고 쉽다. 하지만 고려할 점들이 있다. 대표적인 것이 마천루가 올라갈수록 자재도 더 든다는 점이다.

골조가 계속 버티려면 층이 올라가며 강철 빔이 점점 더 촘촘히 붙어야 한다. 빔이 늘어나면 건물이 무거워지고, 그 무게를 지탱하려면 애초에 더 깊고 더 넓은 기초가 필요하다. 통상적으로 강철 골조는 40층 건물까지만 유효하다. 거기서 더 높아지면 철골이 바닥 면적보다 많아지는 사태가 발생한다. 우리의 90층 마천루가 제대로 서려면 다른 방법이 요구된다. 한때는 철골이 고층건물의 필수 자재였지만 지금은 철골 대신 고강도 콘크리트를 쓴다.

세계에서 가장 키가 큰 도시는 홍콩일지 몰라도, 2017년 현재 세상에서 가장 높은 인공 구조물을 보유한 도시는 두바이다. 사막의 하늘을 향해 828m까지 뻗어 올라간 부르즈 할리파는 두바이의 슈퍼스타다. 높이가 올림픽 육상 트랙의 두 배에 달한다.

나는 이런 가공할 빌딩에는 어떤 건축 기법이 쓰이는지 궁금해서 시카고의 세계적 건축사무소 스킷모어, 오윙스 & 메릴의 파트너이자 부르즈 할리파 프로젝트의 수석 엔지니어였던 빌 베이커Bill Baker를 찾아갔다. 부르즈 할리파는 사막의 꽃을 형상화한 나선형의 외관도 멋지지만 무엇보다 공학의 경이적 승리로 통한다. 처음에는 베이커가 딴 세상 사람처럼 보였다. 하지만 그도 나만큼 말이 빠르다는 것을 알고는 왠지 말이 통할 것 같은 느낌이 들었다.

지상 163층으로 완공된 부르즈 할리파에 비하면 우리의 90층짜리 빌딩은 어린애다. 뼈대만 봐도 대단히 흥미롭다. 지상 156층까지는 콘크리트가 쓰였고, 그 위부터는 강철이 함께 쓰였다. 초고층 빌딩에 이런 복합구조는 선택이라기보다 필수다. 어떤 재료도 단독으로 모든 것을 해결할 수 없다. 베이커가 말한다. "우리의 목표는 마천루가 최대한 견고하게 흔들림 없이 서 있는 겁니다. 이 목표 때문에 재료의 선택과 디자인에 한계가 생깁니다."

지면의 산들바람도 100층 넘는 높이에서는 태풍이 된다. 빌딩이 바람 등 다양한 외력에 버티려면 특별한 구조가 필요하다. 그래서 베이커가 부르즈 할리파를 위해 고안한 것이 버트레스 코어buttressed core라는 독특한 구조물이다. 건물 중앙에 폭 11m의 육각형 고강도 철근 콘크리트 코어(기둥)를 배치하고, 이를 부르즈 할리파의 척추로 삼는다. 이 코어의 세 면에서 버트레스(부벽)가 날개처럼 뻗어나가서 Y자 모양을 이룬다. 이 구조로 건물을 올리면 부담스러운 철골 없이도 층수를 높일 수 있다.

  도시를 움직이는 모든 것들의 과학

또한 버트레스 코어는 건물 바닥층에서 최고층까지 크기와 모양이 변하지 않고 일정하게 유지되는 유일한 부분이다. "건물을 전례 없는 높이까지 올리려면 빌딩 한가운데를 관통하는 강고한 중심축이 필요했어요. 그리고 열린 형태보다는 닫힌 형태가 훨씬 견고하죠." 베이커가 말했다. 하지만 아무리 강해도 육각형 코어는 너무 호리호리해서 다른 도움 없이 하늘 높이 치솟기는 어려웠다. 파스타 면을 몇 미터로 늘려서 세운다고 상상해보자. 그게 안정적으로 서 있겠는가! 어림없다. 베이커는 중세 고딕 양식의 대성당에서 영감을 얻었다.

하늘에서 내려다보면 부르즈 할리파는 삼발이와 비슷하게 생겼다. 육각형 코어에서 뻗어나간 세 개의 '날개' 때문이다. 각각의 '날개'를 따라 형성된 회랑 벽corridor walls이 코어를 지지한다. 세계의 대성당과 성채의 두꺼운 돌담을 떠받쳤던, 그리고 지금도 떠받치고 있는 부벽buttresses을 본뜬 구조다. 이 부벽들에서 뻗어나온 그물 벽web walls이 건물에 추가로 힘을 보태고 비틀림을 방지한다. 베이커에 따르면 '중심에서 멀어질수록 벽들의 저항 작용도 커진다. 세 '날개'의 끝에 있는 벽들은 층이 낮아질수록 두꺼워진다.

견고한 중심 코어와 두께가 변하는 벽들. 이 조합이 마천루 건설에 새 장을 열었다. 이 최신 공법이 신흥 도시들에서 극적인 높이 상승을 예고한다. 진정한 극초고층 빌딩의 시대가 온 것이다. Y자 코어는 빌딩에 콘크리트 척추 역할을 하는 것 외에 다른 중요한 역할도 한다. 엘리베이터 통로로 사용되는 것이다. 또한 Y자 코어는 건설 공정에 편의성도 더한다. 폭이 일정하게 유지되기 때문에, 코어에 인접한 구역의 바닥 시공은 전 층에서 동일 규격의 바닥재로 이루어진다. 콘크리트 평판을 똑같이 대량 생산하는 것이, 층마다 맞춤 생산하는 것보다 엄청 간편한 건 두말하면 잔소리다.

베이커는 버트레스 코어 공법이면 더 높은 마천루도 가능하다고 본다. "부르즈를 1km 넘게 올릴 수도 있었어요. 한계가 있었다면 기술적 한계가 아니라 재정적 한계였겠죠. 아니면 고도 상승에 따른 기압 변화가 사람의 속귀에 부담이 된다는 정도?" 베이커의 포부만큼은 하늘을 찌른다.

인간에게 공기압이 문제가 되는 건 해발고도 2.4km부터다. 부르즈 할리파보다 세 배나 높은 빌딩 꼭대기에 올라가지 않는다면 속귀 걱정은 하지 않아도 된다. 만에 하나 그 정도로 높은 건물을 짓는다면, 최고 층들에는 여객기처럼 실내 기압을 지상에 가깝게 유지하는 여압 장치를 달아야 한다.

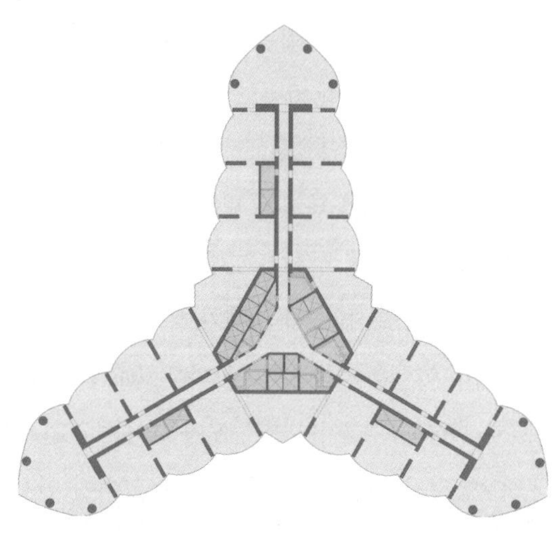

[그림 1.1] 부르즈 할리파의 평면도 견본. 빌딩이 육각형 코어를 중심으로 삼발이 구조를 이루고 있다.

도시를 움직이는 모든 것들의 과학

다시 우리의 소박한 마천루로 돌아가 보자. 우리에게는 빌딩의 뼈대와 벽에 쓸 재료에 선택의 여지가 있다. 그중 철근 콘크리트와 강철 골조를 선택하기로 하자. 부르즈 할리파의 혁신적 구조까지 따라하는 건 우리의 형편과 기술이 허락하지 않는다. 하지만 베이커 팀의 선례에 따라 건물 전체 층에 반복 적용할 수 있는 동일 규격 자재를 써서 시공의 간소화와 능률화를 도모할 수는 있다. 그런데 어떻게 이 자재들을 위로 끌어올려 수백 미터 높이의 건물을 세운단 말인가?

1930년대에 뉴욕의 엠파이어스테이트 빌딩(102층, 381m)을 건설할 당시에는 용감무쌍한 인부들의 수고로 외부 윈치winch(물건을 끌어당기는 장치)와 내부 호이스트hoist(물건을 들어 올리는 장치)를 수동으로 제어하는 복잡하고 위험한 방식으로 강철 빔들을 아찔하게 높은 위치까지 올렸다. 다행히 오늘날은 크레인crane(기중기)이 있어서 조립이 끝난 자재를 쉽게 끌어올린다. 심지어 콘크리트를 500m 넘게 공중으로 퍼 올릴 수 있다.

베이커에게 부르즈 할리파 건설 때의 콘크리트 펌프에 대해서도 물어보았다. "우리가 그렇게 빨리 지을 수 있었던 비결 중 하나가 특별히 설계된 시스템으로 콘크리트를 지상에서 600m까지 퍼 올릴 수 있었기 때문이죠." 독일의 건설기계업체 푸츠마이스터가 만든 콘크리트 펌프 시스템은 간단히 말해 콘크리트를 채운 고압 호스였다. 이전에는 아무도 콘크리트를 그 높이까지 퍼 올린 적이 없었기 때문에 엔지니어들은 이 개념을 시험할 방법이 필요했다.

이들은 아주 명민한 해결책을 찾았다. 건설 현장에 파이프를 수평으로 배관하고 파이프 내부를 흐르는 콘크리트의 거동을 조사해서 콘크리트를 위로 퍼 올리는 데 필요한 압력을 산출한 것이다. 결국 승용차 타이어 내부 압력의 100배에 해당하는 압력으로 콘크리트를 하늘 높이 퍼 올렸다. 폭스바겐 폴로의 타이어 내부 압력은 평균 2.2바Bar다. 솔직히 이 기술을 생각할 때마다 콜라병에 멘토스를 넣으면 솟구치는 콜라 분수가 떠오른다. 하지만 말을 들어보니 그런 그림과는 거리가 멀었다. 괜히 실망스러운 마음이 드는 건 왜일까.

반면 철근망rebar cage이나 강철봉steel bar처럼 미리 성형한 자재들을 올릴 때는 그저 들어 올릴 수밖에 다른 도리가 없다. 공사현장을 지나가본 사람은 크레인이 어떻게 생긴 장비인지 알 것이다. 괴물처럼 까마득하게 높은 크레인도 종종 본다. 하지만 크레인이 아무리 커도 높이가 1km에 달하는 크레인은 존재하지 않는다. 그럼 어떻게 해야 할까? 우리가 아는 것부터 짚어보자.

세계 어디서나 대도시의 스카이라인을 헝클어놓는 주범은 크레인, 그중에서도 타워크레인tower crane이다. 일반적으로 타워크레인은 육중한 콘크리트 평판으로 땅에 고정되어 있다. 일반적 타워크레인의 키로는 15층 정도까지 지을 수 있다. 더 높이 지으려면 '키가 자라는' 특수 크레인이 필요하다. 이때 크레인이 넘어지지 않고 '잘 자라기' 위해서는 든든히 지지할 데가 필요하다. 보통은 강력한 강철 이음고리로 건설 중인 건물에 직접 연결한다.

일단 건물에 안전하게 고정되면, 크레인의 특수 '상승 장치'가 진가를 발휘한다. 크레인의 타워가 칼이라면, 타워가 들어가 있는 상승 장치는 금속 칼집이다. 칼집은 칼이 아래위로 수월하게 움직이도록 설계되어 있다. 건물이 올라가며 크레인의 높이를 높여야 할 시점이 되면

     도시를 움직이는 모든 것들의 과학

타워에 세그먼트를 추가한다. 타워가 강철 등뼈라면 거기에 등골을 하나씩 추가해서 키를 키우는 셈이다. 칼집은 등골을 추가하고 고정하는 작업 동안 크레인의 임시 지지대 역할을 해주다가 작업이 끝나면 다시 올라간다. 빌딩이 자라면서 크레인도 함께 자라고, 이 둘을 단단히 묶는 강철 이음고리들도 계속 추가된다. 크레인은 빌딩을 짓고, 빌딩은 크레인을 받친다. 거의 시적이다.

2015년 중반, 중국의 한 건설회사가 후난성에서 작업일수 19일 만에 57층짜리 마천루를 완공했다고 발표했다. 고속 건설이 가능했던 것은 건물 전반에 동일 규격 자재를 적용했기 때문이었다. 레고 벽을 쌓을 때 벽돌을 하나씩 올릴 때와 세 개가 세트인 벽돌로 올릴 때 어느 쪽이 빠를지 생각해보라. 이런 선조립 모듈러 공법으로 하루에 세 층씩 올려서 공사 기간을 말도 안 되게 단축한 것이다. 하지만 이 공법은 건물을 높이 올리는 데는 효과적인 반면, 도시를 지루하게 동일하고 밋밋한 고층건물들로 채운다는 단점이 있다. 누가 성냥갑 숲을 좋아하겠는가.

: 엘리베이터

간단히 복습해보자. 지금까지 건물의 기초를 놓고, 강철 골조를 세우고, 콘크리트로 바닥과 벽을 시공하고, 유리 파사드를 근사하게 걸었다. 그 과정에서 고압 호스로 콘크리트를 수직으로 퍼 올렸고, 자체 상승 크레인을 이용해서 철근과 철골을 끝없이 위로 들어 올렸다. 그럼 다 된 걸까? 거의 다 왔다. 거주자들을 건물 내부에서 원활하게 수직 이동시키는 '작은' 문제가 남았을 뿐이다. 계단으로 10층 이상 걸어 올라가본 사람은 이것의 필요를 뼈저리게 안다. 바로 엘리베이터다.

마천루에서 엘리베이터는 단순한 편의시설 이상의 존재다. 마천루에 실현 가능성과 현실적 가용성을 준 것이 다름 아닌 엘리베이터다. 재료와 장비가 아무리 발전해도 엘리베이터 기술이 없으면 마천루는 존재할 수 없다. 우리의 도시들이 지금의 스카이라인을 가지게 된 것이 엘리베이터 덕분이라 해도 과장이 아니다.

엘리베이터는 빌딩 구조와 디자인에도 지대한 영향을 미친다. 층수가 늘어날수록 필요한 엘리베이터의 수도 늘어나고 엘리베이터 승강통로elevator shaft가 차지하는 바닥면적도 커진다. 부르즈 할리파에서 본 것처럼 엘리베이터 승강통로는 종종 빌딩 구조를 결정짓는 요소로 작용한다. 너무 중요해서 건축가의 최초 스케치부터 빠지지 않고 들어간다. 처음부터 염두에 두어야지 나중에 승강기를 다시 또는 새로 짜 넣으려면 엄청나게 복잡하고 힘들어진다.

엘리샤 오티스Elisha Otis라는 엔지니어 겸 사업가가 1857년 뉴욕의 한 백화점에 세계 최초로 안전 장치가 있는 승객용 승강기를 설치했다. 이때의 승강기는 꽤나 단순해서 탑승칸을 로프와 리프팅 장치에 연결한 것에 불과했다. 이때 최초로 조속기governor device도 등장했다. 조속기는 사고가 났을 때 엘리베이터가 바닥으로 추락하는 것을 막는 일종의 비상 잠금 장치다.

오늘날의 엘리베이터는 이보다 훨씬 복잡하다. 엘리베이터 탑승칸과 승객의 무게를 제어하는 기계 설비가 있고, 엘리베이터의 원활한 자동 운행을 위한 전자장치와 안전장치도 있다. 현대의 엘리베이터는 크게 두 가지 종류로 나뉜다.

· **유압 승강기**Hydraulic lifts 유체 구동 피스톤을 이용해 엘리베이터를 위로 밀어 올린다. 엘리베이터가 맨 아래층에 오면 유압 피스톤 메커니즘은 완전히 건물의 지하로 들어가게 된다. 따라서 고층건물에 적용하려면 유압 승강기가 들어갈 공간을 매우 깊게 파야 한다.

· **케이블 승강기**Cabled lifts 강철 로프와 도르래와 평형추를 이용해 승강기를 올리고 내린다. 저울판 한쪽은 가득 차고, 다른 한쪽은 텅 비어서 한쪽으로 기울어진 옛날식 저울을 상상하면 된다. 가득 찬 저울판을 올리려면 빈 저울판을 강한 힘으로 내리눌러야 한다. 하지만 양쪽 무게가 같아서 저울이 완벽히 균형을 이룬 상태에서는 아주 작은 힘으로도 한쪽을 올릴 수 있다. 이것이 평형추 케이블 승강기의 작동 원리다. 엘리베이터 탑승칸을 올리고 내리기 위해서 다만 마찰만 극복하면 된다.

우리의 마천루에는 케이블 승강기를 적용하자. 다행히 우리 빌딩은 그다지 높지 않아서 엘리베이터 탑승칸 하나로 바닥 층에서 꼭대기 층까지 전 층을 커버할 수 있다. 초고층 빌딩의 경우에는 어림없는 얘기다. 강철 케이블은 진짜 무겁다. 엘리베이터 승강통로가 길어지면 케이블이 많이 들어가고, 그러면 너무 무거워져 실용성이 떨어진다. 그래서 마천루는 대개 엘리베이터를 분리한다. 1층에서 지상 500m까지 운행하는 엘리베이터를 두고, 거기서 엘리베이터를 갈아타고 꼭대기까지 가는 식이다. 엘리베이터를 500m 넘는 높이까지 올릴 수 있는 강하고 가벼운 케이블이 없다는 것이 기존 기술의 한계다.

그런데 핀란드의 한 케이블 제조사가 그보다 더 높이 올라가는 엘리베이터 케이블을 개발했다. 실험과 인증검사를 거쳐 2013년 '울트라로프ultrarope'라고 부르는 고강도 탄수섬유 케이블이 출시되었고, 현재 사우디아라비아 제다에 건설 중인 높이 1km의 극초고층 건물의 고속 엘리베이터에 설치 중이다.

탄소섬유는 사람 머리카락보다도 얇은 탄소 원사로 만든 섬유다. 일반 섬유처럼 탄소섬유도 직조해서 옷감처럼 만들 수 있고, 레진이나 플라스틱으로 코팅해서 어떤 모양으로나 성형이 가능하다. 탄소섬유는 경주용 자동차와 항공우주 공학에서 첨단소재로 각광받고 있다. 건축 분야에서 주목하는 탄소섬유의 특징은 놀랍게 강하고 가볍다는 점이다. 탄소섬유는 강철에 비해 인장 강도가 비교할 수 없이 높고, 무게는 1/4에 불과하다.

울트라로프 케이블(허리띠 모양을 하고 있다)은 탄소섬유 다발을 에폭시라고 부르는 강력 접착성 레진에 넣어서 만든다. 울트라로프의 강도와 가벼움이라면 이론상으로 승강기 케이블의 길이를 부르즈 할리파에서처럼 500m에서 1,000m 이상으로 두 배 확장할 수 있다.

국제초고층도시건축학회의 다니엘 새퍼릭Daniel Safarik은 울트라로프가 승강기 산업 발전 이상의 의미를 갖는다고 본다. 그는 울트라로프가 초고층 빌딩 건설의 새로운 시대를 열 것으로 믿는다. "덕분에 엘리베이터를 갈아탈 필요 없이 지상 1,000m까지 직행으로 올라가게 됐어요. 빌딩이 높아지는 데 있어 유일한 제한인자가 엘리베이터라고 가정했을 때, 우리는 이 테크놀로지로 1km가 아니라 2km 상공까지 치솟은 빌딩도 만들 수 있다고 봅니다."

개인적으로 나는 그렇게까지 멀리 나가고 싶지는 않다. 지금쯤 여러분도 초고층 빌딩을 건설하는 것이 얼마나 복잡한 일인지 감 잡았을 줄로 안다. 강철 케이블을 탄소섬유 케이블로 대체해 기존의 한계를 뛰어넘은 것은 분명히 엄청난 진전이다. 엘리베이터 시스템의 목적은 사람과 화물을 수송하는 것이지만 동시에 자기 자신도 날라야 한다. 탑승칸, 케이블, 안전장치, 전자장치를 이루는 자재들이 모두 안정적으로 오르내려야 한다.

마천루의 엘리베이터들은 엄청난 거리를 고속으로 왕복한다. 그 거리를 잇는 케이블의 무게가 대폭 줄어들면 엘리베이터의 움직임이 한결 쉬워지고, 필요한 에너지도 크게 절약된다. 우리의 380m짜리 마천루를 기준으로 대충 계산했을 때, 로프만 달라져도 자재 무게가 40톤이나 줄어든다.

자, 이제 우리에게 경량 엘리베이터 시스템까지 생겼다. 그럼 엘리베이터 조종은 어떻게 할까? 대형 빌딩의 엘리베이터 시스템에는 전자 제어장치가 있어서 탑승칸이 층을 제대로 찾아가도록 지휘한다. 이때 쓰이는 것이 엘리베이터 알고리즘이라는 수리 프로그램이다. 기계가 목적에 부합하게 작동하도록 컴퓨터에 입력한 문제 해결 공식과 그 단계적 절차가 알고리즘이다. 엘리베이터 알고리즘에 따라 엘리베이터들이 쓸데없이 몰려다니지 않고 효율적으로 움직인다.

이 알고리즘은 탑승칸에 다음의 세 가지 옵션을 부여한다. (1) 움직이던 방향으로 계속 움직이면서 남은 요청을 수행한다. (2) 해당 방향에 더 이상의 요청이 없으면 멈춰서 대기한다. (3) 반대 방향에서 요청이 있으면 방향을 바꾼다.

듣기에는 아주 간단하지만, 엘리베이터 알고리즘은 가급적 많은 사람을 가급적 신속하고 효율적인 방법으로 실어 날라야 하기 때문에 매우 복잡하게 움직인다. 오늘날은 엘리베이터 시스템이 복잡해지고 가동 알고리즘도 정교해지면서 승강기 이동 시간과 승객 대기 시간을 줄이기 위해 일부 승강기마다 멈추는 층을 따로 지정한다.

빌딩이 날로 높아지고 사람들은 날로 참을성이 줄어든다. 그래서 엘리베이터에 층을 할당하는 방법 외에, 엘리베이터 이동 시간을 줄일 또 다른 방법이 나왔다. 아예 운행 속도를 높이는 것이다. 현재 세계에서 가장 빠른 엘리베이터는 광저우 CTF 금융센터에 있다. 이 초고속 엘리베이터는 시속 72km의 속도로 무섭게 상승한다. 1초에 20m를 올라가는 것과 같다. 1층부터 95층까지를 43초 만에 주파한다는 얘기다. 이는 뉴욕시의 운전 제한 속도보다도 높은 속도이고 일반 고층빌딩 엘리베이터 속도의 두 배나 된다.

제조사 히타치에 따르면 이 속도의 비결은 초경량 탑승칸과 첨단 제어 소프트웨어와 강력한 자석 구동 방식(자석이 어떻게 모터가 되어 물건을 나르는지에 대해서는 2장에서 설명한다)이다. 일반적으로 엘리베이터가 하강할 때의 정격속도는 최고속도의 2/3다. 이 속도 제한은 탑승객을 위한 것이다. 더 빠르게 이동하면 귀가 기압 변화를 견디기 힘들다.

하지만 최근에 등장한 차세대 고속 엘리베이터는 속도를 포기하는 대신 탑승칸의 기압을 조절해서 승객의 귀 통증을 최소화한다. 다른 승강기 제조업체들도 엘리베이터의 속도를 높일 혁신 기술을 속속 내놓고 있다. 하나의 승강통로에 2대의 탑승칸이 짝지어 다니면서 두 개 층에 동시에 서는 쌍둥이 엘리베이터도 있고, 평형추의 필요를 없애 필요 공간과 에너지를 획기적으로 줄인 엘리베이터도 있다.

우리의 마천루가 이제 슬슬 모양을 갖춰간다. 다만 한 가지 중요한 문제가 남아 있다.

: 소용돌이

마천루 설계에서 최대 고려 사항은 바람이다. 빌딩이 항상 뻣뻣이 서 있는 것 같지만 사실은 그렇지 않다. 빌딩은 거대한 돛처럼 거동한다. 그래서 빌딩이 바람에 흔들리고 기우는 것을 최소화하기 위한 여러 공학적 기술이 요구된다. 구조적 문제만 있는 것은 아니다. 인간은 흔들림과 진동에 매우 민감하다. 잘못 설계된 건물에 있다가는 바람이 심하게 불 때 멀미가 날 수도 있다.

놀라운 것은 단지 공기역학적 설계나 내풍 설계만이 유일한 방법은 아니라는 거다. 빌 베이커와 대화하면서 나는 요즘의 똑똑한 마천루는 '바람을 교란한다'는 것을 알았다. "마천루를 설계할 때 가장 신경 쓰는 거요? 건물이 흔들리지 않고 꼿꼿이 서 있을 방도입니다. 때로는 지진활동도 고려해야 하고요. 하지만 지진활동이 없는 곳은 있어도 바람이 불지 않는 곳은 없죠. 바람 문제는 피해갈 도리가 없어요."

바람이 특정 모양의 사물, 가령 원기둥을 만나면 어떻게 될까? 무시하고 그냥 지나가면 좋으련만 그러지 않는다. 그게 문제다. 바람이 원기둥을 싸고돌면서 와류vortex라는 소용돌이 흐름을 형성한다. 바람이 심한 날 가로등이 건들대는 것을 본 적이 있는가? 바람에 휘말린 빌딩을 본 것이다. 가로등이 마천루 높이로 늘어난다고 생각해보라. 위태롭기 그지없다.

대개의 건물은 불규칙한 바람에 의한 진동은 견딘다. 문제는 와류가 불규칙한 바람이 아니라는 것. 와류는 규칙적이고 반복적인 패턴으

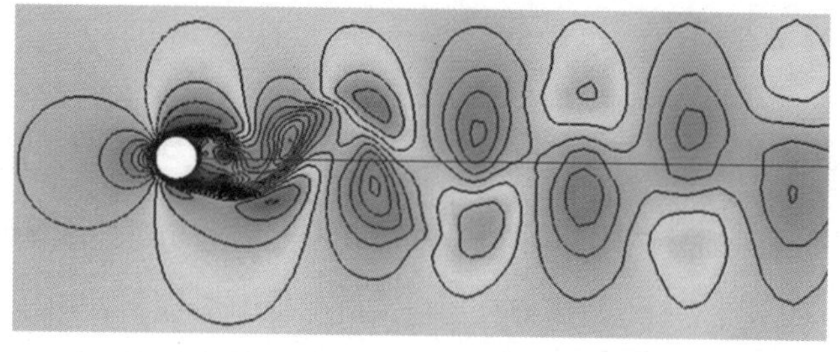

[그림 1.2] 와류 발산

로 거듭 발생한다. 그래서 와류를 주기력periodic force이라고 한다. 그림 1.2를 보면 원기둥(흰색 동그라미) 뒤로 방울들이 잇달아 발생하고 있다. 각각의 방울이 바람이 유발한 소용돌이다. 이 소용돌이들이 일종의 리듬을 만들어 빌딩을 좌우로 밀어댄다. 이 현상을 와류 발산vortex shedding이라고 한다.

자세히 들어가기 전에 공진 주파수resonant frequency라는 개념부터 알고 가자. 물체마다 고유 진동수가 있다. 외부 충격의 진동수가 물체의 고유 진동수와 일치하면 물체의 진폭이 증가한다. 이것을 공진 현상resonance phenomenon이라고 한다.

놀이터 그네에 앉아 있다고 상상해보자. 집 근처나 아파트 단지에 그네가 있다면 지금 당장 가서 과학의 이름으로 직접 앉아볼 것을 권한다. 높이 올라가려면 타이밍을 잘 맞춰 발을 굴러야 한다는 것쯤 누구나 안다. 타이밍을 놓치면 그네가 흐름과 높이를 잃는다. 인식하지 못하는 사이에 우리는 본능적으로 그네의 고유 진동수에 맞춰 발을 차고 있는 것이다. 때맞춰 발을 차면 그네에 공진resonance이 발생하고 이것이 그네의 좌우 동요를 증폭해서 그네가 더 높이 올라간다. 그네

도시를 움직이는 모든 것들의 과학

를 탈 때는 공진 현상이 긍정적 효과를 내지만, 빌딩을 설계할 때는 골 칫거리가 된다.

마천루마다 고유의 진동수가 있다. 다시 말해 저마다 고유의 흔들림을 가지고 있다. 어느 (재수 없는) 날, 바람이 우연히 빌딩의 고유 진동수와 동일한 진동수의 와류를 만들어내면, 다시 말해 타이밍에 맞게 발을 차면 빌딩이 좌우로 흔들리기 시작한다. 와류가 계속해서 규칙적으로 건물을 때리면 빌딩의 좌우 동요가 증폭하고, 이를 제때 인지해서 조치하지 않으면 최악의 경우 참사로 이어진다. 짧게 말해 건물 고유의 진동수와 바람의 진동수가 우연히 (또는 재수 없게) 일치하면 건물이 무너져라 흔들리다가 실제로 붕괴하기도 한다.

다행히 모든 마천루는 와류 발산을 염두에 둔 내풍 시스템을 갖추고 있다. 마천루의 외형 자체도 내풍 설계의 일부다. 보기에 멋스럽게만 짓는 것이 아니라 애초에 와류가 형성되기 어려운 모양으로 짓는다. 부르즈 할리파에 대해 베이커를 인터뷰할 때도, 바람의 영향과 그에 따른 설계상의 쟁점들을 논하는 데 많은 시간을 보냈다. 부르즈 할리파 특유의 삼발이 구조는 바람을 교란하는 데에도 효과적이다. 빌딩이 동시에 여섯 방향을 가리키며 어떤 주기풍 패턴도 흩어놓는다. 애초에 와류가 형성되지 않으면 공진에 따른 잠재적 피해에서 자유로울 수 있다.

와류 발산 문제가 여기서 끝나는 건 아니다. 풍속이 높이에 따라 달라지기 때문에 문제가 복잡해진다. 높이가 800m가 넘는, 그야말로 하늘을 찌르는 초고층 건축물에 미치는 바람의 영향은 가히 파괴적이다. 일반적으로 높이 올라갈수록 풍속velocity, V 이 높아진다. 설상가상으로 바람이 마천루에 가하는 압력은 풍속의 제곱으로 증가한다. 따라서 높은 건물은 그만큼 더 심한 바람 응력과 싸워야 한다. 바람 응력에는 아무리 신중하게 설계된 마천루라도 최상층부가 흔들린다.

바람공학 전문가 제이슨 가버 Jason Garber 는 이렇게 설명한다. "바람이 많이 부는 날 고층건물의 움직임 정도는 건물 높이의 1/200에서 1/500입니다." 이 공식에 따르면 부르즈 할리파는 상층부가 바람에 2~4m 움직인다.

이런 높이 효과를 얼마간 상쇄하기 위해 대개의 마천루는 윗부분이 아랫부분보다 가늘다. 그런데 부르즈 할리파는 런던의 더 샤드(템스 강변에 있는 유럽에서 가장 높은 72층 빌딩) 같은 마천루와는 좀 다르게 생겼다. 위로 갈수록 가늘어지며 옆면이 미끈한 경사면을 이루는 더 샤드와 달리, 부르즈 할리파는 '셋백 setback(건물의 위층을 아래층보다 조금씩 후퇴시켜 계단 모양으로 짓는 것)' 구조로 단계적으로 가늘어진다. 빌딩의 전체 높이를 26개 구간으로 나누고, 각 구간을 바로 아래 구간보다 좁게 그리고 포지션을 달리해서 앉히는 것이다.

이 디자인은 빌딩의 폭을 점진적으로 줄여주는 것은 물론이고 매우 중요한 부가 효과까지 낸다. 그네 타기에 대입해서 설명하자면, 26개 셋백은 바람에 맞서 각자 다른 타이밍에 발을 마구 쳐대는 26개의 다리가 되어 와류의 형성을 막는다. 우연의 결과가 아니라 치밀하게 의도되고 계산된 효과다.

부르즈 할리파 프로젝트는 두바이 사막에 첫 삽을 뜨기 한참 전부터 컴퓨터 유체 역학이라는 수리적 문제 해결 방식을 통해 광범위한 실험을 거쳤다. 주야장천 계산만 한 게 아니다. 부르즈 할리파의 실제 미니

　　　　　　　　도시를 움직이는 모든 것들의 과학

[그림 1.3] 부르즈 할리파   [그림 1.4] 더 샤드

어처 모형을 제작해서 거기다 센서를 잔뜩 붙이고 다양한 바람 환경을 만들어 결과를 따졌다. 분석 결과 놀라운 결론이 나왔다.

초기 디자인에서는 셋백 구간들을 시계 반대 방향의 나선형으로 배열했다. 그런데 모델링을 해보니 구간들을 시계 방향으로 배열했을 때 빌딩이 더욱 안정적이었다. 또한 뱃머리가 물을 가르듯 모형 빌딩의 세 날개가 공기를 갈랐지만, 건물의 한 면에서 와류가 강하게 일었다. 그런데 건물 전체를 다른 방향으로 돌려놓자 이 잠재적 유해 풍하중 wind load(풍압이 구조물에 가하는 하중)이 사라졌다. 부르즈 할리파는 이런 모델링과 풍동시험wind tunnel test과 명민한 구조 설계를 거쳐 세상에서 가장 높고 미더운 마천루로 우뚝 설 수 있었다.

공기역학적 설계 말고도 마천루의 바람 저항력을 높이는 방법은 또 있다. 이 방법이 타이완에서 아주 효과적으로 사용됐다. 타이베이 101 타워의 비밀은 88층과 92층 사이에 있다. 바로 TMD Turned Mass Damper(진자형 제진기)라고 하는 진동 흡수 장치다. 이 거대한 금색 강철 추가 빌딩이 바람에 기울어지면 반대 방향으로 움직여 빌딩의 중심을 잡아준다. 작동 원리를 좀 더 파보자.

$F = ma$라는 공식을 본 적이 있을 것이다. 바로 뉴턴의 운동법칙 중 제2법칙인 가속도의 법칙이다. 질량이 m인 물체에 F의 외력이 가해지면 a의 가속도가 생긴다는 뜻이다. 엄밀히 말해서 가속도는 운동하는 물체의 속도 변화율이다. 공식으로 말하면 가속도 = 속도변화 ÷ 소요 시간이다. 바람이 외력으로 작용해 구조물에 원치 않는 움직임을 초래한다는 것은 이제 우리 모두 아는 사실이다.

TMD는 이 외력에 '기대는' 방식으로 빌딩의 과도한 동요를 억제한다. 타이베이 101의 TMD는 무게가 730톤에 달할 정도로 거대하다. 하지만 이 무게는 빌딩 전체 무게의 0.5%에도 못 미친다. 이렇게 상대적으로 작은 질량체가 어떻게 자신보다 월등히 큰 구조물의 흔들림을 막는 걸까? 비결은 추의 진동수에 있다.

TMD는 마천루의 꼭대기 근처에 설치된다. 거기가 가속이 가장 심하기 때문이다. 빌딩이 한 방향으로 흔들리기 시작하면 추도 즉각 작용한다. 스프링 장치의 도움으로 빌딩과 반대 방향으로 흔들린다. TMD의 진동 빈도가 빌딩의 진동 빈도와 정확히 반대 방향으로 일치하면 빌딩은 서서히 정지 상태로 돌아간다. TMD는 다양한 크기와 모양으로 제작될 수 있고, 가공할 풍속(타이페이 101의 경우는 시속 216km)에

     도시를 움직이는 모든 것들의 과학

[그림 1.5] 타이베이 101의 TMD

도 구조물의 진동을 효과적으로 흡수한다.

타이베이 101의 TMD 용도는 빌딩을 바람에서 보호하는 데 그치지 않는다. 타이베이 101은 주요 지진 단층선에서 불과 200m 떨어진 곳에 위치한다. 하지만 TMD 설계 덕분에 지난 2002년 공사 중에 발생한 리히터 규모 6.8의 지진을 버텨냈다.

이제 우리의 마천루가 거의 완성되어 간다. 기초 공사와 콘크리트에서 엘리베이터와 바람까지 두루 짚어보았고, 이 분야에서 첨단을 걷는 사람들에게서 영감을 구했다. 이제부터는 미래를 들여다본다. 도시공학 테크놀로지가 나날이 발전하고 있다. 앞으로 우리의 스카이라인은 어떻게 바뀔 것인가?

내일

:

이번 장을 위해 내가 인터뷰한 사람들 모두 마천루가 앞으로도 계속 도시들을 지배할 것으로 전망했다. 이유는 간단하다. 인구 밀도 때문이다. 지구적으로 인구가 증가하고 있고, 도시 거주민의 수도 함께 증가하고 있다. 2014년을 기준으로 현재 세계 인구의 54%(약 39억 명)가 도시권에 거주한다. 인류 역사상 처음으로 전 세계 인구의 절반 이상이 도시에 사는 것이다. 유엔은 2050년까지 도시 거주자의 비중이 계속 늘어날 것으로 예견한다.

늘어나는 도시 거주자를 수용하기 위해 도시 확대와 교외 개발이 한창이다. 하지만 그것만으로는 모자란다. 도시 전문가들은 건물 고층화가 논리적인 선택이라고 입을 모은다. 런던 더 샤드의 구조 콘셉트 개발팀 일원이었던 론 슬레이드Ron Slade는 이렇게 말한다. "도시에 고층건물이 점점 많아지고 동시에 고층건물의 평균 높이도 자랍니다. 초고층 건물의 수도 늘고요. 마천루가 하나 서면 주위에 금세 친구들이 생깁니다." 빌 베이커의 의견도 다르지 않다. "한 지역에 고층 빌딩이 늘면서 새로운 도심이 형성됩니다. 상징적 마천루는 새로운 도시의 형성을 예고하는 겁니다."

여기에 더해 전문가들은 도시 구조의 변화를 기대한다. 베이커는 미래에는 도시가 중심부의 상업 지역과 교외 주거 지역으로 이원화하는 경우가 줄어들 거라고 말한다. "저밀도 도시 스프롤city sprawl(도시 개발과 지가 상승으로 도시 주변이 무질서하게 확대되는 현상)은 비효율적입니다. 사람들이 도시 외곽의 주거 전용 지역에 살면서 매일 도시 중심부로 출근

　　　　　　　　　　　　도시를 움직이는 모든 것들의 과학

합니다. 이런 방식은 도시 계획과 전력 수급 모두에 엄청난 부담을 줍니다." 베이커가 생각하는 해법은 이렇다. "사람들에게 일하는 곳과 사는 곳을 동시에 제공하는 다용도 복합 도시를 만들어야 합니다."

이와 관련해서 많은 구조공학자가 주목하는 동향이 있다. 바로 멀티유틸리티multi-utility의 증가세다. 하나의 건물에 여러 직능과 기능을 결합하는 것이다. 사무실, 아파트, 상가, 레저센터, 울타리 있는 정원이 한 건물에 들어가는 식이다. 가능한 조합의 수는 무궁무진하다.

내가 건축 전문가들과 마천루에 대해 나눈 수많은 대화의 공통분모는 내일의 도시들은 고밀도 밀집 공간이 된다는 전망이었다. 이 생각은 내게 밀실공포증을 일으켰다. 내일의 도시를 살기 좋은 곳으로, 지내기 쾌적한 곳으로 만들 방법이 없을까? 모두에게 득이 되는 미래 메트로폴리스를 창조하는 데 과학과 공학과 기술은 어떤 역할을 할 것인가?

: 재료

우선 내일의 마천루는 무엇으로 만들어지게 될지부터 살펴보자. 그 첫 번째 재료는 좀 고풍적이다.

"목재!" 내가 차세대 마천루 건설의 대세를 물었을 때 빌 베이커는 이렇게 외쳤다. 최근 베이커의 건축사무소는 모처의 42층짜리 콘크리트 빌딩의 재건축을 맡았다. 사무소는 설계도를 검토한 뒤 재건축 소재로 목재를 선택했다. 목재로 안전한 고층건물을 지을 수 있다는 이야기다. 앞으로 파리와 런던과 스톡홀름에서도 목조 고층건물 건설이 예정되어 있다니, '천연' 소재의 귀환을 예고하는 걸까?

하지만 목재는 예나 지금이나 적용에 한계가 있는 건축 자재다. 베이커가 말한다. "현재 계획되는 목조 고층건물은 대개 30층 정도입니다. 목재는 물리적 성질상 거기까지인 거죠." 그 이상 넘어가면 아직도 당분간은 환경에 해로운 고기능성 소재를 쓸 수밖에 없다. 다만 마천루 건설이 보다 '청정하게' 이루어질 방법들은 좀 있다.

세계 곳곳에서 다양한 연구팀들이 시멘트 대체물을 찾고 있다. 이들이 역점을 두는 것은 플라이애시flyash(작은 입자의 석탄재) 같은 산업폐기물의 활용이다. 플라이애시는 석탄 연소 과정에서 나오는 부산물이다. 주로 발전소의 집진기에서 채집되는데 현재 시멘트 재료로서 효과성을 검사 중이다. 플라이애시는 입자가 작아서 콘크리트 혼합재로 쓰면 밀도 높은 고강도 콘크리트를 만들 수 있다. 하지만 이 역시도 화석연료 산업에 의존하는 재료라서 장기적인 대안은 되지 못한다. 다행히 기존 콘크리트를 대체할 재료들이 속속 개발되고 있다. 그 이야기는 4장에서 하기로 한다.

내일의 마천루 이야기에서 빼놓을 수 없는 또 하나의 흥미진진한 영역, 유리의 세계를 들여다보자. 유리창이 빌딩의 에너지 효율 등급에 미치는 영향은 절대적이다. 유리창의 지속적 과제는 에너지 효율을 높이는 동시에 투명도를 유지하는 것이다. 영국만 해도 전국 에너지 소비의 최대 40%가 빌딩 조명과 난방과 냉방으로 발생한다. 따라서 유리창 기술이 조금만 발전해도 에너지 소비 감소에 괄목할 만한 효과를 기대할 수 있다.

2015년 후반, 중국의 한 연구팀이 자가 세정 기능과 에너지 절약 기능과 흐려짐 방지 기능을 갖춘 유리창을 개발했다고 발표했다. 이 신

　　　　　　　　　　　도시를 움직이는 모든 것들의 과학

소재 유리의 정체는 이산화티타늄TiO_2과 산화바나듐VO_2을 서로 붙여 놓은 것이다.

다소 생소한 이름이지만 사실 이산화티타늄은 오염 물질 분해에 매우 유용한 물질이다. 또한 광촉매photo-catalyst라서 태양광(구체적으로 말하면 자외선)에 노출되면 자신은 변하지 않으면서 화학반응을 촉진한다. 즉 탄소 계열 오염 물질을 이산화탄소와 물로 분해한다. 이산화티타늄이 자외선을 이용해 유리 표면에 앉은 먼지와 때를 제거하는 것이다. 한편 산화바나듐은 산화바나듐대로 하는 일이 있다. 적외선(뜨거운 물체가 발산하는 빛)을 차단한다. 이 점을 이용하면 열이 새지 않는 유리창을 만들 수 있다.

2016년에는 유니버시티 칼리지 런던의 연구진도 에너지 효율이 높고 자가 세정 기능도 갖춘 유리창을 개발했다고 발표했다. 이들도 열 손실 최소화를 위해 산화바나듐을 썼지만 자가 세정 과정은 확연히 달랐다. 이들이 개발한 유리는 적혈구의 1/40밖에 되지 않는 작은 알갱이로 덮여 있다. 이 미세한 요철 구조가 물이 유리 표면에 맺히는 대신 굴러 떨어지게 해서 먼지나 때를 제거하는 방식이다. 두 경우 모두 결과는 저절로 깨끗해지는 단열 유리창이다. 이런 유리가 내일의 마천루에 쓰이면 어떨까? 직업 하나가 사라지는 소리가 들리지만, 빌딩 관리비와 탄소 에너지가 줄어드는 소리도 함께 들린다.

스마트 글라스smart glass도 우리가 앞으로 많이 보게 될 신개념 소재다. 도시 인구 밀도가 높아지고 건물이 점점 더 밀집 배치됨에 따라 사생활 보호 니즈도 전에 없던 수준으로 중요해지고 있다. 하지만 온종일 창을 블라인드로 덮고 살 수는 없는 노릇이다. 전기 변색electrochromic 유리가 이에 대한 답이 될 수 있다.

유리에 얇은 리튬이온 막을 입히면 작은 전압으로도 이온이 활성화되면서 유리의 색과 광투과율이 바뀐다. 전압을 가하면 리튬이온이 유리의 안쪽 표면에서 바깥쪽 표면으로 튀어 올라 햇빛을 분산시켜 유리를 불투명하게 바꾼다. 전압이 반전되면 리튬이온이 안쪽 표면으로 돌아가 유리가 도로 투명해진다. 이 변환에 드는 전력은 미미해서, 시스템 전체가 5볼트(AA 사이즈 건전지 4개의 소비 전력보다 적은 양)의 동력으로 돌아간다. 이 유리창은 일단 설치하면 전기료는 많이 줄여주지만 아직은 매우 비싸서 설치 비용이 많이 든다.

다행히 전기에 의지하지 않는 저비용 수동형 시스템passive system도 있다. 기계 장치를 쓰지 않고 빛의 양과 열의 흐름을 자연스럽게 제어해서 온도 조절 효과를 얻는 방식이다. 대신 이 방식은 환경 변화에 영향을 받는다. 대표적으로 유리의 투명도가 조도에 따라 변하는 광변색 photo-chromic 방식과 온도에 따라 변하는 열변색thermo-chromic 방식이 있다.

변색 렌즈 선글라스를 써본 사람은 이미 광변색 소재와 친한 사람이다. 광변색 유리는 햇빛 속으로 나가면 검어지고 실내에서는 투명 안경이 된다. 열변색 유리창은 이와 약간 달라서 기온에 따라 색이 변한다. 다만 날이 더워도 안이 보이지 않을 정도로 불투명해지지는 않는다. 이런 소재들을 활용하면 별도의 전력 사용 없이도 착색도가 변하는 유리창을 만들 수 있다.

능동형 소재를 쓰든 수동형 방식을 쓰든, 스마트 유리창은 근사한 외관을 완성하는 것 이상의 기능을 한다. 집이나 사무실로 들어오는

　　　　　도시를 움직이는 모든 것들의 과학

빛의 강도를 섬세하게 조절해주고, 결과적으로 냉난방 장치의 사용을 줄여준다.

내일의 건축 현장을 바꾸어놓을 또 하나의 유망 기술은 바로 3D 프린팅이다. 적층제조addictive manufacturing라고도 하는 3D 프린팅은 이제 3차원 물건을 생산하는 모든 것을 말하는 포괄적 용어가 되다시피 했다. 하지만 원래는 디지털 설계도를 이용해 필요한 자료나 부품을 한 층 한 층 쌓아올리며 만드는 컴퓨터 제조 공정을 일컫는 이름이다. 말 그대로 컴퓨터 프로그래밍으로 3차원 입체 형상을 출력하는 프린터다.

3D 프린팅이 산업에 쓰인 지는 꽤 오래 됐다. 아직은 3D 프린팅 하면 도시의 빌딩들보다는 소형 요다Yoda 반신상이 먼저 떠오른다. 하지만 규모만 키우면 3D 프린팅으로 벽을 세우고 심지어 집도 지을 수 있다. 아닌 게 아니라 2015년 중국의 한 건설사가 3D 프린팅 콘크리트(4장에서 자세히 다룬다)만으로 빌라 한 채와 5층짜리 아파트 한 동을 지었다고 발표했다.

네덜란드의 한 건축사무소도 3D 프린터 제조업체와 공동 작업으로 식물성유를 주재료로 바이오 플라스틱을 찍어내는 대규모 시스템을 개발했다. 높이가 6m나 되는 이 거대한 3D 프린터의 이름은 '방 만드는 기계'라는 뜻의 카머마커KamerMaker다. 이 프린터는 조립하면 벽이 되고 방이 되고 건물이 되는 구조물을 찍어낸다. 방을 조립해서 계속 늘려나갈 수도 있다.

이 구조물은 속이 비어 있어서 배선과 배관과 전선 설치가 용이하고, 설비가 끝난 다음에는 구멍을 다른 재료로 채워 구조물의 강도와 단열 기능을 높일 수 있다. 다만 구조물을 찍어내는 시간이 굉장히 오래 걸리고 비용도 매우 비싸서 단시일 내에 기존 주택 건축 방식을 대체하기는 어려워 보인다. 아직은 먼 미래의 건축 방식을 엿볼 수 있다는 데 큰 의미를 두어야 할 것 같다.

: 기능

지인들 사이에서 나는 오래 전부터 '궁금한 게 있으면 반드시 찾아보는 사람'이었다. 이 책을 쓰면서 상황이 더 심각해졌다. 그래서 책을 쓰면서 그동안 가장 많이 받았던 질문들에 답하는 일을 겸했다. 책으로 인쇄되었으니 이제 물릴 수도 없다. 그것들이 맞는 답들이기를 바랄 따름이다. 그 첫 번째는 이거다. 마천루의 문은 왜 거의 예외 없이 회전문일까?

회전문이 그냥 문보다 재미있기는 하다. 그것이 건물에 회전문이 달려 있는 여러 이유 중 하나는 된다. 하지만 주요한 이유는 아니다. 회전문이 이렇게 널리 보급된 데에는 보다 과학적인 이유가 있다.

고층건물에 발생하는 여러 문제 중 하나가 굴뚝 효과다. 건물 내부와 외부의 온도 차이 때문에 생기는 현상으로, 열을 받으면 위로 올라가는 공기의 성질과 관계 있다. 이 현상은 더운 기체의 원자들이 차가운 기체의 원자들보다 상대적으로 분산도가 높기 때문에, 즉 밀도가 낮기 때문에 발생한다.

추운 날씨에는 마천루가 난방 장치를 가동해 빌딩 내부 온도를 높인다. 이 더운 공기가 비상계단이나 엘리베이터 승강통로를 굴뚝처럼 타고 건물 상층부로 이동해서 건물 하층부를 진공 상태로 만든다. 이때

도시를 움직이는 모든 것들의 과학

만약 빌딩에 평범한 여닫이문이 달려 있다면 어떻게 될까? 문이 열릴 때 공백을 메우기 위해 바깥의 차가운 공기가 안으로 빨려 들어온다. 문이 열리고 닫힐 때마다 바람 때문에 로비에 있는 종이들이 날리고 치마들이 펄럭인다. 반대로 더운 날씨에는 냉방 장치가 만든 차가운 공기가 건물 하층부로 가라앉아 문이 열릴 때마다 밖으로 빨려 나간다.

회전문은 여닫이문과 달리 사람은 드나들어도 문은 항상 '닫혀' 있는 구조다. 이 구조가 공기가 급하게 빨려 들어오고 빨려 나가는 것을 막아서 빌딩 내부의 공기 소용돌이를 최소화하고 공기 유출입에 따른 에너지 손실을 낮춘다. 굴뚝 효과에 따른 공기 흐름과 온도 변동을 방치하면 구조적 문제까지 생길 수 있다. 환기와 배기에 문제가 생기고 엘리베이터 오작동이 일어난다. 화재 발생 시 유독가스와 화염이 빠르게 확산될 위험도 크다. 그래서 회전문을 다는 것이다.

하지만 내일의 마천루는 이 굴뚝 효과를 역으로 유리하게 이용할 수도 있지 않을까? 중국의 한 야심찬 건설 프로젝트가 이 점을 노리고 있다. 이 프로젝트가 계획대로 진행된다면, 중국 우한 시 외곽에는 호수와 습지대를 굽어보는, SF 영화에 나올 법한 외관의 최첨단 구조물이 들어서게 된다. 바로 봉황 타워Phoenix Tower다. 두 동의 타워 중 하나는 열기 굴뚝thermal chimney으로 기능할 예정이다. 태양광 집광 장치(2장에서 다룬다)가 뻥 뚫린 건물 내부의 상부 공기를 가열하고, 그러면 굴뚝 효과 덕분에 건물이 차가운 공기를 빨아들인다. 이렇게 냉각된 공기는 수집되어 빌딩의 방과 사무실들로 간다. 일종의 천연 에어컨이다.

봉황 타워의 설계를 맡은 영국 건축가 로리 첫우드Laurie Chetwood는 이렇게 말한다. "빌딩 하층부의 주거 지역에 사실상 비용이 들지 않는 수동 냉각 시스템을 돌리는 겁니다." 두 동의 타워 중 더 큰 쪽은 예정 높이가 1km에 달한다. 예정대로 건설되면 현존하는 세계 최고最高 빌딩인 부르즈 할리파를 제치는 것은 물론, 2019년 완공 예정인 사우디아라비아의 제다 타워마저 누를 가능성이 크다.

"하지만 높이를 논할 때 이제는 보이는 것이 다가 아닙니다." 쳇우드가 말한다. "건물의 환경적 측면과 결부지어 생각해야 합니다." 봉황 타워는 설계 단계를 벗어나지 못할 수도 있다. 개인적으로 나는 이 빌딩이 실현되기를 바라지만, 그렇지 않더라도 이 빌딩은 이미 우리에게 미래 도시의 방향을 보여주는 혁신적 아이디어를 여럿 선보였다.

장차 형태와 기능을 결합한 빌딩들이 우리의 도시 환경을 지배하게 된다. 좋은 일이지만 그에 따라 전에 없던 부담들도 생긴다. 지금도 건설 프로젝트는 수천 명의 사람이 유기적으로 협업해야 하는 거대하고 복잡한 작업이다. 여기에 첨단 고성능 자재나 에너지 절약 신기술을 더하는 것이 얼른 생각하기에는 대수롭지 않은 일 같지만 사실은 그렇지 않다. 건설 프로젝트에 뭐라도 위험 부담이나 불확실성을 보태는 일은 매우 신중하고 치밀하게 접근해야 한다. 이래저래 컴퓨터의 역할이 커진다.

여러분 중에는 이미 컴퓨터 그래픽을 이용한 3차원 렌더링을 본 적이 있을 것이다. 이 기술은 건축물의 디지털 버전을 미리 탐사하게 해준다. 건축 정보 모델링Building Information Modelling, BIM이라는 3차원 설계 기법의 부류에 드는 기술인데, 1980년대부터 있었지만 최근 들어서 장족의 발전을 이루고 있다.

도시를 움직이는 모든 것들의 과학

건축 설계 소프트웨어는 빌딩의 미래 외관을 보여주는 수준을 넘어 섰다. 이제는 인터넷 케이블부터 창유리 하나까지 모든 것을 종합하고 결합할 방법을 계획하는 데 쓰인다. 건축가와 엔지니어들은 콘크리트의 기계적 강도와 프로젝트 일정과 예산 같은 세부 항목들을 프로그램에 변수로 입력해서 건설 공정과 과학을 융합하고 있다.

일부 엔지니어링 업체들은 디지털 건축에서 한 발 더 나갔다. 예를 들어 미국 대형 건설사 벡텔은 아직 짓지 않은 건축물을 현장에서 미리 둘러볼 수 있는 가상현실virtual reality 시스템을 개발했다. 이 회사는 이 기술을 실제 건설 단계에도 적용하는 방안을 모색 중이다. 그렇게 되면 현장 작업자들이 본인이 짓는 건물의 최종 이미지를 미리 보면서 일할 수 있다. 여기에 실시간 환경 데이터와 드론으로 수집한 실측 정보도 반영될 수 있다. 미래에는 건설 공사가 디지털 공정이 된다.

: 녹지

나는 녹색의 나라 아일랜드 출신이다. 사람들의 심신에 휴식을 주는 녹지의 중요성을 모르는 사람은 없다. 하지만 도심에서 공원들이 사라지면서 녹색은 점점 도시와 거리가 먼 색이 되었다. 이런 때에 국제초고층도시건축학회의 다니엘 새퍼릭이 귀가 솔깃한 소식을 전했다. 바로 마천루의 녹화緑化 추세다.

요즘은 '녹색'이라는 단어가 유행어처럼 여기저기에 쓰이지만 이 경우는 딱 식물을 뜻한다. 최근 도시마다 식물이 외벽을 덮으며 자라도록 디자인된 수직 정원vertical garden이 급격히 인기를 얻고 있다. 수직 정원은 리빙월living walls 또는 그린월green walls로도 불리는데 건축적 아름다움과 환경친화성 양면으로 각광받고 있다.

수직 정원을 전 세계적으로 유행시킨 사람은 프랑스 식물학자 파트리크 블랑Patrick Blanc이다. 하지만 블랑은 건축가가 아니라 식물학자이기 때문에 결국 그가 하는 일의 중심은 식물학이다. 블랑은 예술성보다 '적재적소의 식물'을 고집한다. 이는 해당 지역의 토종 식물이나 토양 없이도 잘 자라는 식물을 말한다. 또한 블랑은 리빙월을 설계할 때 식물 각각의 수분과 양분 니즈를 고려해 식물의 층을 구성한다. 따라서 리빙월은 과학의 산물이다. 지역 환경과 제대로 교감하는 방법이기 때문에 내일의 도시에 반영할 가치가 다분하다.

불행히도 오늘날 도시 곳곳에 설치되는 다른 수직 정원들에 대해서는 같은 평을 하기가 어렵다. 대다수는 그저 미학적 용도로만 존재한다. 진정한 녹지가 아니라 녹지를 흉내 내는 것에 불과하다. 더구나 이런 벽들은 설치와 유지가 엄청나게 복잡한데다, 물을 많이 쓰는 고비용 관개 설비와 흙 때문에 무게가 많이 나가는 격자망을 필요로 한다. 또한 토종이 아닌 식물들도 섞여 있어서 과외로 필요한 양분까지 제공해주어야 한다.

그렇다. 식물은 이산화탄소를 흡수한다. 거기다 아름답기까지 하다. 하지만 생태학적으로 전혀 의미 없는 리빙월이 많은 것이 현실이다. 그런 리빙월은 건축 디자인 측면에서 딱 두 가지를 더할 뿐이다. 막대하고 지속적인 재정 부담. 그리고 건물이 부가적으로 지탱해야 하는 상당량의 무게.

새퍼릭은 녹지 조성 방법을 보여주는 프로젝트의 좋은 예로 호주 시드니의 친환경 주거단지 센트럴파크를 들었다. 도시 한가운데 위치한

이 주상복합 아파트의 외벽은 세계 최고 높이의 리빙월을 이루고 있다. 설계자는 앞서 말한 파트리크 블랑이다. 리빙월 말고도 아파트 28층에는 요상하게 생긴 플랫폼이 튀어나와 있다. 이것이 헬리오스탯heliostat이라는 일광 반사 장치다. 엔진이 달린 반사경들이 태양을 따라 움직이며 태양광을 특정 지점으로 보낸다. 이 경우는 주변 정원과 아파트 테라스로 햇빛을 보내 빌딩의 '그림자'를 최소화한다. 야간에는 헬리오스탯이 LED 라이트 쇼를 펼친다.

물론 이 설비들은 전력을 쓴다. 전력 충당을 위해 센트럴파크는 천연가스를 연료로 하는 자체 삼중발전 시스템을 갖추고 있다. 삼중발전은 다른 말로 열병합 발전냉각combined heat, power and cooling, CHPC이라고 한다. 열과 전력을 동시에 생산한다는 뜻이다. 맨 끝에 냉각이 붙은 이유가 있다. 생산된 온수의 일부는 흡수식 냉방기로 가기 때문이다. (냉장고 펌프와 달리) 흡수식 냉방기에는 가동부품이 없다. 대신 액체마다 증발하는 온도가 다르다는 점을 이용한다.

설계엔지니어링 업체 WSP는 센트럴파크의 2메가와트급 발전소가 '설계수명 25년 동안 온실가스 배출을 최대 19만 톤 줄일 것'으로 전망한다. 현실적으로 설명하면 이는 '25년 동안 매년 자동차 2,500대를 도로에서 없애는 것'과 같다. 다만 이 수치를 사실로 확인할 어떤 근거 자료도 찾기 못했기 때문에 이 주장을 있는 그대로 받아들이기보다 에누리해서 듣는 것이 좋다.

도시 녹화 방법이 모두 최첨단 기술을 요하는 것은 아니다. 내가 앞으로 자주 회자될 법한 재료를 하나 발견했다. 바로 샌드라 만소 블랑코Sandra Manso Blanco라는 과학자가 개발한 생물 활성 콘크리트bioreceptive concrete다. 가끔 빌딩 벽에 곰팡이나 이끼가 피는 경우가 있다. 생물 활성 콘크리트는 이 현상을 촉진한다. 다시 말해 고비용 관개 시스템 없이도 이끼류와 곰팡이류가 쉽게 자라는 건물 외벽을 만들어준다. 결과는? 지역 환경에 특화한, 그리고 외벽이 계절과 함께 변하는 빌딩이 탄생한다.

이 기술은 다층 구조 방식에 기초한다. 일반 콘크리트 위에 먼저 방수층을 입히고, 그 위에 생물 활성 콘크리트를 얇게 덮고, 마지막에 흡수층을 입힌다. 마지막 층은 방수층과 반대 역할을 한다. 즉 수분을 받아들이기만 하고 내보내지 않는다. 흡수층은 아직 기능 개선의 여지가 남아 있다. 앞서 말했다시피 물은 콘크리트의 양생에 매우 중요한 역할을 한다.

나는 물을 계속 가두기만 하는 콘크리트가 어떻게 구조적으로 튼튼할 수 있을지 궁금했다. 만소 박사는 이렇게 설명했다. "요령은 두 층의 완전 분리입니다. 각자가 하는 일을 완전히 분리하는 거죠. 빌딩에 구조적으로 중요한 건 내층뿐이고, 외층은 식물의 생장을 돕는 일만 하는 것입니다."

만소 박사의 개발팀은 인산마그네슘 시멘트라는 새로운 시멘트도 시험 중이다. 이 시멘트는 포틀랜드 시멘트와 달리 양생이 필요 없다. 또한 이끼 등이 쉽게 자랄 수 있게 콘크리트의 화학성분과 산도를 조정하고 다공성과 표면 거칠기를 높여 보다 완벽한 생물 활성 콘크리트를 완성했다. 현재 만소 박사 팀은 에스코페트 1886 (에스파냐), 마니니 프리파브리카티 (이탈리아), 바스프 (에스파냐와 이탈리아) 3개 업체와 손잡고 생물 활성 콘크리트 생산을 확대하는 방법을 찾고 있다.

나는 이 프로젝트를 응원한다. 생물 활성 콘크리트는 물질화학을 이용해 자연이 하는 일을 돕는 기술이다. 거기다 사람들과 함께 도시의 공기를 호흡하며 사시사철 변하는 빌딩들을 만들어낸다. 생물 활성 콘크리트를 벨기에와 에스파냐에서 사용했을 때 실제로 지역별 차이가 있었는지 묻자 만소 박사는 웃으며 말했다. "벨기에 겐트에서는 이스트가 만발했어요. 맥주 주조에 쓰는 효모균 말이에요! 이 패널들이 빌딩을 진정한 지역산물로 만드는 거죠."

: 청정

녹지 문제는 자연스럽게 대기 질로 연결된다. 도시 인구 증가세가 가속화되고 있다. 내일의 도시들은 공기 오염을 최소화하고 주민의 건강을 지킬 방법을 강구해야 한다. 리빙월과 옥상정원이 공기 정화에 어느 정도 기여하겠지만 모든 곳에 적용될 수는 없다. 다른 방법들을 빠른 시일 내에 찾아야 한다.

2014년 세계보건기구WHO의 보고에 따르면 전 세계 1,600개 대도시권 중 거의 90%에서 대기 질이 '위험' 수준으로 드러났다. 산업체와 가정과 자동차 모두 공기 오염 물질을 뿜어낸다. 여기에는 산성비와 스모그를 만드는 황산화물과 질소산화물, 일산화탄소, 휘발성 유기화합물 등이 포함된다. 이런 오염 물질 모두 건강에 영향을 미치겠지만, 그중에서도 인간에게 가장 위험한 오염 물질은 다름 아닌, 또한 놀랍게도 미세먼지다.

미세먼지는 입자의 지름이 10마이크로미터(0.001cm) 이하인, 눈에 보이지 않을 정도로 미세한 먼지다. 보통 먼지와 달리 코와 입에서 걸러지지 않고 신체에 축적되어 호흡기 질환의 원인이 된다. 현재 세계 곳곳에서 골칫거리로 부상하고 있다. 파키스탄 페샤와르의 미세먼지 농도는 세계보건기구가 정한 허용 한도의 27배에 달하는 것으로 나타난다. 확실한 해결 방법은 오염 물질을 배출하는 공정들을 규제하는 것이다. 실제로 여러 나라가 미세먼지 규제법을 도입했다. 규제책 말고 테크놀로지로 도시의 하늘을 맑게 할 방법은 없을까?

이산화티타늄과 옥외 광고판이 만나면 대기 질이 좋아진다. 이게 무슨 말일까? 2014년 영국 셰필드 대학교에서 과학자와 시인이 만나 10m×20m 크기의 대형 옥외 포스터를 만들었다. 포스터에 실린 시의 제목은 〈공기 예찬〉이었다. 포스터는 보이지 않는 이산화티타늄 막으로 코팅했다.

이산화티타늄은 햇빛과 산소에 노출되면 대기 중 질소산화물에 산소를 더해 이를 물에 씻겨 없어지는 비활성 화합물로 바꾼다. 간단히 말해서 광고판이 공기를 정화한다. 이 프로젝트를 진행한 토니 라이언 Tony Ryan 교수의 계산에 따르면 이 광고판을 혼잡한 도로 옆에 설치할 경우, 매일 자동차 약 20대가 배출하는 분량의 질소산화물을 빨아들인다고 한다. 중요한 것은 광고판에 막처럼 입힌 이산화티타늄은 촉매 역할을 할 뿐이라는 거다. 다시 말해 공기 중의 산소 원자를 자극해 질소산화물의 산화반응을 가속화할 뿐, 자신은 그 과정에서 소진되지 않는다.

이산화티타늄으로 코팅한 포스터는 거기에 걸려 있는 한, 비바람에 심하게 훼손되지 않는 한, 계속해서 공기를 정화한다. 광고 제작비에 코팅 비용이 추가되기는 하지만(라이언은 추가 비용을 광고판 하나당 약 100파운드로 잡는다) 도시의 모든 포스터에 이 코팅 처리를 하면 해당 지역의 공기 질이 현저하게 개선되는 효과를 볼 수 있다.

이산화티타늄의 광촉매 기능을 기존 구조물들에 새로 장착하는 방법도 있다. 2014년 캘리포니아 리버사이드 대학교의 학생들이 시중에 파는 기와에 이산화티타늄을 코팅해 실험에 들어갔다. 사방이 닫힌 방에서 실험했더니 코팅 처리한 기와들이 주변 공기에서 엄청난 양의 질소산화물을 제거했다. 두꺼운 코팅은 오염 물질을 거의 전부 제거했다. 하지만 아주 얇은 코팅(지붕당 5달러)으로도 대기 중 질소산화물이 88% 제거됐다. 이 실험에 따르면 일반 가정집 지붕이 일반 가족용 자동차가 18,000km 주행 시 방출하는 양과 같은 양의 질소산화물을 분해한다. 놀랍지 않은가?

멕시코시티의 마뉴엘 헤아 곤잘레스 병원은 2013년 건물 정면에 벌집 모양의 타일을 붙여서 멋진 파사드를 완성했다. 하지만 장식 효과만 있는 건 아니다. 이산화티타늄으로 코팅한 특수 타일이어서 햇빛을 받으면 도심의 오염 물질을 해롭지 않은 화합물로 분해한다. 타일이 벌집과 비슷한 기하학적 패턴을 이루고 있는데, 여기에도 미관 이상의 과학적이고 심오한 뜻이 있다. 바로 표면적을 늘리기 위해서다.

이산화티타늄을 코팅한 패널이 공기를 정화한다는 것을 알았다. 그럼 코팅된 표면적을 늘리면 어떻게 될까. 평면 패널이 아니라 이리저리 구부러지고 각지고 꺾인 복잡한 구조에 이산화티타늄을 입힌다면? 그러면 공기가 접촉하는 면이 늘어나 같은 시간 동안 더 많은 양의 오염 물질을 처리하고 더 많은 공기를 정화한다. 병원은 이 파사드를 붙여서 표면적을 200% 늘리고 대기 중 질소산화물 파괴력을 대폭 높였다.

이 모듈형 타일을 개발한 건축가그룹 엘리건트 엠블리시먼츠의 다니엘 슈바크Daniel Schwaag는 이렇게 말한다. "이 병원 파사드는 대기 오염이 심한 도시에서 대략 자동차 1,000대가 매일 뿜어내는 것과 같은 양의 스모그를 중화할 수 있습니다."

: 노화

메가시티의 미래를 생각할 때 우리가 종종 놓치는 것이 있다. 바로 인구의 끝없는 노화 현상이다. 세계보건기구의 보고에 따르면, 인류 역사상 처음으로 지구에 65세 이상 노인이 5세 이하의 아이보다 많아지는 날이 멀지 않았다. 수명 연장은 사회 발전의 놀라운 성과로 평가받아 마땅한 일이다. 하지만 인구의 노령화는 도시의 앞날과 무관하지 않은 새로운 문제와 기회와 위협을 가져왔다.

나는 콜롬비아 대학교 노화연구소의 루스 핀켈스타인Ruth Finkelstein 교수와 만났다. 핀켈스타인 교수는 가장 먼저 도시 계획을 언급했다. "승리 전략은 모든 연령대가 함께 섞여 사는 도시를 계획하는 겁니다. 연령에 따른 격리는 그 누구에게도 이로운 선택이 아닙니다. 노년층을 우대하는 사회도 좋지만 그보다 노년층을 포함하는 사회를 만들어야 합니다."

핀켈스타인 교수는 도시가 모두에게 접근성 있고 우호적인 곳이 되는 데 필요한 몇 가지를 짚어주었다. 도심의 열린 공공장소, 공원, 자동차 없는 쇼핑센터의 증가와 확대는 사람들이 자유롭게 섞이게 해주고, 심각한 도시 문제 중 하나인 사회적 고립 문제를 해결해준다.

여기에 테크놀로지도 큰 역할을 한다. 자유롭게 이용할 수 있는 광대역 고속 인터넷망이 나이 많은 '디지털 유랑민'을 세상에 다시 '접속'시키는 필요조건이다. "맨체스터, 바르셀로나, 뉴욕, 리우데자네이루, 퀘벡 등이 이 방면에서 앞서나가는 곳입니다. 이상적인 미래 도시는 사람들이 단순히 공존하는 곳이 아니라 사람들을 화합하게 하는 곳입니다." 동감이다. 다만 그 점에서는 아직 갈 길이 멀어 보인다.

: 수확

우리는 최첨단 다용도 초고층 마천루들이 지금보다 더 조밀하게 빌딩 숲을 이룬 미래를 상상한다. 미래의 마천루는 외관만 달라지지 않는다. 기특하게도 자가 세정 기능까지 장착하게 된다! 미래의 도시는 비록 밀도는 높을지언정 공기 정화 기능을 갖춘 리빙월과 타일과 광고판들이 지배하는, 어느 때보다 푸른 도시가 될 가능성이 높다. 도시 인구는 나이만 들어가는 게 아니라 날로 현명해지게 된다. 그럼 남은 문제는 무엇일까? 가장 중요한 화두는 두말할 것 없이 에너지다.

내일의 마천루는 멋진 녹색 외관을 자랑하며 서 있는 것 외에 많은 일을 해야 한다. 무엇보다 전기 소비량의 적어도 일부를 스스로 만들어내야 한다. 방법은 여러 가지다. 풍력터빈wind turbines과 태양전지solar cells는 이미 도시에서 서서히 존재감을 과시하고 있다. 여기 해당하는 테크놀로지에 대해서는 2장에서 자세히 살펴보기로 하고, 지금은 준비운동 차원에서 에너지 보존의 법칙에 대해서 말해보자.

과학도가 아니라도 이 법칙을 한번쯤은 들어봤을 것이다. 법칙의 내용을 간추리면 이렇다. 에너지는 결코 새로 생기지도 소멸하지도 않는다. 한 형태에서 다른 형태로 전환될 뿐이다. 존재하는 에너지의 총합은 증감 없이 항상 일정하기 때문에 에너지 불변의 법칙이라고도 한다. 만고의 진리지만 사람들은 대부분 이 사실을 인식하지 못하고 산다. 휴대용 라디오를 예로 들어보자.

전원을 켜면 배터리의 화학에너지는 금속 전선을 통해 먼저 전기에너지와 열에너지(배터리가 따뜻해진다)로 전환된다. 다음에는 전기가 스피커를 진동시켜 소리에너지를 만들어 우리가 음악을 듣는다. 요점은, 배터리에 저장되었던 에너지는 사라지지 않는다는 것이다. 다만 다른 종류의 에너지로 변할 뿐이다. 변화 중 일부는 우리가 원치 않는 것이고 일부는 우리가 원하는 것이다.

모든 전기 기술이 하는 일은 딱 한 가지다. (태양에너지든 풍력에너지든 열에너지든) 에너지를 수집해서 전기로 바꾸는 것. 다시 말한다. 에너지는 생기지도 사라지지도 않는다. 종류를 달리할 뿐이다. 에너지 전환은 어떠한 물리법칙도 거스르지 않는다. 미래 도시와 에너지 변환은 떼려야 뗄 수 없는 관계다.

데이비드 맥케이David MacKay 교수는 그의 저서 《지속가능한 에너지》에서, 맑은 날이 많지 않은 영국에서도 남향 지붕에 떨어지는 태양광의 순수 전력량이 평균 1m²당 110와트에 이른다는 계산을 내놓았다. 태양광의 입사각이 수직에 가까운 적도 부근에서는 이 수치가 훌쩍 커진다. 햇빛 좋기로 유명한 도시들에서 태양전지(흔히 광전지라고 한다)가 인기를 끄는 것은 이런 이유에서다. 그렇다면 태양전지가 이미 사방에 깔려 있어야 하지 않나? 그런데 어째서 그렇지 않을까?

지구에 닿는 태양에너지를 전량 전력으로 전환할 수만 있다면 우리 모두가 쓰고도 남는다! 여기서 핵심은 '할 수만 있다면'이다. 현실은 그렇지 못하다는 뜻이다. 태양전지판은 가용 태양에너지를 전량 전력으로 전환하지 못한다. 가장 성능 좋은 태양전지판을 달아도 태양에너지가 전력으로 전환되는 비중은 1/3 미만이고, 나머지는 주로 쓸모없는 열에너지로 유실된다. 그럼 하나마나일까? 그렇지 않다.

태양에너지는 바닥나지 않는 무한 에너지원이다. 그중 아주 적은 부분만 활용할 수 있어도 충분히 해볼 만한 일이다. 특히 나날이 늘어나는 도시의 에너지 소비량을 생각하면 태양에너지 활용은 우리에게 선택이 아닌 필수다. 태양광 발전은 '저성과 영역'으로 남을 운명이 아니다. 곧 다루게 되겠지만 내일의 태양전지는 기존의 판을 뒤집는 '게임 체인저'가 될 것이다.

풍력터빈도 비슷한 문제를 안고 있다. 풍력 발전의 경우는 에너지의 많은 양이 소음과 진동의 형태로 빠져나간다. 이 때문에 빌딩에 풍력터빈을 설치하기가 어렵다. 하지만 해낸 경우도 없지 않다. 2008년 바레인 세계무역센터는 빌딩 설계 단계부터 대규모 풍력 발전 시스템을 염두에 두고 세운 최초의 마천루다. 지름 29m의 대형 풍력터빈 3대가 쌍둥이 빌딩을 잇는 세 개의 다리에 각각 설치됐다. 돛 모양의 두 빌딩은 바람을 깔때기처럼 빌딩 사이로 빨아들여 터빈으로 보내는 역할을 하도록 설계됐다. 이 의도가 먹혔다!

그런데 네덜란드 에인트호벤 공과대학 건축물리학과 베르트 블로켄 Bert Blocken 교수가 따끔한 지적을 했다. 바레인 세계무역센터가 지금보다 더 효과적인 풍력 발전 빌딩이 될 수도 있었다는 거다. 교수는 일련의 풍동시험과 컴퓨터 시뮬레이션을 수행한 후, 만약 두 빌딩의 배치가 지금과 살짝만 달라졌어도 풍력에너지 발전량이 지금보다 14%

상승했을 거라는 의견을 냈다. 아깝다!

기존 건물에 풍력 발전 시스템을 도입하는 것은 비용도 비용이지만 효과를 장담할 수 없다. 하지만 바레인 세계무역센터처럼 아예 건설 단계부터 주변 바람 환경을 염두에 두고 건물 자체를 풍력 발전소로 설계하면 이야기가 달라진다. 그래서 설계의 까다로움에도 불구하고, 풍력터빈을 빌딩 설계에 접목하는 시도가 점차 인기를 얻고 있다.

풍력터빈에 관한 이야기는 나중에 다시 하기로 하고, 미래 도시로의 시간여행은 여기서 정리하기로 하자. 어떤 면에서 이번 장은 우리 도시의 스카이라인과 과거와 현재와 미래를 간략하게 둘러보는 답사 여행이었다. 이 책을 위한 초석은 든든히 깔았다고 본다. 이제 본격적인 도시과학의 세계로 떠나보자.

CHAPTER 02

전기,
꺼지지
않는 빛

마천루로 가득한 풍경은 나왔다. 하지만 그것만으로 도시가 되는 것은 아니다. 2000년부터 국제우주정거장의 우주비행사들이 우리에게 경이로운 지구 사진들을 전송하고 있다. 그중에서도 우리의 눈길을 사로잡는 것은 밤에 세계의 도시들이 만들어내는 불빛의 향연이다.

멀리 우주에서 보면 지구의 도시가 단순한 빌딩숲 이상의 존재라는 것을 실감한다. 도시는 방대하게 살아 움직이고, 호흡하고, 저마다 다르지만 모두 필수적인 무수한 정맥과 동맥으로 복합하게 얽혀 있는 거대한 유기체다. 고속도로와 선로부터 상하수도와 송배수관에 이르기까지 수많은 네트워크가 도시에 형태를 부여하고, 도시를 도시로 기능하게 한다.

그런데 도시가 어떻게 움직이는지 아는 사람은 별로 없다. 앞으로 몇 장에 걸쳐 이 시스템들을 자세히 살펴보고 각각의 뒤에 숨은 과학 원리와 그것을 구현한 공학 기술을 짚어본다.

첫 번째 주제는 전기electricity다. 전기를 설명하는 입장이 되니, 아일랜드의 코미디언이자 물리학 팬인 다라 오 브리언Dara O Briain이 떠오른다. 한 번은 브리언이 르네상스 시대의 인물들에게 전기를 설명하는 장면을 연출했다. 그는 머리를 쥐어짜다가 "그러니까, 그게 뭐냐, 벽에서 나와요"라고 말하고 결국 포기했다. 이번 장이 끝날 때쯤이면 우리 모두 그런 '청순함'의 망토를 벗을 수 있다.

전기가 어떻게 우리가 있는 곳곳에 이르는지, 도시는 어디서 전기를 얻는지 파헤친다. 아울러 내일의 전력망을 바꿔놓을 흥미로운 연구들도 알아본다.(전력망electricity grid이란, 전력 공급자와 소비자를 잇는 그물처럼 얽힌 체계를 말한다. 발전 영역과 송배전 영역과 소비 영역을 모두 포함한다_옮긴이)

오늘

:

우선 전제할 것이 있다. 나는 앞서 전기가 도시에 형태를 부여했다고 말했다. 이는 현대의 도시에만 해당한다. 고대 문명의 도시들을 규정한 것은 지형 조건과 수원水源에 대한 안정적 접근성 같은 다른 요소들이었다. 하지만 우리가 아는 도시는 최초의 전등이 거리를 밝히던 바로 그 순간 탄생했다.

전기는 세상을 바꿨다. 전기는 파이프로 물을 나르듯 에너지를 사방으로 나를 방법을 제공했다. 그리고 오늘날 우리 사회는 전기 없이는 존재할 수 없는 곳이 되었다. 우리는 철저히 전기에 '붙들려' 산다. 전력 소비는 갈수록 늘어나 현재 우리는 그 어느 때보다도 전기를 많이 생산하고 또 사용한다. 그중에서도 전기 수요가 가장 많은 곳은 인구와 활동과 교통이 집중된 도시 중심부들이다.

도시를 움직이는 모든 것들의 과학

인류의 반 이상이 도시에 사는 지금, 전 세계 쓰레기의 태반을 도시가 만들어낸다고 봐도 무방하다. 도시는 전 세계 에너지 사용량의 3/4을 소비한다. 같은 비율로 전 세계 온실가스 배출량의 대부분을 내뿜는다. 우리가 쓰는 전기는 어느 도시에 사느냐에 따라 화석연료(석유, 석탄, 가스)나 재생에너지(풍력에너지, 태양에너지 등)나 두 가지 모두로 생산된다. 정확히 전기를 어디에 쓰는지에 대해서는 뜻밖의 답이 기다린다. 하지만 그 문제에 바로 뛰어들기 전에 기본부터 좀 다지고 가자.

: 전자

보통의 평일 아침을 상상해보자. 알람을 못 듣고 늦게 일어난 탓에 허둥지둥 욕실로 뛰어 들어가서 눈을 찌르는 불빛 속에 서둘러 샤워를 마친다. 다음에는 부엌으로 내려가 커피와 살짝 탄 토스트로 아침을 때운다. 세탁기에 세탁 시간을 설정하고, 충전기에서 휴대전화를 빼들고 버스 또는 지하철을 놓칠세라 부리나케 뛰어나간다. 심하게 일반화한 내용이다. 하지만 도시 거주자의 절대 다수는 상당량의 전기를 소비하지 않고서는 일상을 영위하지 못한다.

그렇다면 전기는 정확히 무엇일까? 일단 전기는 인간의 발명품이 아니라는 말로 시작하고 싶다. 근본적으로 세상 모든 것이 전기를 띤다. 물질을 구성하는 기본 입자가 원자다. 우주에 존재하는 모든 원자에는 전자electron가 있다. 학교 다닐 때 교과서에서 봤던 원자 그림을 떠올려보면 원자는 원자핵과 전자로 이루어져 있다. 원자의 중심에는 양성자와 중성자가 공처럼 뭉쳐 있는 원자핵이 있다. 전자는 원자핵의 주위를 붕붕거리며 돌면서 원자의 껍질을 형성한다. 실제 원자는 전혀 이렇게 생기지 않았지만 우리 모두에게 친숙한 이미지고, 일단 설명하기에 좋다. 양성자는 양전하를 띠고, 중성자는 전하를 띠지 않고, 전자는 음전하를 띤다.

전자는 매우 작다. 얼마나 작은지에 대해서는 아직도 학계의 논의가 분분하다. 이 논쟁에 잘못 발을 들여놓으면 주제에서 멀리 벗어나 양자물리학이라는 괴상하고 혼탁한 세계로 빠져들게 된다. 개인적으로는 가끔 양자의 영역을 방문하는 것을 즐기지만, 어쨌거나 거기는 이 책의 소관 밖이므로 현재로서는 안전거리를 유지하기로 한다.

대략적으로 말하자면 누구의 정의를 택하느냐에 따라 전자의 크기는 10^{-15}m에서 10^{-17}m다. 만약 전자를 나란히 줄 세우면, 말린 후추 한 알에 약 10조 개의 전자가 들어간다. 물론 실제로는 전자를 나란히 줄 세우는 게 불가능하다. 전자들은 음전하를 띠고 서로를 밀어내기 때문이다. 거기다 양자물리학자들은 전자는 결코 물리적 실체가 아니며 그보다는 개연성의 구름이라고 반박할 것이다. 보라, 내가 괴상하고 혼탁한 곳이라고 경고하지 않았는가. 안드로메다 은하에 있는 별들의 총수보다 많은 수의 전자들이 작디작은 후추 한 톨에 모두 담긴다고 보면 된다. 한마디로 전자는 정말로 작다.

적어도 이번 장에서 가장 중요한 사실은 모든 전자가 음전하를 띤다는 것이다. 전자를 원래 살던 집(원자)에서 떼어내 흐르게 하면 그것이 전기다. 잔인하게 들리지만 전자는 훔치기가 매우 쉽다. 금속 손잡이를 잡다가 따끔한 전기충격을 경험한 적이 있는가? 있다면 여러분도 원자의 가정파괴범이다.

마찰로 떨어져 나온 전하들이 우리 몸에 모여 있다가 금속 손잡이 같은 도체를 만나면 우리 몸에서 도체로 순식간에 점프한다. 이때 반짝하는 불꽃과 따끔한 통증이 발생한다. 비구름이 주변 공기와 마찰을 일으킬 때도 같은 효과가 일어난다. 다만 이때는 효과가 훨씬 극적이다. 이때의 결과물이 번개이기 때문이다. 이 모든 것이 정전기 현상이다. '전자들의 점프' 때 엄청난 양의 전기에너지가 흐르지만, 정전기는 TV를 켜고 냉장고를 돌릴 수 있을 정도로 안정적이지 못하다.

우리가 흔히 말하는 전기는 유전기current electricity다. 유전기는 전자의 흐름이다. 콘센트에 연결하는 제품이 쓰는 전기는 모두 유전기다. 전자가 흐르게 하려면 우선 흐르기 좋은 통로를 제공해야 한다. 구리 같은 금속이 전기의 통로가 될 전선을 만들기에 좋다. 금속에는 아주 작은 자극에도 움직이는 자유전자(원자핵의 인력에 고정되어 있지 않고 일정 영역 내에서 움직임이 자유로운 전자)가 있기 때문이다. 다시 말해 구리는 전기 전도성이 높아서 전류가 구리를 타고 쉽게 흐른다.

전류의 크기는 암페어A라는 단위로 따진다. 다음에는 전선 속 전자에게 움직일 동기를 부여해야 한다. 여기에 주전원이나 배터리가 쓰인다. 이들이 전류에 시동을 거는 데 필요한 에너지를 제공한다. 다시 말해서 전위차potential difference를 만들어준다. 전류는 전위가 높은 곳에서 낮은 곳으로 흐르므로, 전위차가 있는 두 지점을 전선으로 접속하면 전류가 흐르기 시작한다. 전위차가 클수록 더 많은 전류가 흐른다. 우리는 이 힘을 전압voltage이라고 부른다. 전압의 단위는 볼트V다. 전압에 전류를 곱하면 전력power이 나온다. 전력을 측정하는 단위는 와트W다.

유전기가 흐르는 통로는 회로circuit라고 하는데, '돌아오는 길'이라는 뜻이다. 이런 이름이 붙은 이유가 있다. 전선을 배터리의 한쪽 전극에만 꽂으면 아무 일도 일어나지 않는다. 전류는 완전 순환 고리complete loop가 있어야만 흐른다. 즉 같은 전선을 배터리의 양편에 둥글게 연결해야 한다. 그런데 이것만으로도 아무 의미가 없다. 이 회로에다 회로를 흐르는 에너지를 이용할 물건을 추가해야 의미가 생긴다. 이것이 집과 직장에 있는 주전원이 하는 일이다.

어떤 장치에 전원을 연결하면, 흔한 말로 플러그를 꽂으면 장치가 회로에 진입해 주전원에서 전력을 끌어온다. 60와트 전구를 전등에 넣고 플러그를 꽂아보자. 안타깝게도 전 세계가 표준 전압을 쓰지 않는다. 영국에서는 전원 전압이 약 240볼트이고, 미국에서는 120볼트다. 영국과 미국만 그런 것이 아니다. 전 세계의 전원 전압이 대개 110~120볼트와 220~240볼트로 나뉘어 있다. 이 차이를 상쇄하려면, 즉 60와트 전구가 영국에서나 미국에서나 같은 밝기로 빛나기 위해서는 전류의 크기가 달라져야 한다. 그래서 영국에서는 전구에 0.26암페어의 전류가 흐르고, 미국에서는 이보다 높은 0.5암페어가 흐른다. 전력과 전류와 전압의 관계는 이처럼 명료해서 전기를 이해하는 데 편리하다.

: 소비

대충 전기의 개념을 잡고 몇몇 중요한 용어까지 익혔으니 이제는 슬슬 맥락을 따져보자. 집에 있는 가전제품 각각의 작동 원리를 일일이 설명하지는 않겠다. 우리의 관심은 집 밖에, 우리가 사는 도시의 길 위와 길 밑에 있다. 다만 본론으로 들어가기 전에, 내가 그간 수없이 받았던

도시를 움직이는 모든 것들의 과학

질문 하나에 답하고 싶다. 전기의 기본 단위는 볼트와 암페어인데 전기요금 고지서에 등장하는 킬로와트시kWh(시간당 사용 전력을 킬로와트 단위로 나타낸 것)라는 단위는 뜬금없이 어디서 온 것인가?

전력은 전압과 전류를 이어주는 역할 외에 측정 단위 역할도 한다. 전력은 전기 장치가 1초에 쓰는 전기에너지를 말한다. 우리 집 TV가 1시간에 쓰는 전기의 총량을 알고 싶은가? TV의 전력(와트)에 3,600(1시간은 3,600초)을 곱하면 된다. 자연히 수치가 엄청나게 커진다. 그래서 와트초Ws를 쓰는 대신 단위를 높여서 킬로와트시를 쓰는 것이다. 즉 1킬로와트시kWh는 1,000와트시Wh 다. 여기서 와트나 킬로와트는 전력의 단위고, 와트시나 킬로와트시는 전력량의 단위다. 쉽게 말해서 이 요상한 단위는 에너지 사용량을 표시하는 다른 방법일 뿐이다. 예를 들어보자.

플라스마 TV의 출력은 대략 50와트다. 1킬로와트시의 전기를 쓰려면 TV를 20시간 내내 틀어놓아야 한다. 이 글을 쓰는 지금, 20시간 마라톤 TV 시청에 드는 비용은 영국에서는 약 10펜스, 미국에서는 약 15센트, 그리고 약간의 수면 부족 정도다. 생각보다 비용이 적다고 놀라기에는 이르다. 전기의 진짜 비용은 발전發電 단계에서 발생한다. 전기를 생산하는 방법에는 여러 가지가 있다. 거기에 대해서도 곧 알아보겠다.

전기가 도시의 가정에만 동력을 공급하는 것은 아니다. 전기는 현대 도시의 혈류다. 전기를 안전하고 값싸게 만들고 나를 방법이 도시에 도입되지 않았더라면 가로등과 승강기, 트램(노면전차)과 열차 모두 세상에 나오지 못했을 거다. 오늘날의 도시들은 가공할 양의 에너지를 먹어 없앤다.

영국 에너지기후변화부의 자료에 따르면 런던은 2012년 한 해에 자그마치 108,467,000,000킬로와트시의 에너지를 썼다. 여기에는 전기 에너지와 난방용 천연가스 에너지가 모두 포함된다. 두바이 소비량의 약 두 배에 달하고, 뉴욕의 소비량에는 약간 못 미치는 수치다. 어떤 단위로 계산하든 에너지 소비에 관련된 수치들은 거의 천문학적이다.

어느 나라의 도시든 대도시에서 전기를 가장 많이 잡아먹는 것은 빌딩들이다. 케임브리지 대학교 건축학과 코엔 스티머스Koen Steemers교수에 따르면 도시의 빌딩들이 쓰는 전기가 그 도시의 교통망에 들어가는 전기의 두 배나 된다고 한다!

물론 빌딩들의 사정은 다 같지 않다. 2015년, 콜롬비아 대학교의 개발팀이 뉴욕 시청과 합동으로 뉴욕 시 전역의 에너지 소비 지도를 만들었다. 개발팀은 85만 동이 넘는 빌딩에서 데이터를 수집하고, 그것을 여러 카테고리로 분류하고, 막대한 양의 계산을 수행해서 모든 정보를 담은 쌍방향 지도를 구축했다. 이들의 분석 결과, 뉴욕의 사무용 빌딩은 에너지 사용량의 대부분을 '사무기기, 조명, 환기, 냉방' 같은 기본 전기 설비에 쓰는 것으로 나타났다.

한편 뉴욕 시 빌딩 수의 대다수를 차지하는 주거용 빌딩의 에너지 사용처는 조금 달랐다. 사용량의 대부분이 온수 생산과 공간 난방에 들어간다. 에너지 예산의 많은 부분을 난방에 쓰는 도시가 뉴욕만은 아니다. 2012년 유럽연합 집행위원회는 '주거 영역에서 전기가 압도적으로 가장 많이 소비되는 최종 용도는 공간 난방'이라고 밝혔다. 그렇다면 우리를 따뜻하게 해주는 전력은 모두 어디에서 오는 것일까?

　도시를 움직이는 모든 것들의 과학

난방은 사실 전력망의 일은 아니다. 뉴욕과 런던에서 난방 시스템은 아직도 화석연료를 때는 방식이다. 당연히 자랑할 게 못 된다. 두 도시 모두 화석연료 의존도를 줄이려 노력 중이다. 다른 지역, 특히 유럽 대륙에서는 이미 매우 다른, 그리고 굉장히 쿨한 방식을 도입했는데, 여기에 대해서도 곧 말하겠다.

본론에 들어가자. 주위를 둘러보라. 어딘가에 전기 콘센트가 보이는가? 그것이 바로 도시의 전력망을 나와 연결해주는 접속점이다. 우습게 보여도 콘센트는 치명적인 양의 전력을 퍼낼 수 있으니 부탁컨대 콘센트에 포크를 쑤셔 넣는 따위 어리석은 장난은 금물이다. 어쨌든 우리의 여정은 벽에 소심하게 뚫려 있는 작은 구멍에서 시작된다. 콘센트는 배전선의 네트워크, 이른바 전력망으로 연결되고, 전력망은 다시 도시에 동력을 보급하는 무수한 발전소로 연결된다. 여기서 첫 번째 질문, 여러분이 보는 콘센트는 어떤 모양인가?

콘센트 모양이 나라마다 모두 다른 건 아니지만 현재 전 세계적으로 대략 15가지 모양의 콘센트가 쓰인다. 전기와 사람이 지구적으로 움직이기 이전 시대의 유물이라고나 할까. 하지만 모양은 달라도 콘센트가 하는 일은 한 가지다. 우리가 쓰는 전자기기에 맞는 전압을 배달하는 것.

철탑을 지지물로 삼아 하늘 높이 설치된 가공 송전선overhead transmission lines을 흐르는 전기의 전압은 매우 높다. 보통 132,000볼트와 755,000볼트 사이다. 하지만 전기가 집이나 업장에 도착할 때는 전압이 약 120볼트 또는 240볼트로 뚝 떨어져서 온다. 중간에 무슨 일이 있었던 걸까? 답은 도중에 있는 변압기에 있다. 변압기는 교류전기의 전압을 바꿔주는 장치다. 트랜스포머라고도 한다. 우리의 전력망에서 변압기는 문지기 역할을 한다.

전기와 뗄 수 없는 관계에 있는 것이 자기다. 교류가 도선을 통과할 때 도선 주위에 자기장이 생긴다. 반대의 경우도 가능하다. 즉 전류가 자기장을 만들 수 있다면 자기장도 전류를 만들 수 있다. 계속 변하는 자기장에 금속 도선을 넣으면 도선에 교류가 발생한다. 이 현상을 전자기 유도electromagnetic induction라고 한다. 변압기가 이용하는 것이 바로 이 전자기 유도 현상이다.

네모난 쇳덩어리의 속을 파낸다. 이것이 변압기의 심core이 된다. 이 철심의 한 면에 도선을 여러 번 감아 코일 형태로 만든다. 다 감지 않고 양끝은 남긴다. 철심의 반대 면에도 같은 방법으로 도선을 감는다. 이렇게 만든 두 개의 코일 중 하나를 전압원에 연결하면 거기를 통과하는 전류가 철심에 자기장을 만든다. 이 자기장이 반대편 코일에 이르면 거기에도 전류가 유도된다. 그래서 뭐? 여기서 중요한 것은 코일을 감은 수(도선을 돌려 감은 횟수)가 유도전류의 크기를 결정한다는 것이다. 이 점을 이용해서 전압을 높이거나 낮출 수 있다. 변압기 양편의 코

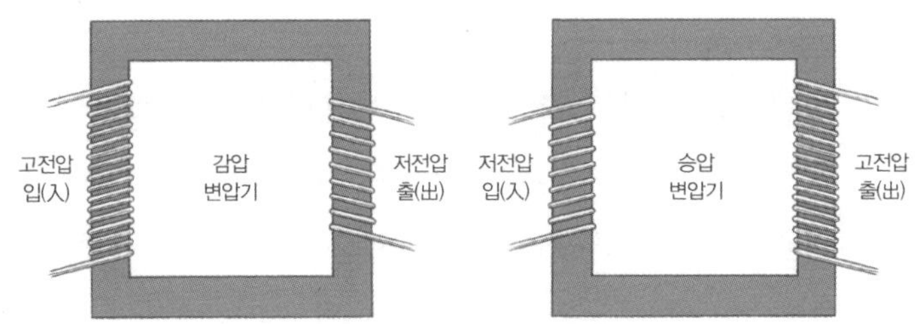

[그림 2.1] 전압을 줄이려면 두 번째 코일보다 첫 번째 코일에 철사를 더 많이 감으면 된다. 반대로 전압을 늘리려면 두 번째 코일보다 첫 번째 코일에 철사를 감은 횟수가 적어야 한다.

도시를 움직이는 모든 것들의 과학

일 감은 수를 달리하면 된다.

　승압과 감압을 반복한다는 것이 좀 이상해 보이지만, 그래야 도시 곳곳에 필요에 맞는 전압으로 전기를 제공할 수 있다. 가정용으로는 240볼트면 충분하지만 다른 용도로는 어림없다. 일례로 마드리드의 열차는 3,000볼트로 달린다. 공장용은 30,000볼트에 이른다. 도시가 원하는 전압이 무엇이든 거기 맞는 변압기를 설계하면 송전선의 고전압을 도착지 사정에 맞추어 감압할 수 있다. 변압기는 전기를 필요한 만큼씩 드나들게 함으로써 전력 공급을 관리하는 기능도 한다.

: 전력망

문은 통과했으니 이제 전력망에 제대로 들어가 보자. 전력망의 일부는 지하에 매설하고 일부는 지상에 가설한다. 케이블과 전선이 거대한 미로처럼 서로 맞물리며 뻗어나가서 각지의 발전 시설과 시민들을 연결한다. 도시마다 전기 생산 사정은 다르다. 밴쿠버의 경우 수력 발전으로 전기의 90%를 생산한다. 반면 인도의 델리에서는 석탄과 가스가 발전량의 대부분을 책임진다. 나머지 도시들은 이 중간 어딘가에 위치한다.

　대개는 다양한 에너지원에서 다양한 방법으로 전기를 생산한다. 원자력 발전처럼 전기를 지속적으로 생산하는 방법과 풍력 발전처럼 주기적으로 생산하는 방법을 조합한다. 엔지니어 제이미 테일러Jamie Taylor는 복잡한 전력망 관리의 어려움을 이렇게 요약한다. "전기 수급의 성공은 귀신같은 균형 잡기에 달려 있습니다." 수요와 공급의 전쟁이 전력망에도 고스란히 적용된다. 적용되기만 하는 게 아니라 그것이 전력 관리의 핵심이자 진수다. 전력 수급 균형의 중요성에 대해서는 이 책에서 반복적으로 등장한다.

비유를 하자면 전력망은, 적어도 지역 차원에서는 나무뿌리와 비슷하다. 도로와 건물이 빼곡하게 들어선 도심부에는 배전선distribution lines을 지하에 매설한다. 런던의 배전선을 다 펴면 30,000km가 넘는다. 달을 거의 세 번 감을 수 있는 길이다! 이 전선 자체는 대개 꼰 구리선이나 알루미늄선으로 만들고, 거기에 질긴 플라스틱 피복을 입힌다. 우리로부터 전선을, 그리고 전선을 흐르는 전기로부터 우리를 보호하기 위해서다.

배전선 중 하나를 따라가 보면 얼마 안 가 꽤 중요한 박스가 나타난다. 바로 변압기다. 변압기는 우리 집 밖에서 전압을 낮춰서 내가 우리 집 전자기기를 안전하게 전원에 꽂게 해준다. 그런데 변압기는 혼자 일하는 것이 아니다. 변압기는 발전소에서 생산된 전기가 배전망을 타고 전기 소비자에게 가는 길에 줄줄이 있는 감압 변압 설비들, 이른바 변전소substation의 일부다. 흔히 녹색이나 회색으로 칠한 변압기 박스는 매일 어마어마한 양의 전기를 변압한다. 그러니 생김새가 다소 우중충하더라도 봐주자.

전력망에서 배전망보다 가시적인 부분은 송전망transmission network이다. 송전망은 수많은 전선주와 철탑이 받치고 있는 수천 킬로미터의 케이블로 이루어진다. 송전망의 역할은 말 그대로 전기를 발전소에서 소비지의 배전망으로 전송하는 것이다. 송전망의 케이블은 지하에 매설된 케이블보다 엄청 두껍고 막을 입히지도 않았다. 따라서 손이 닿지 않는 높은 곳에 가설한다. 이런 궁금증이 들 것이다. 송전선은 왜 그

　　　　　도시를 움직이는 모든 것들의 과학

렇게 위험하게 높은 전압을 사용할까?

　믿기 힘들겠지만 에너지를 절약하기 위해서다. 앞장에서 말했듯 에너지는 한 형태에서 다른 형태로 전환될 수 있다. 송전선의 경우, 전기를 멀리 보내겠다고 전류의 세기를 높이면 가는 길에 저항을 받아 전기에너지의 일부가 열에너지로 전환되어 공기 중으로 유실된다. 그래서 전류를 낮추고 대신 전압을 높여 송전하는 것이다. 그렇게 하면 전선이 뜨거워지는 것이 방지돼 에너지 유실이 대폭 줄어든다. 여기서 중요한 질문이 또 하나 대두한다. 어째서 새들은 고압 전선에 앉아도 감전사하지 않는 걸까?

　높다란 전선을 횃대 삼아 앉아서 도시민을 굽어보는 새들. 새에게는 전기가 통하지 않는 걸까? 그렇지 않다. 전기에 관계된 일이 다 그렇듯, 새들의 생존도 전적으로 '연결'의 문제다. 새들에게 남다른 초능력이 있어서가 아니다. 동물의 몸은 전기가 매우 잘 통하는 도체다. 다시 말해 전기에게 좋은 통로가 된다. 우리 몸의 수분 함량이 70%인 것을 생각하면 놀랍지도 않다. 엄지와 검지 사이에 건전지를 잡으면 완벽한 회로가 만들어진다. 하지만 새가 고압 전선에 앉을 때는 어떤 회로도 완성되지 않는다. 건전지의 한쪽 전극에만 손가락을 올려놓은 셈이기 때문이다. 회로도 아니고, 전기의 흐름도 없다.

　그렇다고 해서 고압 전선을 한 가닥만 만지는 것은 괜찮다는 말은 결코 아니다. 그랬다가는 죽는다. 절대 그러지 말자. 새들이 무사한 이유는 두 발을 모두 같은 전선에 대고 있기 때문이다. 새들은 전선에 앉아 있지만 전선 외에 다른 것과는 전혀 닿아 있지 않다. 따라서 전류가 이동할 경로가 없다. 만약 사람이 발을 땅에 댄 채로, 또는 사다리나 작업대에 올라가서 전선을 잡으면 우리 몸이 회로를 완성해서 전기에게 뻥 뚫린 고속도로를 제공하게 된다. 결과는 감전사다. 새도운 나쁘게 전선 두 가닥에 걸쳐 앉거나 다른 전선이나 전선주를 건드리면 순식간에 전기구이 통닭이 된다. 결론은 전기를 가지고 장난치면 안 된다는 것이다.

전기의 역사에서 가장 유명한 인물 중 한 사람인 토머스 알바 에디슨Thomas Alva Edison은 모두 알다시피 여덟 살에 정규 교육을 받기 시작함과 동시에 끝냈다. 또한 청각장애가 있어서 열두 살 무렵부터는 거의 듣지 못했다. 하지만 장애는 그의 앞길을 막지도 늦추지도 못했다. 에디슨은 84년을 살면서 1,000개가 넘는 특허를 냈다. 그중에는 그 유명한 백열전구 발명 특허도 있다. 하지만 나는 전구 발명이 에디슨의 가장 위대한 업적이라고 생각하지 않는다.

에디슨이 정말로 이름을 떨친 것은 세계 최초로 발전소와 전력망 통합 시스템을 개발하면서부터였다. 에디슨이 전력 공급 시스템을 최초로 설립한 곳이 뉴욕 시냐 매사추세츠 주 브록턴이냐를 두고 지금도 논란이 있다. 역사학자 제럴드 빌스Gerald Beals는 실제로는 브록턴이 먼저였지만, '세계적 메트로폴리스 뉴욕을 내세워 미디어의 관심을 끌기 위해서' 브록턴이 무시되었다고 해석한다. 진실이 무엇이든 에디슨은 1882년과 1883년 사이 두 곳에 발전소를 열었는데, 배선 방식이 서로 달랐다. 뉴욕은 2선식, 브록턴은 3선식이었다. 이 두 가지가 어떻게 다를까?

2선식 시스템은 하나의 거대한 발전기를 이용해서 공급망 전체에 같은 양의 전류를 보낸다. 막대한 양의 전류를 보내려면 전선이 매우

　　　　　　　　　　　도시를 움직이는 모든 것들의 과학

두꺼운 구리 케이블이어야 했다. 1800년대 후반 당시로는 값비싼 방법이었다. 반대로 3선식 시스템은 그보다 작은 발전기 2대를 이용한다. 이 시스템은 전류를 전선 세 개로 나누어 보내기 때문에 전선은 가늘지만 각각의 가로등에 전기를 안전하게 공급한다.

두 가지 시스템 모두 실용적이지만, 1884년 판 〈사이언스〉 지는 3선식 접근법을 '대단히 기발하다'고 평가했다. 이 시스템의 후손들이 오늘날 전력망의 토대를 이룬다. 이 때문에 오늘날 에디슨은 많은 사람에게 반박의 여지가 없는 '전력망의 아버지'로 통한다. 나는 거기에 찬성하지 않는다. 교류와 변압기 발명으로 송배전의 신기원을 연 인물은 에디슨의 동시대인이자 그의 최대 라이벌이었던 크로아티아 태생의 카리스마 넘치는 천재 과학자 니콜라 테슬라Nikola Tesla였다. 내가 존경해 마지않는 테슬라 이야기는 잠시 후에 하기로 하자. 다만 한 가지는 분명하다. 설사 에디슨 혼자 한 일이 아니라 해도, 그가 도시용 발전과 배전의 실용화에 엄청난 기여를 한 것만큼은 어김없는 사실이다.(에디슨은 협력자와 경쟁자들에게서 '취득한' 기술들을 본인 명의로 특허 내기로 유명했다. 3선식 시스템 아이디어를 최초로 제안한 사람은 조셉 홉킨슨Joseph Hopkinson이라는 영국 과학자였다. 에디슨이 홉킨슨의 아이디어를 사들여 현실로 만들었다) 에디슨이 잘못 생각한 것이 하나 있는데 그것을 이해하려면 우선 전기를 일으키는 방법부터 논할 필요가 있다.

: 발전發電

자꾸 반복해서 미안하지만 다시 기억하자. 없던 에너지가 새로 생기거나 있던 에너지가 소멸하는 일은 결코 없다. 우리는 그저 에너지를 이 형태에서 저 형태로 바꿀 수 있을 뿐이다. 따라서 전기 공급의 열쇠는 사용 가능한 에너지를 찾아서, 그 에너지를 수확할 시스템을 설계해서, 그 에너지를 전기에너지로 바꾸는 것이다. 말처럼 쉬우면 얼마나 좋을까!

발전의 어려움을 결코 과소평가해서는 안 된다. 전기는 쉽게 얻어지지 않는다. 발전이 얼마나 어려운지 보여주기 위해 나는 지난 2011년 영국 국립물리연구소의 예전 동료들과 함께 런던 왕립협회(1660년 영국에 설립된 자연과학학회)에서 열린 한 전시회에서 한 가지 실험을 했다.

우리는 정부 관료부터 국가대표 럭비선수까지 다양한 사람들을 다이나모 자전거에 태웠다. 자전거 전조등을 밝히려면 부단히 바퀴를 돌려야 했다. 참가자들은 예외 없이 땀을 흘리며 힘들어 했다. 실제로 자전거 대여 시스템이 있는 도시들은 공공 자전거에 다이나모(자전거 조명용 자가 발전기)를 적용하는 경우가 많다. 다이나모가 자전거 조명에 전기를 대는 것과 도시용 발전소가 전기를 생산하는 원리는 같다. 다만 규모의 차이다. 여기서 이야기는 다시 변압기가 전압 조절에 이용하는 전자기 유도 현상으로 돌아간다.

앞서 했던 설명을 짧게 간추리면 전자기 유도에는 세 가지가 관여한다. 자력, 전류, 움직임. 이 셋 중에 아무거나 두 가지를 결합하면 나머지 한 가지가 얻어진다. 전류를 만들고 싶다면 움직이는 도선과 자석이 있으면 된다. 도선을 자석의 양쪽 전극 사이에 한 번만 밀어 넣으면 전류가 순간적으로 아주 작게 '깜빡' 생겼다가 만다. 이런 전류는 도움이 되지 않는다. 전류를 안정적이고 지속적으로 얻으려면 도선을 여러 번 매우 빠르게 움직여야 한다.

　　　　　　　　　　　　　　도시를 움직이는 모든 것들의 과학

발전기는 이 일에 루프 모양으로 돌돌 감은 기다란 도선을 이용한다. 이 루프는 자기장 안에서 고속으로 회전하는 수직축에 부착된다. 움직이는 도선 + 자석 = 전류. 변압기의 경우처럼 도선 루프의 '감은 수'가 많을수록 발생하는 전류도 커진다. 발전기의 출력을 늘리는 다른 방법은 움직임의 속도를 높이거나 더 큰 자석을 사용하거나 두 방법을 동시에 쓰는 것이다. 발전기는 당연히 발전소에 있다. 원자력 발전소, 화력 발전소, 풍력터빈, 수력 발전소에 있는 발전기는 몇 가지 차이점만 빼고 모두 이 원리에 기초한다.

발전 시스템이 처음 개발된 것은 1800년대 후반이다. 당시 상용화를 위한 전류 방식을 놓고 두 가지 생각이 격돌했다. 한쪽은 에디슨이 이끌었고, 다른 한쪽의 선두에는 젊고 잘생긴 천재 엔지니어 니콜라 테슬라가 있었다. 할 수만 있다면 테슬라의 이름에 공학의 이름으로 커다란 하트 표시를 하고 싶다. 이것이 그 유명한 '전류 전쟁The War of Currents'이다. 두 발명가의 경쟁과 대립은 상상을 초월하게 치열했고, 그 영향은 전 세계에 미쳤다.

발전기가 전류를 생산하는 방법에는 두 가지가 있다. 관건은 전류의 '방향'이다. 자동차 계기판처럼 바늘이 움직이는 눈금판을 상상해 보자. 이 눈금판은 전류를 측정한다. 도선이 자석 안으로 움직이면 바늘이 한 방향으로 홱 돌아간다. 도선을 빼면 바늘이 반대 방향으로 홱 돌아간다. 따라서 도선 루프가 자석 안에서 회전하면 자연적으로 교류alternating current, AC라는 전류가 만들어진다. 교류는 흐르는 방향이 계속 홱홱 바뀌는 전류를 말한다. 테슬라 측은 발전과 송전에 이 옵션을 선호했다.

전쟁터의 반대편에는 에디슨이 있었다. 그는 이 '수시로 뒤집히는' 전류를 펴고 싶었다. 그래서 도선 루프에 접속장치를 더해 한 방향으로만 흐르는 전류를 만들었다. 이런 전류를 직류direct current, DC라고 한다. 오늘날 배터리와 풍력터빈은 이 방식으로 전기를 공급한다. 따라서 직류도 나름 유용한 방식이다. 하지만 직류는 장거리 송전에 맞지 않았다. 낮은 전압으로 전기를 보내니 전력의 중간 손실이 컸다. 변압하면 되지만 직류는 변압이 쉽지 않다.

전력 사용 유형이 다양한 도시에서 모든 사용자에게 전기를 딱 한 가지 전압으로 공급하는 것은 영 효율적이지 않았다. 결국 전류 전쟁은 테슬라와 그의 교류 시스템을 상용화한 웨스팅하우스 전기회사의 승리로 끝났다. 교류가 전기의 표준이 되어 오늘날 모든 도시는 교류 전기로 전력을 공급받는다.

지인들이 내게 묻는 도시 관련 질문의 상당수가 전기에 대한 것이다. 전선에 앉아도 감전되지 않는 새들과 전기요금 고지서 관련 질문을 빼고 가장 흔한 질문은 이거다. 송전선은 왜 윙윙거리는 소리를 낼까? 이 소리는 테슬라 덕분에 가능해진 고압 송전과 무관하지 않다.

전압이 너무 높아서 가끔은 케이블 주변의 공기가 전하를 띤다. 원래는 차분하고 느긋한 공기 중 질소 분자들이 전기장의 공격을 받아 전자들을 빼앗겨 흥분 상태가 된다. 이 과정은 교류의 변화 속도 때문에 그야말로 전광석화처럼 일어난다. 도시의 발전기는 대략 1초에 50~60회 '뒤집는다'. 엄청난 속도다. 도는 게 아니라 '뿌옇게' 서 있는 것처럼 보일 정도다. 우리가 듣는 소리는 고압 송전선 주변의 공기 분자들이 이렇게 초당 50회 간격으로 공격당하는 소리다.

　도시를 움직이는 모든 것들의 과학

그나저나 무슨 이야기를 하고 있었더라? 맞다, 발전기. 적어도 이론적으로는 발전 과정에서 전자기 유도 단계는 온실가스를 생성하지 않는다. 온실가스를 만드는 것은 그 전 단계다. 도선 루프를 회전시키기 위해 발전기에 에너지를 투입하는 단계. 화력 발전소와 원자력 발전소의 경우, 이 에너지를 열의 형태로 조달한다. 5장에서 말하겠지만, 화석연료 안에는 어마어마한 양의 화학에너지가 내장되어 있다. 이 화학에너지를 해방시키는 가장 좋은 방법은 화석연료를 태우는 것이다. 이것이 화력 발전소가 하는 일이다.(원자력 발전소의 경우는 원자가 붕괴할 때 방출되는 에너지에서 열을 얻는다.)

화석연료가 타면서 생기는 열이 초청정수를 초고온으로 끓인다. 물을 540℃ 이상으로 끓여서 초고온 고압 증기를 끝없이 생성한다. 이 증기는 터빈으로 밀려들어간다. 터빈은 하나의 축을 중심으로 구동하는 수천 개의 강철 회전날개들로 이루어져 있다. 날개를 지나는 증기의 흐름이 터빈을 돌리고, 터빈은 발전기의 도선 루프를 회전시킨다.

이 태우기-끓이기-돌리기 프로세스는 엄청나게 비효율적이다. 실제로 전기로 전환되는 에너지는 화석연료에 원래 내장돼 있던 에너지의 1/3에서 1/2에 불과하다. 나머지는 그냥 낭비된다. 바로 이 점이 화석연료 발전소를 환경의 적으로 만든다. 막대한 양의 석탄과 석유와 가스를 태우면 대기 중으로 막대한 양의 탄소가 배출된다. 결과적으로 지구 온난화와 기후 변화의 진행을 가속화한다. 이는 데이터로 입증되었다. 그럼에도 화력 발전소는 아직도 에너지 생산 전쟁의 주력 무기다.

유엔 인간정주계획에 따르면 2012년 기준으로 화석연료가 전 세계

에너지 공급량의 81.3%를 담당하고 원자력은 9.7%, 수력, 풍력, 바이오매스, 태양광 같은 재생에너지원은 고작 9%를 담당할 뿐이다. 왜 그럴까? 반은 역사적 이유에, 반은 비용 문제에 기인한다. 비록 효율은 떨어지지만 화석연료 발전은 상대적으로 '싸게' 먹힌다. 필요한 설비가 오래 전부터 갖춰져 있고, 아직은 지구에 화석연료가 동나지 않았기 때문이다. 한마디로 '항상 해왔던 방식'인 점이 크게 작용한다.

하지만 지역적, 국가적, 국제적 차원에서 이를 바꾸려는 강한 기류가 일고 있다. 사람들이 화석연료를 태우는 방식에 대한 의존도를 낮추고, 아무것도 태우지 않고 전기를 생산하는 방법들을 강구하고 있다. 이른바 전력망 탈脫탄소화 노력이 진행 중이다.

지난 10년간 태양광 발전과 풍력터빈의 설치 비용이 꾸준히 줄었다. 미국 신재생에너지 컨설팅 업체 블룸버그 뉴 에너지 파이낸스BNEF의 2015년 후반 보고서는 이 트렌드가 가속화할 것으로 전망한다. BNEF는 각국의 전력 생산 비용을 에너지원별로 분석하고, 비용을 메가와트시당 달러$/MWh로 계산했다. 공평한 비교를 위해서 기초 공사부터 해체와 폐쇄까지 발전소의 전 생애를 비용 계산에 넣었다.

분석 결과, 독일의 경우 이미 해풍 발전 비용(80달러)이 석탄(106달러)과 가스(118달러) 기반 발전 비용보다 낮아졌다. 영국에서도 마찬가지다. 중국에서는 아직도 석탄(44달러)이 왕좌를 지키고 있지만, 태양광 발전 비용(109달러)이 가스 발전 비용(113달러)보다 싸졌다. 다른 나라들에서도 화석연료 발전은 점차 비싸지고, 재생에너지는 점차 싸지는 추세다. 전기 생산의 흐름이 바뀌고 있다. 우리가 도시를 설계하고 관리하는 방식도 함께 바뀌기 시작했다.

　　　　　　　　　　　도시를 움직이는 모든 것들의 과학

: **열**熱

재생에너지 이면의 물리학으로 뛰어들기 전에, 잠깐 중요하게 언급하고 넘어갈 것이 있다. 에너지가 모두 전력 공급망에서 오는 것은 아니라는 것이다. '세계 에너지 공급' 운운하는 수치들은 모두 전력 소비량 외에 난방과 온수에 들어가는 에너지양까지 포함한다.

앞서 짧게 언급했듯, 도시의 난방은 아직 화석연료 연소에 전적으로 의지한다. 다만 이때는 연소가 멀리 떨어진 발전소가 아닌 지근거리에서 이루어진다. 바로 집과 회사에 있는 보일러에서다. 어느 도시에서나 보일러는 천연가스를 태워 물을 데우는 방식이다. 이렇게 데워진 물은 배관을 타고 건물 곳곳으로 퍼져 난방 시스템에서 사용된다. 전 세계적으로 도심지만 놓고 보면 오히려 천연가스 공급망이 전력망보다 더 많은 에너지를 제공하는 경우가 허다하다.

난방과 바늘과 실처럼 엮여 있는 것이 냉방이다. 냉방도 비용이 많이 든다. 유엔 환경계획에 따르면, 쿠웨이트 시의 연간 에너지 소비량의 반 이상이 에어컨 가동에 쓰인다. 두바이도 사정은 비슷하다. 도시 냉난방은 에너지 공급의 가장 큰 산이고, 도시가 팽창하고 밀집할수록 산의 크기도 점점 더 커진다. 2011년에 벌써 온수 생산과 공간 냉난방에 드는 비용이 전 세계 빌딩이 소비하는 에너지양의 거의 절반을 차지하는 것으로 집계됐다. 가까운 미래에 이 비중이 떨어질 것으로 예상하는 사람은 아무도 없다.

하지만 문제를 타개할 방법이 아주 없는 건 아니다. 여러분이 사는 거리 밑에도 이미 그 방법이 숨어 있을지 모른다. 바로 지역에너지 district energy다. 지역에너지는 물(냉수나 온수)을 지하에 묻은 절연 배관을 통해 도시의 일정 지역에 배급하는 시스템이다. 대형 공공건물이나 지역공동체는 건물별 또는 세대별로 냉난방 설비를 갖추는 대신 이 시스템에 가입해서 냉온수를 전달받아 냉난방에 이용한다.

지역에너지 시스템은 특히 두 가지 면에서 유리하다. 하나는 정수를 사용하지 않기 때문에 식수 공급에 폐가 되지 않는다는 것, 또 하나는 따로 연료를 써서 온수를 만들지 않고 발전소에서 나오는 폐열을 활용하거나 비분해성 고형 폐기물 같은 대안적 열원을 사용하기 때문에 경제적이고 환경에 부담을 주지 않는다는 것이다.

코펜하겐, 헬싱키, 바르샤바 같은 도시들에서는 이미 지역에너지 시스템이 도시 난방의 대부분을 책임지고 있다. 덴마크의 주거 지역 중에는 개별 보일러를 아예 폐지한 곳도 많다. 대신 온수를 지역 공용 보일러에서 공급받는다. 밴쿠버, 이즈미르, 도쿄 등도 비슷한 시스템으로 냉방을 해결한다. 파리는 유럽에서 가장 규모가 큰 지역 냉방 네트워크를 자랑한다. 파리의 병원, 소셜하우징, (루브르 박물관 같은) 공공건물에 공급되는 냉방용수는 센 강의 물을 이용한다. 이들 외에도 지역에너지에 투자 중인 대도시가 30곳이 넘는다. 미래 도시의 열 관리 시스템을 미리 보는 셈이다.

'전통적' 전기 생산의 원리를 훑었고 열에 관해서도 말했으니 이제 재생에너지 이야기로 넘어가자. 이 책에서는 여러 재생에너지 가운데 두 가지에만 집중하기로 한다. 풍력에너지와 태양에너지. 이 두 가지는 도시 지역에서 이미 친숙한 시스템일 뿐 아니라, 차세대 에너지 연구자들의 집중 조명을 받고 있어 앞으로 빠른 성장이 예상되는 분야다. 이 책을 쓸 때 가장 힘들었던 것은 무엇을 배제할지 결정하는 일이

　도시를 움직이는 모든 것들의 과학

었다. 그런 면에서 이번 장이 특히 힘들었다. 만약 내가 여러분이 알고 싶었던 내용을 건너뛰었더라도 양해를 구한다.

: 바람

뚜렷한 성장세만큼이나 논란이 많은 풍력터빈부터 이야기해보자. 거대한 바람개비 모양을 한 풍력터빈은 일단 보기에도 멋지다. 하지만 정말로 흥미로운 건 그것을 세운 공학, 물리학, 재료학이다. 예를 들어 풍력터빈이 그렇게 높다란 데에는 이유가 있다.

풍력터빈이 원하는 것은 일정하게 수평으로 부는 고속풍이다. 빌딩과 건축물이 많은 곳에서는 이들의 방해로 공기가 흐트러지고 동요가 심하다. 더구나 아스팔트 도로나 풀로 덮인 언덕 같은 거친 표면을 흐를 때는 그것만으로도 바람의 속도가 현격히 떨어진다.

높이가 풍속에 미치는 영향을 수량화하는 공식이 두어 가지 있는데, 결론은 높은 곳일수록 바람이 빠르게 분다는 것이다.(이 법칙이 무제한 적용되는 것은 아니다. 지구 대기권은 케이크처럼 성격이 다른 여러 층으로 이루어져 있다. 높이 올라갈수록 풍속이 늘어난다는 것은 대기권의 가장 밑층, 즉 지면에 접한 대기경계층에 해당하는 이야기다. 대기경계층 위쪽은 바람 속도가 심하게 가변적이다) 높이는 매우 중요하다. 풍력터빈의 출력은 회전날개를 돌리는 바람의 속도에 직결되기 때문이다. 한마디로 바람이 빠를수록 전기가 많이 생산된다.

같은 맥락에서 육풍(육지에서 바다로 부는 바람) 발전이냐 해풍(바다에서 육지로 부는 바람) 발전이냐의 논란이 있다. 일반적으로 바다로 멀리 나갈수록 풍속이 높다. 따라서 풍력터빈을 설치하기에는 육지보다 먼 바다가 더 경쟁력 있다. 하지만 해안과의 거리가 늘어나면 비용도 함께 늘어

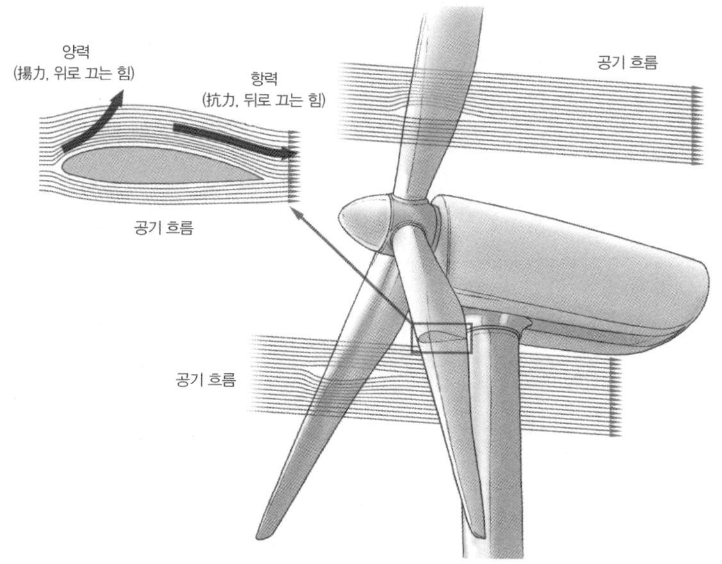

[그림 2.2] 풍력터빈의 회전날개는 비행기 날개처럼 공기를 가른다.

난다. 해상 풍력 발전소는 건설과 관리가 훨씬 까다롭다. 이에 비해 해풍 터빈은 설치와 유지 비용은 낮지만 대신 전기 출력이 적다. 더구나 소음 피해와 경관 훼손 등의 문제 때문에 육지에서는 풍력 발전소를 세울 곳을 찾기가 쉽지 않다. 풍력 발전소 건설을 둘러싼 언론의 비판에 대해서는 잠시 후에 말하기로 한다.

일단 우리가 바람 조건이 완벽한 곳에 높다란 풍력터빈을 세웠다고 가정하자. 그러면 반쯤 온 셈이다. 이제는 바람을 잡아서 풍력에너지를 전기에너지로 전환해야 한다. 첫 번째 단계로 회전날개의 모양이 중요하다. 터빈의 회전날개는 새나 비행기의 날개와 비슷하게 생겼다. 우연의 일치가 아니다. 바람을 효과적으로 가르기 위해서다. 이런 모

도시를 움직이는 모든 것들의 과학

양을 에어포일airfoil이라고 한다.

터빈 회전날개의 단면을 보라. 활처럼 비대칭으로 휘어진 형상을 하고 있다. 그래서 날개가 공기 흐름을 반으로 가를 때, 납작한 아랫면을 지나는 공기는 상대적으로 막힘없이 흐르는 반면, 불룩하게 굽은 윗면을 지나는 공기는 상대적으로 조금 더 먼 길을 가야 해서, 결과적으로 날개 윗면의 공기가 아랫면의 공기보다 빠르게 흐른다. 이 공기 속도의 차이 때문에 날개 윗면과 아랫면의 기압이 달라진다.

기압이 낮은 윗면의 공기는 날개를 '빨아들이고' 기압이 높은 아랫면의 공기는 날개를 '민다'. 이 힘 때문에 풍력터빈이 회전한다. 터빈이 회전하면서 발전기의 도선 루프가 회전하고, 이렇게 생산된 교류 전기는 곧장 전력망으로 투입된다. 이 과정은 일종의 기어박스를 매개로 이루어지며, 풍력터빈의 1회 회전은 발전기 1,000회 회전에 해당한다.

풍속뿐 아니라 날개의 길이도 풍력터빈의 출력에 영향을 미친다. 날개가 길수록 더 많은 바람을 수확할 수 있다. 터빈이 바람에 회전할 때 터빈 날개가 원을 그린다. 원의 지름이 두 배가 될 때마다 에너지 생산량은 네 배로 늘어난다는 계산이 나온다. 가령 날개 길이가 80m인 터빈은 날개 길이가 40m인 터빈보다 같은 조건에서 전력을 네 배 더 생산한다. 이 때문에 터빈은 폭풍 성장 중이다. 현재 길이가 100m에 달하는 터빈 날개까지 개발되어 시험 운용 중이다. 이 초대형 터빈의 날개 폭(한쪽 날개 끝에서 반대쪽 날개 끝까지의 길이)은 초대형 여객기 에어버스 A380기의 2.5배에 해당한다.

영국의 신에너지 연구센터인 해상재생에너지 캐터펄트의 재료공학자 커스틴 다이어Kirsten Dyer 박사는 이렇게 말한다. "과거에는 풍력터빈의 날개가 회전에 의한 굽힘 응력bending stress 때문에 망가졌습니다. 지금은 날개가 엄청 커지다 보니 자체 무게 때문에 망가집니다. 따라서 무게를 줄이는 것이 기술 혁신의 최우선 과제입니다."

오늘날의 풍력터빈 회전날개는 섬유강화 복합 재료로 만든다. 대표적인 것이 섬유유리다. 섬유유리는 용해된 유리에서 추출한 유리섬유 다발을 천처럼 짜서 만든다. 면사 다발로 면포를 짜는 것과 같다. 유리섬유로 짠 천은 끈끈한 접착제에 담가서 굳힌다. 이렇게 하면 어떤 형태로든 주조하기 쉬운 고강도 초경량 재료가 된다. 하지만 섬유유리도 내일의 초대형 터빈 날개의 재료로는 여전히 무거워서 적합한 대안 개발이 추진 중이다.

내가 자주 받는 또 다른 질문은 '바람에서 전기를 도대체 얼마나 얻을 수 있느냐'였다. 풍력 발전 비판 세력이 뭐라고 하든, 바람 에너지의 잠재력은 매우 크다. 스코틀랜드에서는 2014년 풍력터빈으로 396만 세대에 전력을 공급했다. 중국 선전(심천) 규모의 도시가 쓸 전기를 생산한 셈이다. 2015년 7월 덴마크의 풍력 발전 단지는 단 하루 만에 3.77기가와트의 전력을 생산해서 대대적으로 매스컴을 탔다. 이는 덴마크 전국의 전기 수요량을 40%나 웃도는 수치다. 풍력을 얕잡아봐선 결코 안 된다.

그렇다고 풍력터빈이 '모든 면에서 완벽하다'는 뜻은 아니다. 날씨에 좌우된다는 점 외에도 풍력 발전에는 분명히 넘어야 할 산들이 있다. 일단 풍력 발전은 비효율적이라는 말들이 많다. 하지만 이 말에는 어폐가 있다. 좀 억울한 꼬리표다. 일단 부는 바람을 전부 전기로 전환하는 것 자체가 불가능하다.

회전하는 풍력터빈 바로 뒤에 서보라. 뒤에도 바람이 많이 부는 것을 알 수 있다. 터빈의 날개들이 바람의 운동에너지를 완전히 제거하지 못하기 때문이다. 만약 바람을 100% 잡는다면 터빈 뒤는 쥐 죽은 듯 조용해야 할 것이다. 하지만 베츠의 법칙에 따르면 아무리 이상적인 조건에서도 풍력터빈이 바람 에너지의 59% 이상은 잡을 수 없다.(풍력 발전 효율의 이론적 한계치를 베츠 한계Betz limit라고 한다. 풍력 발전의 효율 공식을 발견한 물리학자 알베르트 베츠Albert Betz의 이름을 땄다) 지금까지 개발된 최고 성능의 풍력터빈이 이 한계치에 많이 접근했다. 그러니 전망이 매우 밝다고 할 수 있다.

어떤 이들은 풍력터빈이 흉물스럽다고 욕한다. 이 경우는 미학적 주관이기 때문에 그들의 생각을 바꿔줄 아무런 과학적 근거가 없다. 언급할 가치가 있는 진지한 비판도 있다. 풍력 발전 시설로 인한 소음 공해 논란이다. 아무리 매끈하고 날렵하게 설계된 터빈도 소음을 낸다. 일각에서는 이 소음이 인근 주민에게 건강 문제를 일으킨다고 믿는다. 이 주장은 아직 과학적으로 진위 여부가 입증되지 못했다. 풍력터빈 소음에 대한 음향학 조사로 밝혀졌다시피 터빈 날개의 회전운동이 초저주파 음infrasound을 만든다는 점은 의심의 여지가 없다. 확실하지 않은 것은 초저주파 음과 건강 문제 사이의 상관 관계다.

호주 국립보건의학연구회의 2015년 보고서에 따르면 풍력터빈의 소음이 혈압 변화, 심장병, 우울증 같은 병증을 유발한다는 지속적 증거는 없다. 하지만 이 말은 소음과 병증이 무관하다는 명백한 증거가 없다는 뜻도 된다. 초저주파 음이 인간의 건강에 미치는 영향에 대한 조사 자체가 문제 되기도 한다. 중립적 입장에서 시행되는 조사가 별로 없다. 건강에 유해하다는 연구 보고들이 거짓말이라는 뜻은 결코 아니다. 데이터로 확인 가능한 것에는 한계가 있다는 뜻이다.

호주 뉴사우스웨일스 대학교의 콘 둘란Con Doolan 교수는 이렇게 말한다. "만약 양자 간에 연관성이 있다면 그것을 보여주는 최선의 방법은 초저주파 음 데이터와 건강 데이터를 동시에 측정하는 겁니다. 건강 데이터의 유형도 중요합니다. 즉각적 증상인가, 시간을 두고 생기는 증상인가. 여기에 답하려면 엔지니어와 의학자와 보건전문가가 동참하는 새롭고 종합적인 연구 접근법이 요구됩니다."

풍력에너지의 비용 경쟁력이 날로 상승하고 있다. 따라서 앞으로 도시 외곽에 풍력 발전소가 더 많이 생겨나고, 더 많은 도시 거주자들이 풍력터빈과 가깝게 살게 될 것으로 예상된다. 다행히 풍력 발전 이슈들에 대한 타개책 모색이 다각도로 이루어지고 있다. 바람 잘날 없는 풍력 발전을 떠나 이제 좀 따스한 주제로 넘어가보자.

: 햇빛

지구에서 149,600,000km(평균거리) 떨어져 있는 태양은 우리의 가장 중요한 에너지원이다. 앞서도 전력을 논했지만, 전력에 대한 과학적인 정의는 초당 에너지 생산량 또는 에너지 소비량이다. 이 정의에 따르면 내장 전력에 있어서는 태양광을 이길 것이 없다.

구름 없이 맑은 날 정오를 기준으로 할 때, 태양을 마주보는 땅 1m² 당 약 1,000와트의 태양에너지가 쏟아진다. 규모를 확 키워서, 더블린의 아비바 스타디움 경기장 전체가 직사광선을 받는다고 치자. 한 시간 만에 석유 825리터에 내장된 에너지보다 더 많은 에너지가 이 잔디

도시를 움직이는 모든 것들의 과학

구장 위에 떨어진다. 석유 1배럴은 약 159리터에 해당하고, 연소하면 약 1,667킬로와트시의 전력을 제공한다.

하지만 1장에서 언급했듯 우리가 이 에너지를 남김없이 몽땅 흡수하는 것은 불가능하다. 거기에는 여러 이유가 있다. 우선 태양광은 절기와 위도에 따라 지면에 도달하는 각도가 다르다. 햇빛이 하루 종일 대낮처럼 내리쬐지도 않는다. 날씨도 변수다. 날이 흐리면 지면에 도달하는 태양광의 양이 확 줄어든다.

이런 제약 조건들에도 태양에너지는 활용 가치가 끝내준다. 녹색 식물이 태양에너지 활용의 전문가다. 식물은 광합성 과정을 통해 태양에너지를 화학에너지로 바꿔서 유기물을 합성한다. 다시 말해 햇빛을 이용해서 양분을 만든다. 도시에 사는 우리의 관심사는 햇빛을 두 가지로 전환하는 것이다. 그것은 전기와 열이다.

첨단 태양전지판이 번쩍이는 건물 옥상은 이제 도시 어디서나 흔하게 보는 광경이 되었다. 태양전지판이 어떻게 작동하는지도 알아보자. 햇빛을 전기로 전환하는 시스템을 광전지photovoltaic cell라고 부른다. 우리가 빌딩에서 보는 광전지의 대부분은 실리콘(규소)으로 만든다. 전자장치 안에는 다 실리콘이 들어 있다. 하지만 땅속에서 이 푸르스름한 물질을 파내서 곧바로 쓰는 건 아니다.(중량으로 따지면 실리콘은 지각에서 두 번째로 가장 풍부한 원소다. 1등은 산소다) 전자장치와 태양전지에 쓰는 실리콘은 주어진 용도에 따라 신중하게 설계된다.

실리콘은 반도체다. 구리 같은 금속은 전자가 아주 쉽게 통과하는 도체다. 반대로 고무 같은 절연체는 전자의 통행을 막는다. 반도체는 도체와 절연체의 중간쯤 되는 전기 저항을 가진다. 여기에 재료물리학적 처치를 가해서, 용도에 맞게 전기전도성과 전기 흐름을 조절할 수 있다. 태양전지는 성질이 다른 두 가지 실리콘 층을 접합시켜 만든다. 실리콘 샌드위치의 구조는 다음과 같다.

1. 맨 아래에는 전자가 모자라는 실리콘을 깐다. 전자가 빠져나간 구멍(양공)이 많아 양전하를 띠므로 이 층을 P positive형 반도체라고 한다.

2. 중간에는 전자가 남아도는 실리콘을 넣는다. 전자 농도가 높아 음전하를 띠므로 이 층을 N negative형 반도체라고 한다.

3. 맨 위는 반사 방지 유리로 덮는다. 반사는 태양광 발전의 천적이다. 빛이 반사되어 나간다는 것은 빛이 수확되지 못한다는 뜻이고, 따라서 빛이 전기로 전환되지 못한다는 뜻이다.

햇빛은 광양자 photon라는 작은 입자로 구성되어 있다. 광양자들이 태양전지에 닿을 때 N형 층의 전자들을 쳐서 밀어낸다.(빛은 때로는 파동으로, 때로는 입자로 묘사된다. 나는 편의에 따라 두 가지 묘사를 번갈아 사용하려 한다. 순수주의자들이여, 양해하시라) 밑의 P형 층에는 전자가 모자라 자리가 비어 있으므로 튕겨 나온 전자들이 이리로 흘러 들어가 전류가 만들어진다. 이런 태양전지를 수없이 한데 붙여놓으면 그것이 태양전지판이 되어 햇빛에서 전기를 만들어낸다.

고려할 것이 하나 더 있다. 무지개를 보면 알 수 있듯 햇빛은 한 가지 색이 아니다. 여러 다양한 파장의 빛들로 구성된다. 이중 특정 파장만이 전자를 쳐서 흐르게 할 수 있다. 이 점 때문에 태양광 발전의 변환 효율이 낮은 것이다. 하지만 이 한계를 넘기 위한 엄청난 연구가 진

　　　　　　　　　　　　도시를 움직이는 모든 것들의 과학

행 중이다. 아직까지는 상용화된 시스템 중 가장 성능이 좋은 시스템도 태양에너지의 고작 20%만을 전기로 전환할 뿐이다.

이 점들을 모두 고려할 때, 우리가 광전지로 기대할 수 있는 전기 생산량은 얼마나 될까? 미국 국립재생에너지연구소가 만든 PVWatts라는 에너지 분석 프로그램이 있다. 이 프로그램은 전 세계 일사량을 기반으로 태양전지의 발전 능력을 예측한다. 이 프로그램을 이리저리 돌려본 결과, 태양광 발전에는 결국 위치가 관건이고 전부라는 결론이 나왔다.

같은 태양전지판이라도 로스엔젤레스에 있으면 오슬로에 있을 때보다 전기 생산량이 두 배가 된다. 햇빛의 광양자가 태양전지의 전자를 쳐서 밀어내는 시간이 하루 중 길면 길수록 좋다. 따라서 전지판이 태양을 향하는 각도도 중요하다. 전기에너지를 저장할 방법도 필요하다. 그래야 해가 졌을 때 꺼내 쓸 수 있다. 앞으로 싸지겠지만 지금은 실리콘 태양전지의 가격이 세서 태양광 발전은 도시 거주자의 상당수에게 아직 그림의 떡이다. 2015년 테슬라 모터스의 CEO 일런 머스크Elon Musk가 미국은 태양광 발전만으로 전기 공급이 전량 가능하다고 장담했지만 이 발언은 아직 희망사항에 가깝다.

물론 태양에너지로 전기만 만들 수 있는 건 아니다. 햇빛은 열로도 전환될 수 있다. 태양열 시스템은 수십 년 전부터 쓰였다. 생긴 것은 태양전지판과 비슷하지만 하는 일은 많이 다르다. 태양은 빛만 주는 것이 아니라 따사로운 볕도 함께 제공한다. 태양열 집열판은 이 점을 이용한다.

브라질의 도시들은 태양에너지 발전에 많은 투자를 해왔다. 상파울루와 리우데자네이루의 고층건물에는 옥상마다 수백 개의 검은 유리 패널이 깔려 있다. 이것을 집열 장치collector라고 한다. 이름이 말해주듯 태양에서 오는 열에너지를 모으는 장치다. 태양열이 서서히 물을 데우고, 데워진 물은 집열판 밑의 배관으로 퍼져서 가정용 보일러들로 간다. 이런 시스템으로 일반 도시 가정에서 쓰는 온수의 절반까지 공급할 수 있다.

건물 규모가 크거나 일반 샤워 온도보다 높은 온도가 필요할 때는 태양광 집광 장치solar concentrator로 해결할 수 있다. 이 장치는 빛줄기를 집속해서 태양전지의 효율을 높이고, 그 과정에서 많은 열을 만들어낸다. 돋보기로 햇빛을 한 점에 모아서 불을 지폈던 경험이 있는 독자는 금방 이해할 것이다.

옥상의 집광 시스템은 프레넬 렌즈Fresnel lens라는 특수 유리를 써서 물을 쉽게 끓는점 이상까지 가열한다. 그래서 아파트단지나 오피스빌딩에서 인기리에 사용된다. 브라질 정부가 후원하는 연구조사에 따르면 적도 부근처럼 태양광의 입사각이 큰 지역에서는 이 집광 시스템으로 에너지를 한 해에 78,000킬로와트시 이상 절약할 수 있다. 이는 석유 8,900리터에 내장된 에너지양에 해당한다.

도시는 태양에너지 발전의 미래에 매우 중요한 역할을 한다. 도시가 태양에너지의 주 공급원이 될 수도 있다. 미국 환경정책연구센터가 발표한 보고서에 따르면 2014년 고작 20개 도시의 태양광 발전량이 전국 발전량의 6.5%를 차지했다. 거기다 태양광 발전에 이용된 면적은 이들 도시 전체 면적의 0.1%에 불과했다. 스탠퍼드 대학교의 연구보고서도 캘리포니아의 도시지역에만 태양에너지 발전(태양광과 태양열 모

 도시를 움직이는 모든 것들의 과학

두 포함)을 적용해도 주 전체의 전기와 온수 수요를 세 배 이상 웃도는 발전량이 나온다고 추산했다. 이 수치들은 태양에너지 발전의 불규칙성과 현 시스템의 성능까지 고려한 것이다. 이처럼 제한요소들에도 불구하고 태양광 발전의 잠재력은 매우 높다.

벽에 달린 콘센트 너머에는 이렇듯 거대하고 복잡한 시스템이 도사리고 있다. 전기를 생산하는 여러 방법 중 단 세 가지만 논했는데도 이렇다. 전력망의 요점은 이것이다. 공급은 반드시, 언제나 수요를 충족시켜야 한다는 것. 한마디로 전력망은 안정적 에너지 공급이 생명이다.

하지만 말이 쉽지, 태양광처럼 자연 조건에 따라 가용 에너지양이 들쑥날쑥한 에너지원을 이용할 때는 결코 쉬운 일이 아니다.

내일의 전력망은 오늘날의 그것과 매우 다른 양상을 띨 가능성이 높다. 왜 그런지 미래를 들여다보자.

내일

:

도시의 미래에 대해 우리가 확실히 아는 것은 세 가지다.

1. 도시는 경제 성장을 견인하는 가장 큰 힘이다.
2. 도시는 대부분 친환경 재생에너지에 투자하고 있다.
3. 인구가 늘어남에 따라 전기 수요도 늘어나고 있다.

모든 것을 고려할 때, 환경에 주는 부담을 줄이면서 나날이 늘어나는 도시들의 니즈를 충족하려면 어떻게 해야 할까? 이 거대한 질문에 답이 될 획기적인 연구들이 진행 중이다.

새로운 기술과 접근법들은 세상을 외연뿐 아니라 본질까지도 바꾼다. 도시 에너지 수급에 대한 현재 상황을 이해하기 위해서 나는 관련 논문과 보고서를 수없이 읽었고, 그 과정에서 이 방면의 선두주자들과 대화할 기회를 얻었다. 똑똑한 사람들과 말하는 것만큼 내가 좋아하는 일도 없다. 전선으로 연결된 도시를 위에서 내려다본다고 상상하자. 이렇게 대국적으로 보면 에너지의 수급 관리와 에너지 생산의 탈탄소화가 용이한 쪽으로 도시를 설계할 방법들이 보이지 않을까?

: 설계

맞다. 내가 답이 정해져 있는 유도 질문을 한 것이다. 도시의 물리적 레이아웃이 에너지 사용과 온실가스 배출을 크게 좌우한다는 증거는 많다. 2015년 초, 독일과 미국의 환경과학자들이 공동으로 수행한 대규모 연구 결과가 나왔다. 연구팀은 전 세계 메가시티(인구 1,000만 이상의 도시)를 총망라하는 274개 도시를 조사하고, "현재의 도시 팽창 추세가 이어진다면 도시의 에너지 사용은 (…) 2050년까지 세 배 이상 늘어나게 된다"고 밝혔다. 걱정스러운 결과다.

좋은 소식도 있다. 도시를 유형별로 분석했더니 이 충격을 줄일 가능성이 보였다. 운송 수단이 다양하고 복합용도 빌딩이 많은 밀집형 도시들이 성글고 넓게 퍼져 있는 도시들에 비해 상당히 환경친화적인 것으로 나타난 것이다. 조지아 대학교의 최근 연구에서는 녹지 공간이 많은 도시가 그렇지 않은 도시보다 시원한 것으로 나타났다. 이른바 도시 열섬 현상urban heat island effect의 연장선에 있는 내용이다.

도시 열섬은 도시의 온도가 교외보다 5~10℃ 높은 현상을 말한다. 이 현상에 대해서는 3장에서 다시 다루겠지만, 기본 전제만 말하면 이렇다. 도시 건설에 콘크리트와 아스팔트 같은 어두운 색의 흡열 자재를 많이 쓰는데 이들은 열을 잡아 가둔다. 하지만 같은 열에너지도 초목이 흡수하면 이야기가 달라진다. 열이 초목의 수분을 증발시켜 천연 냉각 효과를 낸다. 나무를 많이 심자!

미래 도시의 전력 공급을 위한 유망한 친환경 대안들 가운데 싼값에 확충, 보급할 수 있는 대안은 거의 없다. 투자 가치를 따져보지 않을 수 없다. 영국 리즈 대학교의 한 연구팀이 저탄소 도시를 위한 투자의 직접비용과 자본수익률을 조사했다. 그 결과, 해당 기술들이 도시에 투자액의 17배가 넘는 성과를 가져온다는 결론이 나왔다. 도시가 1달러를 투자하면 17달러의 수익이 돌아온다는 뜻이다.

연구팀은 이 추산을 위해 미래 에너지 가격에 대해 몇 가지 가정을 했다. 저탄소 기술 구축 비용이 줄어드는 속도에 대한 가정도 필요했다. 하지만 추산 방법과 논리가 상당히 견고하고, 일부에서는 심지어 투자수익률이 과소평가됐다는 평가까지 나왔다. 이 연구보고서의 주요 필자인 앤디 굴드슨Andy Gouldson 교수는 인터넷잡지 〈비즈니스그린BusinessGreen〉과의 인터뷰에서 이렇게 말했다. "세계 어느 도시나 야심찬 탄소 감축 목표를 세우고 용감하게 매진해도 무방하다. 비용효율 측면에서 투자금 회수 이상의 성과를 자신해도 좋다." 그렇다면 좋다. 저탄소 기술에 뛰어들어보자.

: 새로운 중심

나는 이번 장을 위한 리서치 과정에서 많은 전문가에게 의견을 구했다. 그들이 이구동성으로 말하는 한 가지가 있었다. 바로 현재의 전력망은 '공룡'이라는 점이었다. 수백만 세대를 안정적 전력 공급원에 연결하는 시스템. 엔지니어링과 논리학의 경이로운 승리라 하지 않을 수 없다. 하지만 이렇게 덩치가 큰 시스템은 미래 도시에는 더 이상 적합하지 않다. 전력 수요가 증가하고 전력 공급원이 다각화하면서 거기에 맞는 미래지향적 시스템이 필요해졌다..

전기 생산 단계부터 짚어보자. 자주 거론되지 않는 점이 있다. 전력망에는 발전기가 하나만 있는 것이 아니다. 수많은 발전기가 수증기를 동력으로 삼아 끝없이 돌며 전기를 토해낸다. 하지만 이들이 하는 일이 전기 생산만은 아니다. 이들은 전체 시스템에 물리적 안정성을 제공한다. 팽이와 좀 비슷해서 일단 돌리면 계속해서 돈다. 이것을 전력망의 규모로 확대해보자. 수천 개의 팽이가 서로 연결되어 돌아간다. 어딘가에서 비상 정지가 발생했다 치자. 그렇다고 시스템 전체가 갑자기 멈추지는 않는다. 발전기들은 한동안 계속해서 돈다. 그래서 전력망 관리자들이 다른 곳에서 전력을 끌어와서 도시가 정전의 암흑으로 떨어지는 것을 막을 시간을 벌어준다.

전력망의 균형을 유지하는 것은 매우 어려운 일이다. 특히 태양에너지나 풍력에너지처럼 가변적인 전력 공급원이 다수 포함되어 있을 때는 더더욱 그렇다. 난제를 해결하려면 전력망 전체에 센서들을 배치해서 전력 수급 정보가 양방향으로 흐르는 지능형 전력망을 구축할 필요가 있다. 지능형 전력망을 구축하면 변동적인 전력 수급 현황을 실시

　　　　도시를 움직이는 모든 것들의 과학

간 파악할 수 있을 뿐 아니라, 변수들을 자동 조절해서 에너지의 공급과 사용 효율을 극대화할 수 있다. 한마디로 전력 시스템 전체가 한 몸처럼 유기적으로 움직이게 된다.

보다 장기적 관점에서 보면, 발전과 배전을 더욱 유기적으로 연계하는 분산 발전이 안정적 전력 공급의 해법으로 부상할 전망이다. 분산 발전은 대규모 원거리 발전소 대신 소규모 발전 설비를 수요처 주변에 분산 배치하는 방식이다. 이것이 실현되면 도시가 전력망과 소통하는 방식에 일대 혁신이 일어나게 된다. 전력망이 한쪽에서는 공급하고 다른 한쪽에서는 받아 쓰는 단방향 체제에서 양방향 상호 교환 체제로 바뀌게 되기 때문이다.

에든버러 대학교의 윈 램폰Win Rampen 교수는 이렇게 설명한다. "미래의 전력망은 지금의 그것과는 확연히 달라집니다. 주거지 인근에 발전 설비와 전력 저장 설비가 들어서게 됩니다. 전력 공급의 판도가 바뀌는 거죠." 이런 '미니 전력망들'은 자체적으로 전기를 생산하고, 모으고, 관리하고, 주변 건물들에 분배할 수도 있다. 그러면서도 중앙 전력망에 유기적으로 통합된다. 전력의 탈집중화 현상은 이미 일어나고 있다. 1장에서 짧게 언급했던 열병합 발전냉각 시스템이 바야흐로 도시 속으로 들어가고 있다.

열병합 발전냉각 시스템은 사실상 소형 발전소라고 할 수 있다. 다만 기존 발전소처럼 발전 과정에서 생기는 열에너지를 헛되이 버리는 대신 빌딩에 온수를 공급하는 데 쓴다. 전기와 온수를 함께 생산하기 때문에 입력 에너지 대비 유용 출력 에너지가 많아서 기존 발전소보다 월등히 효율이 높다.

상하이 푸동 국제공항은 계절에 따라 차이는 있지만 전기 수요의 약 1/4과 난방 수요의 최대 절반을 현장에 있는 자체 발전소로 해결한다. 이 시스템을 지역 단위로 확대해 적용하면 그 이득은 어마어마하게 커진다. 유엔 환경계획에 따르면 스웨덴 예테보리에서는 지역난방 생산량이 1973년과 2010년 사이에 두 배로 뛰었다. 그런데도 이산화탄소 배출량은 반으로 줄었고, 산화질소와 아황산 배출량은 더 가파르게 감소했다.

전기차 증가 추세도 분산 발전에 중요한 성장 동력이 된다. 전기차는 움직이는 배터리라 해도 과언이 아니다. 그리고 배터리는 충전이 필요하다. 전 유럽 전기차 인프라 개발 사업의 핵심 인물 세넌 맥그래스Senan McGrath는 넘어야 할 과제를 이렇게 표현했다. "유럽의 자동차가 하룻밤 사이에 모두 전기차가 된다고 가정할 때, 이들이 모두 굴러가려면 우리의 전력망이 지금보다 전기를 20~25% 더 많이 공급해야 합니다."

하지만 맥그래스는 전기 수급 감지 장치의 영리한 사용과 약간의 습관 변화만 따라준다면 충분히 해볼 만한 일이라고 강조한다. "스마트 충전을 유도하면, 다시 말해 유럽인들이 자동차 충전을 전력 수요가 적은 시간대에 한다면, 발전소를 더 짓거나 송전선을 더 깔지 않고도 해낼 수 있습니다."

우리와 전기의 관계에 변화가 확실시된다. 변화는 전기의 생산 방식과 사용 방식 모두에서 일어난다. 무슨 일이든 더 간편해지기 전에 더 혼란스러운 교체기가 따른다. 하지만 '지능형 전력망' 접근법에 이미 투자하고 있는 도시들은 조만간 누구보다 먼저 혜택을 누리게 될 것으

　　　　　　　　　도시를 움직이는 모든 것들의 과학

로 보인다.

: 새로운 바람

풍력에너지가 미래 전력망에서 중요한 역할을 하게 될 것은 의심의 여지가 없다. 풍속이 높거나 해안에 위치한 도시들의 경우는 특히 그렇다. 하지만 바람이 없는 날 꼼짝도 하지 않는 풍차를 보고 실망해본 사람은 알겠지만 풍력에너지 생산은 안정적이지 못하다. 풍력터빈이 돌지 않는 데는 여러 이유가 있다. 기어박스에 기계적 고장이 발생하기도 하고, 바람이 너무 심하게 불거나 너무 약하게 불어도 문제가 된다. 전력망에 공급 과잉이 발생하면 터빈을 일부러 꺼두기도 한다.

아르테미스라는 스코틀랜드 업체가 이 문제의 해법을 모색해왔다. 이 업체가 개발한 시스템은 터빈 날개의 회전이 기어박스를 구동하는 대신 거대한 유압 펌프를 구동한다. 다수의 피스톤을 원형으로 배열해서 만들었기 때문에 '링캠ring-cam' 펌프라고 부른다. 터빈이 회전하면 피스톤이 제각기 들락날락하면서 유체를 시스템에 주입해 발전기를 돌린다. 이런 유압 시스템은 기어박스보다 가볍기 때문에 이미 수십 년 전부터 여러 산업용 기기에 쓰였다. 다만 효율이 높지 않다는 단점이 있었다.

여기에 몇 가지 전자제어장치와 소프트웨어를 더해서 유압 펌프의 피스톤들을 필요에 따라 개별 제어하는 방법으로 효율을 높였다. 무엇보다 변동적인 바람 조건에 대응하는 데 적합하다. 아르테미스의 엔지니어 제이미 테일러는 이렇게 설명했다. "바람이 약해서 터빈이 최대 회전 속도의 절반 속도로 돈다고 해도 이 시스템이면 회전력의 대부분을 유효 에너지로 전환할 수 있기 때문에 애초 전환 효율이 낮은 기존 방식에 비하면 이득입니다.”

아르테미스의 링캠은 스코틀랜드 해안에 설치된 7메가와트 터빈에 적용되어 세간의 주목을 끌고 있다. 영국 정부가 발표한 설비 이용률(풍력터빈 1대당 전력 생산량) 최근 수치는 30.2%이고, 런던의 연간 전력 소비량은 19,000킬로와트시다. 이 경우 7메가와트 터빈은 약 1,700세대에 전기를 공급할 수 있다. 이 기술이 풍력에너지의 얼굴을 바꾸어놓을 가능성이 높다. 이 점이 내게는 매력적으로 다가온다.

바람 수확을 목표로 등장한 신기술은 수없이 많다. 빌딩 앞면을 펄럭이는 플라스틱 조각들로 덮는 방안부터 날개 없이 진동하는 구조물까지 바람을 잡겠다는 방법은 가지각색이다. 이것들이 효과 없다는 말은 아니다. 이 아이디어들 모두 과학적 장점이 있다. 하지만 이런 주장들을 읽을 때는 우선 회의론자의 시각에서 접근할 필요가 있다.

우선 요즘 화제가 된 날개 없는 풍력 발전기를 들여다보자. 이 구조물은 거대한 막대기 모양이다. 2012년 런던 올림픽 성화를 거대하게 늘려놓은 모양이다. 기존 풍력터빈처럼 방해받지 않은 빠른 바람을 이용하는 대신 소용돌이 바람을 이용한다. 바람을 맞으면 구조물 전체가 좌우로 흔들리는데, 이때 생기는 진동에너지를 비회전 발전기를 통해 전기로 전환한다. 여기까지는 그럴 듯하다.

그런데 개발업체의 주된 셀링 포인트 중 하나가 이 구조물은 소음을 전혀 내지 않는다는 것이다. 여기서 경고음이 울린다! 진동하는 것들은 일반적으로 소음을 낸다. 반대로 말하는 것은 사리에 맞지 않다. 매사추세츠 공과대학MIT의 학내 벤처기업 에어로아스트로의 쉴라 위드

　　　도시를 움직이는 모든 것들의 과학

널Sheila Widnall 교수의 설명은 이렇다. "원통형 구조물이 흔들릴 때의 진동주파수는 (…) 화물열차가 풍력 발전 단지를 가로질러 달리는 소리와 비슷합니다."

2015년에 내 눈길을 끌었던 또 다른 '녹색' 테크놀로지가 있다. 바로 터빈 나무turbine tree다. 바람에 흔들리는 나무를 본뜬 풍력 발전기다. 나무 모양 구조물의 나뭇가지 부분에 가게 회전 간판을 축소해놓은 모양의 소형 터빈을 주렁주렁 달아서 바람을 수확한다. 풍력터빈은 날개의 회전축 방향에 따라 수평축 터빈과 수직축 터빈이 있는데, 우리가 흔히 보는 풍력터빈은 수평축 터빈이다. 반면 터빈 나무의 터빈은 수직축 터빈이다. '강철 나무'에 72개의 '바람 나뭇잎'을 붙여서 만든 풍력 발전 시스템이다.

솔직히 말해 보기에는 예쁘다. 발명자 제롬 미쇼-라리비에르Jérôme Michaud-Larivière는 터빈 나무를 특별히 도시 환경을 위해 고안했다고 한다. 하지만 전력 생산량이 3.1킬로와트에 불과하다. 가로등 서너 개에 불을 켤 수 있는 정도다. 현실적으로 터빈 나무들이 도시의 전력 수급에 의미 있는 영향을 미칠 것 같지는 않다.

풍속과 풍향 등 자연 조건에 좌우된다는 가변성 때문에 풍력에너지는 전력망 관리당국 입장에서 골치 아픈 상대다. 그래서 대개는 전력망에서 풍력에너지가 담당하는 몫에 제한을 둔다. 아일랜드에서는 이 한도가 약 50%다. 세넌 맥그래스가 말한다. "풍력에너지로 조달되는 전력량이 이 한도를 넘으면 송전회사가 풍력 발전기들을 강제로 꺼버립니다. 하지만 10년 내에 풍력에너지 비중을 75%로 늘리기 위해 적극 노력 중입니다."

그날을 기다리는 동안, 전력망의 균형을 깨지 않고 '낭비되는' 풍력 에너지를 활용할 매우 기발한 방법이 하나 있다. 독일의 마인츠 시는 남는 풍력에너지를 수소 생산에 쓴다. 수소는 지구상에 존재하는 가장 가볍고 가장 단순한 원소다. 하지만 다른 물질과 쉽게 결합하는 성질 때문에 추출할 때 특별한 노력을 요한다. 수소 추출에 이상적인 결합물이 물이다. 우주의 모든 물 분자는 수소 원자 두 개와 산소 원자한 개로 이루어져 있다. 그래서 물의 분자식이 H_2O다.

마인츠의 발전소에는 전해조라는 거대한 장치가 있다. 전기로 물 분자를 쪼개는 장치다. 물을 두 전극 사이에 넣고 전기를 흘려서 음전하를 띤 산소는 양극으로, 양전하를 띤 수소는 음극으로 보낸다. 이것이 물의 전기분해다. 그러면 수소 원자끼리 결합해서 수소 기체H_2가 발생한다. 이것을 모으면 된다. 산소 가스도 산소 가스대로 모아서 여러 산업과 기술에 요긴하게 사용한다.

5장에서 다루겠지만 수소 기체의 용도와 중요성이 급격히 커지고 있다. 미래에는 수소가 자동차를 구동하게 된다. 전해조는 수소 생산에 전기를 엄청나게 쓴다. 따라서 아직은 수소 연료 자동차가 에너지 효율 면에서 일반 자동차보다 낫다고 할 수 없다. 그러나 잘만 하면 도시들이 마인츠 시처럼 어차피 낭비될 풍력을 이용해서 전력망의 예측 불가한 변수들을 일부라도 잡을 수 있지 않을까.

: 새로운 빛shine

에든버러 대학교의 윈 램푼 교수에게 도시 전력망의 미래에 대해 물었을 때 교수는 "그런 예측은 항상 어렵지만, 앞으로는 태양에너지에 의

                                    도시를 움직이는 모든 것들의 과학

지해 살아갈 방법을 찾아야 하며, 그것만큼은 필연적 사실"이라고 했다. 지금은 태양광 발전의 풍경이 좀 단조롭다. 2014년 자료에 따르면 전 세계에서 생산되는 태양전지의 92%가 실리콘으로 만들어진다. 실리콘이 태양전지의 보편적인 재료가 된 이유는 무엇일까? 이 용도에 가장 이상적인 재료이기 때문일까?

그렇게 생각하기 쉽지만 사실은 좀 다르다. 과학자들이 처음 실리콘 트랜지스터(전기신호를 발진하는 반도체 소자. 일종의 초소형 스위치이며, 오늘날 전자기기의 모태가 되었다)를 발명한 이후 60년이 넘는 세월 동안 실리콘은 세상에서 사용처가 가장 많은 화학물질로 등극했다. 여기에는 익숙한 것이 좋은 것이라는 심리가 크게 작용했다.

하지만 놀랍게도 실리콘은 태양전지의 재료로 그다지 유리한 재료가 아니다. 일단 태양광을 전기로 전환하는 효율이 별로다. 실리콘을 비롯한 모든 반도체는 특정 파장의 빛에서만 힘을 쓰는데, 불행히도 실리콘은 하필 에너지가 낮은 장파장의 빛만 좋아한다. 실리콘은 파장이 620~750나노미터인 근적외선을 주로 흡수한다. 흡수되는 에너지만 전기로 전환할 수 있다는 슬픈 사실을 고려할 때, 실리콘은 태양에너지 수확용으로 바람직하지 않다.

내 말을 곡해하지 않길 바란다. 실리콘에도 장점이 있다. 상대적으로 생산 비용이 낮고, 상대적으로 효율적이고, 상대적으로 풍부하다. 그러나 이것만 가지고는 태양전지에 이상적인 재료라고 할 수 없다. 옥스퍼드 대학교의 학내 벤처기업 옥스퍼드 포토볼테익스의 기술 담당 최고책임자 크리스 케이스Chris Case 박사는 이런 말로 멋지게 요약한다. "실리콘은 최선의 방법이라기보다 익숙하고 입수하기 쉬운 선택일 뿐입니다."

　어차피 미래의 도시들은 태양전지로 도배될 가능성이 높다. 그렇다면 재료 측면에서 우리에게 주어진 다른 대안은 뭐가 있을까? 일단 태양열 기술 차원에서 말하자면 미래는 나노 세상이 될 전망이다. 나노물질은 구성 입자의 절반 이상이 나노입자인 물질을 말하고, 나노입자란 한 변의 길이가 1~100나노미터인 입자를 말한다. 나노미터가 얼마나 작으냐고? 우리가 흔히 보는 30cm 자는 3억 나노미터다. 좀 실감이 나는가? 한마디로 나노입자는 진짜로 작은 입자다.

　캘리포니아 대학교 샌디에이고 캠퍼스의 연구진이 태양의 열에너지를 잡는 데 능한 나노물질을 개발했다. 해가 쨍쨍한 날 검정 티셔츠를 입어봤다면 알겠지만 검은색은 빨리 더워진다. 이때 우리가 느끼는 열기는 햇빛 중에서 인간의 눈에 보이지 않는 적외선이라는 장파다. 어두운 색은 적외선을 잘 흡수한다. 검은색 소재는 사실 파장을 가리지 않고 모든 빛을 잘 흡수한다. 애초에 빛을 모두 흡수하기 때문에 검은색이 된 것이다!

　이 현상을 이용해서 샌디에이고 캠퍼스의 진성호 교수는 여러 반도체 물질의 미소입자들로 어두운 색과 깔깔한 질감의 코팅제를 만들었다. '빠져나갈 틈을 주지 않고 햇빛을 남김없이 흡수하는 재료'를 생산하기 위해서다. 이 코팅제는 거기 닿는 햇빛의 80~90%를 흡수하는 것으로 나타났다. 반사율이 매우 낮아서 태양열 시스템에 안성맞춤이다. 이 소재를 실용화, 상용화하려면 아직 할 일이 많지만 관련 연구가 이미 궤도에 올랐다. 기존 태양열 시스템도 이미 나무랄 데 없이 발전했다. 거기에 이 검정색 햇빛 사냥용 덫을 더하면 성능이 진일보

　　　　　　　　　　　　도시를 움직이는 모든 것들의 과학

할 수 있다.

　나노물질은 (햇빛을 전기로 바꾸는) 태양광 발전에도 기여한다. 하지만 태양열 발전 때와는 다른 원리로 기여한다. 기존 태양전지로는 전자 한 개를 움직이려면 적당한 파장의 광양자 하나가 필요하다. 즉 전자 하나당 광양자 하나가 든다. 따라서 전기를 많이 생산하려면 그만큼 태양광을 많이 흡수해야 한다. 하지만 반도체 물질의 나노 크기 결정체를 활용하면 기묘한 현상이 일어난다. 광양자 1개 = 전자 1개의 등식이 깨지고 광양자 1개당 다수의 전자가 생긴다. 왜 그런지는 양자물리학이 아직 분명하게 밝히지 못했다. 하지만 현상 자체는 이미 효율 높은 태양전지 생산에 이용되고 있다.

　다른 보너스도 있다. 결정체 크기를 조절해서 태양전지가 흡수하는 태양광의 파장 영역을 늘릴 수도 있다. 거기다 태양전지가 극도로 얇아진다. 극도로 얇은 반도체 필름을 이용한 신소재 개발이 전 세계적으로 확대되고 있다. 이 신소재의 장점은 감거나 구부릴 수 있는 태양전지를 만들 수 있다는 것이다. 더 중요한 장점도 있다. 이 신소재는, 적어도 이론적으로는, 태양광을 실리콘보다 한결 효율적으로 흡수한다. 현재 상용화된 박막 태양전지는 아직 기량 발휘에 애를 먹고 있지만, 그건 재료화학 자체의 문제라기보다 제조상의 문제다.

　그렇다면 마천루 전체를 초고효율 태양전지판으로 덮을 수도 있을까? 놀랍게도 답은 긍정적이다. 나노 결정들을 박막에 결합한 물질 덕분이다. 바로 페로브스카이트perovskite라는 물질이다. 러시아 광물학자 레프 페로브스키Lev Perovski의 이름을 땄다. 페로브스카이트는 태양전지의 햇빛 흡수층으로 쓰이면서 최근 태양전지 업계의 총아로 떠올랐다. 사실 페로브스카이트는 특정 물질의 이름이 아니라 특정 결정체 구조를 부르는 이름이다.

페로브스카이트 태양전지는 2009년에 처음 제작된 이후 눈부시게 발전했다. 불과 6년 만에 변환 효율(태양광을 전기로 전환하는 성능)이 5% 미만에서 20% 이상으로 뛰어서 기존 실리콘 태양전지에 필적할 수준이 되었다. 페로브스카이트와 실리콘을 결합해 적층형 태양전지tandem solar cell를 설계하면 세상에서 가장 효율 높은 태양전지가 탄생한다. 페로브스카이트를 300나노미터 두께로 아주 얇게 입히기만 해도 햇빛이 흡수된다. 얇고 가볍고 휘어지는 건 물론이고 반투명한 태양전지판도 가능하다.

옥스퍼드 포토볼테익스의 크리스 케이스 박사 팀은 페로브스카이트 적층형 태양전지를 빌딩 창문에 설치할 방안을 구상 중이다. "이 기술은 마천루를 수직 태양광 발전소로 바꿀 겁니다. 런던의 '치즈 강판(리든홀 스트리트 빌딩을 말한다. 독특한 외관 때문에 이런 별명이 붙었다)' 같은 빌딩의 경우, 영국의 적은 일사량과 주변 빌딩들이 드리우는 그늘을 감안해도 1기가와트시(100만 킬로와트시)의 전력을 생산할 수 있습니다." 웬만한 고층 빌딩은 전력 수요의 반까지 자체 해결할 수 있다는 뜻이다. 실현 시점을 말하기에는 아직 먼 이야기지만(앞으로 15년 이상 걸릴 것으로 본다) 실현만 되면 그야말로 대박이다.

태양전지판과 풍력터빈에는 반갑지 않은 공통점이 있다. 두 에너지원 모두 전기 생산이 안정적이지 못하다는 거다. 풍력터빈은 바람이 필요하고, 태양전지판은 햇빛이 필요하다. 이 때문에 이 분야 투자를 둘러싼 비판과 논란이 그치지 않았다. 내 견해를 말하자면 이렇다. 에

　　　　　　　　　도시를 움직이는 모든 것들의 과학

너지 위기를 단독으로 해결할 하나의 해법은 존재하지 않는다. 다르게 말하는 사람이 있다면 거짓말쟁이다.

바람, 조수, 태양광, 지열 같은 재생에너지원은 땅에서 캐고 태워서 쓰는 화석연료와 달리 고갈되지 않고 지속적으로 이용할 수 있는 에너지원이다. 앞서 살폈듯, 비용을 따져봐도 도시에서는 재생 가능 기술을 적용하는 데 망설일 이유가 없다. 다만 알다시피 현재의 전력망은 가변적인 에너지원을 다수 포함할 만큼 유연하지 못하다. 애초에 판이 그렇게 짜여 있지 않다. 따라서 미래의 전기 수급 시스템을 위해 우리 앞에 놓인 가장 큰 과제는 값싸고 풍부한 에너지 저장 수단을 찾는 것이다.

: 저장

현재로서는 전력망 내에서 생산되는 전기의 대부분이 바로바로 소비되어야 한다. 전기를 저장해둘 곳이 어디에도 없기 때문이다. 밤낮 없이 바쁘게 돌아가는 도시의 삶을 생각할 때 이런 체제는 지금도 몹시 어색하고 미래에는 그야말로 폐물이다. 하지만 대용량 에너지 저장 수단을 만드는 것은 말만큼 간단하지 않다. 스마트폰과 노트북 이용자는 이 점을 뼈저리게 느낀다. 그렇다고 방법이 영 없는 것도 아니다. 흥미를 끄는 잠재 해법들이 꽤 있다.

우선 에너지를 굳이 전기의 형태로 저장할 필요는 없다. 태양광을 집속 빔focused beams으로 압축하는 태양광 발전소의 경우 열에너지가 고도로 집적된다. 여기에 필요한 것은 상상을 초월하는 고온을 감당할 재료다. 전통적으로는 용융염molten salts을 썼다. 집에 있는 흔한 소금을 가져다 801℃로 가열하면 물 같은 액체가 된다. 물과 달리 녹은 소금은 증기로 변하지 않는다. 그래서 축열 매체가 될 수 있다. 태양광의 열에너지로 바로 물을 끓이는 대신, 단열 처리된 거대한 소금가마를 가열한다. 녹은 소금은 많은 열을 한동안 보존한다. 이 열로 밤 시간에도 물을 끓여 도시에 온수를 공급하거나 물을 수증기로 만들어 전기를 생산할 수 있다.

이와 비슷한 방법이 또 있다. 상변화 물질phase change materials을 이용하는 것이다. 상변화 물질은 고체에서 액체로 또는 액체에서 고체로 바뀌는 과정에서 열을 축적하고 방출하는 물질을 말한다. 상대적으로 낮은 온도에서도 축열이 가능하기 때문에 태양광 발전소에 적용하기 좋다.

움직이는 물에 숨어 있는 에너지를 잡아들이는 방법도 있다. 바로 수력 발전이다. 수력 발전은 물을 위에 묶어두었다가 일시에 풀었을 때 쏟아져내리는 힘으로 발전기를 돌려서 전기를 생산한다. 믿기 어렵지만 2012년 기준 전 세계 에너지 저장 용량의 95%가 수력 발전에서 나온다. 이 방식은 미래에도 요긴하게 활약할 전망이다.

물론 우리는 전기를 화학에너지로 저장하기도 한다. 그게 바로 배터리다. 일런 머스크는 항상 화제를 뿌리지만 2015년에는 파워월Powerwall 출시로 헤드라인을 장식했다. 파워월은 옥상의 태양전지판과 연결하는 가정용 배터리다. 해가 있을 때 태양전지판이 이 배터리를 충전하고 야간에는 배터리가 집에 전기를 공급한다. 기막힌 아이디어지만 몇 가지 흠이 있다.

런던의 가정집은 시간당 평균 1.24킬로와트를 소비한다. 가구당 연

　　　　도시를 움직이는 모든 것들의 과학

평균 전력 소비량이 10,900킬로와트시라는 최근 수치를 근거로 산출한 시간당 평균 소비량이다. 그런데 파워월(이 글을 쓰는 시점의 가격은 3,500 달러)은 완전 충전 시 10시간 동안 평균 1킬로와트를 공급할 수 있다. 너그럽게 생각하면 용량은 그리 나쁘지 않지만, 집이 전력망에서 완전히 독립하려면 태양전지판이 많아야 한다. 그래야 해가 있을 동안 집에 전력을 공급하는 동시에 밤에 쓸 전기를 충전하는 두 가지 일을 할 수 있다. 다시 말하지만 태양전지판이 정말 많아야 한다!

그뿐 아니다. 배터리는 직류전기DC를 공급하고, 전자기기는 교류전기AC를 쓴다. 다시 말해 수천 달러나 되는 컨버터(변환 장치)까지 마련해야 한다는 뜻이다. 파워월을 무시하는 건 아니지만 이 모든 것을 고려할 때 적어도 향후 10년 동안은 환경을 걱정하는 백만장자들의 장난감에 그칠 가능성이 높다.

배터리의 문제점 중 하나는, 배터리 수명이 크기에 상관없이 방전과 충전을 오가는 빈도에 달려 있다는 것이다. 이것을 충전 주기라고 한다. 스마트폰을 매일 충전할 때, 배터리가 최고 성능을 유지하는 기간은 18개월(500주기) 정도다. 이후에는 배터리 충전 용량(저장 가능한 전하량)이 점차 줄어든다.

이 문제를 해소할 후보로 몇몇 소재가 관심을 모은다. 그중 하나가 꿈의 신소재라 불리며 현재 가장 주목받고 있는 그래핀graphene이다. 흑연은 탄소가 육각형 그물을 이루며 층층이 쌓여 있는 구조인데, 이 한 층 한 층을 그래핀이라고 부른다. 2004년 맨체스터 대학교의 안드레 가임Andre Geim과 콘스탄틴 노보셀로프Konstantin Novoselov 교수팀이 흑연에서 그래핀을 분리해내는 데 성공했고, 그 공로로 2010년 노벨 물리학상을 받았다. 그래핀은 닭장 철망처럼 생겼다. 원자 하나의 두께라서 지구상에서 가장 얇은 물질이지만 강철보다도 질기다. 거기다 구리보다 100배 이상 전기가 잘 통해서 배터리 연구자들의 관심이 뜨겁다.

에너지 저장과 관련해서 최근 내게 흥미롭게 다가온 발명 중 하나가 그래핀과 알루미늄 포일을 결합한 배터리다. 초고속 충전이 가능하고, 충전 주기 7,500회 이상까지 배터리 지속 시간이 감소하지 않는다. 문제점도 있다. 포일 배터리의 용량은 스마트폰 용량보다도 많이 적다. 당연히 대용량 에너지 저장 매체로는 현실성이 떨어진다.

학계만 그래핀을 연구하는 것은 아니다. 한국의 삼성전자 개발팀이 2015년 표준 리튬이온 배터리의 전극 소재를 그래핀으로 코팅한 실리콘으로 대체했다. 전극은 전하를 배터리로 들여보내거나 내보내는 역할을 하는 막대 모양의 도체다. 전극의 소재를 바꿨더니 배터리 용량이 거의 두 배로 뛰었다. 모바일 전자제품의 미래를 걱정하는 사람들에게 희소식이 아닐 수 없다. 현재는 연구 단계지만 고용량 배터리는 빠르게 성장하는 분야다. 개인적으로 나는 향후 10년 내에 그래핀 배터리가 상용화될 것으로 예상한다.

미래의 에너지 저장법은 이밖에도 많다. 하지만 이번 장에서는 이 정도 소개로 만족한다. 확실한 것은 이거다. 우리는 현재 전력망이 완전히 탈바꿈하는 시작점에 와 있다. 앞으로 도시는 중앙집중식 전력 공급 시스템에서 벗어나 지역 단위로 전기를 생산하고 배급할 방법을 찾고 갖추게 된다. 전력망이라는 '탯줄'을 완전히 끊고 독립할 수 있는 도시는 얼마 없겠지만, 대개의 도시는 전력망 내에서 전력의 소비

 도시를 움직이는 모든 것들의 과학

자이자 동시에 공급자가 되어 쌍방향으로 긴밀하게 연계하게 된다. 이를 위해서는 에너지 저장 기술의 발전이 필요하다. 다행히 현재 여러 신기술이 개발 단계에 있다. 보다 지속가능하고 월등히 효율적인 전기 생산 방식이 뒷받침되어야 하는 것은 물론이다. (지속가능성sustainability이란 지구 생태계의 미래 유지 가능성을 말하는 것으로, 흔히 화석연료 사용과 탄소 배출량이 매우 적거나 없는 기술을 말할 때 쓴다_옮긴이)

이번 장에서 우리는 꽤 먼 길을 왔다. 그 길에서 전자도 만나고 니콜라 테슬라도 만났다. 에너지 고효율 도시도 설계했고, 마천루를 통째로 태양광 발전소로 바꾸기도 했다. 하지만 도시 일주 여정 전체에서 보면 아직은 시작에 불과하다. 다음으로 알아볼 것은 생명활동에 없으면 안 되는 물질, 워낙 필수적이라서 인류가 지구상에서는 물론 다른 행성들에서도 찾아다니는 물질이다. 바로 물이다. 이제 도시의 거리 밑에 거미줄처럼 얽혀 있는 배관을 탐험할 차례다.

CHAPTER 03

상하수,
물의
연금술

SCIENCE AND THE CITY

물은 사방에 있다. 물은 지구 표면의 거의 3/4을 덮고 우리 몸의 2/3를 차지한다. 이 놀라운 물질은 우리 행성의 생명을 낳고 길렀다. 문화적으로도 물은 엄청난 의미를 가진다. 역사에 피고 졌던 무수한 문명들이 물가나 물길을 따라 발생했고, 하천과 바다의 지배권을 놓고 피비린내 나게 싸웠다.

오늘날 우리의 투쟁은 좀 다르다. 역사상 유례가 없는 인구 증가와 지구 온난화에 따른 기후 변화가 범지구적인 물 부족 사태로 이어졌다. 그런데도 우리는 여전히 어마어마한 양의 깨끗한 물을 헛되이 흘려버리고 있다.

걱정거리는 이뿐만이 아니다. 현대 사회는 '일회용 사회'라는 괴물이 되어 인류 역사상 그 어느 때보다 많은 쓰레기를 배출하며 지구의 물을 오염시키고 날마다 소도시 크기의 매립지를 하나씩 추가하고 있다. 현재 물 관리와 오물 관리가 엉망으로 이루어지고 있다고 생각하는가? 반쯤 맞는 생각이다. 세계적 차원에서 보면 틀림없는 사실이다.

하지만 지역적으로는 상황과 인식이 바뀌고 있다. 상수원을 보호하고 버려지는 물을 회수하기 위한 과학과 공학 기술을 찾고 활용하는 도시들이 늘고 있다.

오늘

:

수돗물을 틀어보라. 이번엔 변기 물을 내려보라. 이 두 가지만 맘대로 할 수 있어도 당신은 지구에서 상당히 운 좋은 사람 축에 든다. 세계보건기구에 따르면 전 세계적으로 미국 인구의 두 배가 넘는 7억 명 이상이 깨끗한 물을 쓰지 못하는 형편이다.

2014년 유엔은 무려 25억(세계 인구의 거의 1/3)에 달하는 사람들이 적절한 위생 시설 없이 산다고 밝혔다. 이에 비해 운 좋은 2/3에 포함되는 사람은 매일 130~300리터의 물을 쓴다. 각자가 식수로, 목욕수로, 난방수로, 산업용수로, 식량 재배와 음식 조리에 매일 엄청난 양의 물을 소비한다. 이 양을 여러분이 사는 도시의 인구로 곱해보라. 도시 급수 사업이 얼마나 거대한 과제인지 조금은 이해가 될 것이다.

우리는 물만 쓰는 것이 아니다. 세계은행에 따르면 도시들은 매년 약 13억 톤의 고형 폐기물을 만들어낸다. 아무리 따져도 이건 지속가능하지 않다. 음식물 쓰레기와 배설물부터 휴대전화와 물티슈까지, 폐기물 종류도 지극히 다양해서 더 골치 아프다. 제각기 다른 문제를 달고 있고 과학적 해법도 제각기 다르다. 개개의 도시는 이 모든 문제를 어떻게 감당할까?

수원지에서 도시 가정의 첫 도착지까지 물의 흐름을 따라가며 살펴

          도시를 움직이는 모든 것들의 과학

보기로 하자. 그런 다음엔 우리의 오물이 모두 어디로 가는지 물의 반대편 여정도 살펴본다. 다만 두 번째 여정은 첫 번째 여정만큼 쾌적하지 못하다는 것을 미리 경고해둔다. 그러고 나서 내일의 기술들이 이 모든 것을 어떻게 바꿀지 내다본다. 앞서도 그랬듯 이 과정에서 여러 전문가를 만나 우리 발밑의 파이프 안에서 실제로 무슨 일들이 벌어지는지 전해 듣는다.

하지만 그 전에 잠깐 역사적 맥락을 좀 짚어보자. 세계 최초로 배관 공사에 팔을 걷어붙인 사람이 누군지는 모르지만, 고대 로마가 일찌감치 공공 상하수도 시스템을 건설한 것은 유명하다. 협곡을 잇는 수도교부터 물과 오물을 갈 곳으로 보내는 지하 배관까지, 로마 제국의 급배수 시설은 지금 봐도 눈부신 수준이었다. 유럽 도시에 공공 상하수도가 보급되기 시작한 것이 무려 18세기의 일이니 로마가 앞서가도 한참 앞서간 셈이다.

배관공plumber, 배관plumbing 같은 단어들은 납을 뜻하는 라틴어 'plumbus'에서 유래했다. 납의 화학기호가 Pb인 것도 같은 이유에서다. 납이 배관의 어원이 된 것은 결코 우연이 아니다. 어쨌든 로마 제국의 문명 수준이 나머지 유럽보다 천 년 이상 앞설 수 있었던 배후에는 납이라는 신통한 금속이 있었다.

: 파이프

납은 참으로 흥미로운 원소다. 납 원자는 일단 크기부터 엄청나다. 82개의 양성자와 126개의 중성자가 빡빡하게 모여 있는 원자핵 주위를 82개의 전자가 정신없이 돈다. 덩어리가 이렇게 크다는 것은 X선 같은 것들이 통과하기 어렵다는 뜻이다. 또한 무르고 쉽게 녹아서 어떤 형태로든 성형이 가능하다. 납 화합물은 정보화 시대의 문을 열었고, 1세대 상용 배터리의 소재가 되었다.

하지만 우리의 먼 선조에게도 납은 환상의 재료였다. 역사의 다양한 시점에서 다양한 용도로 쓰였다. 토기에 광택을 줄 목적으로, 포도주에 단맛을 내는 용도로 쓰였고, 동전과 화장품과 요리도구의 주요성분이 되었다.

세계 최초로 체계적 수도 시스템이 탄생한 것도 납 덕분이었다. 납은 성형과 접합과 손질이 쉬워서 로마 제국이 점토와 함께 송수관과 배수관의 재료로 사용했다. 하지만 로마 제국의 멸망과 함께 수도 기술도 유실됐고, 중세의 도시들은 물 부족과 오물 문제로 더럽기 짝이 없었다.

세월을 훌쩍 건너뛰어 16세기 런던으로 가보자. 이때는 목재 파이프가 대유행이었다. 이 유행이 1800년대 보스턴 등 미국의 도시들로 퍼졌다. 이 무렵 배관의 세계에 제2의 철기시대가 도래했다. 주철이 그때까지 쓰던 소재들을 대체하기 시작했고, 오늘날에도 세계의 대도시 상당수에 주철 파이프가 건재하다. 그렇다면 무엇이 납을 배관의 역사에서 밀어냈을까?

그것은 심각한 건강상의 문제였다. 납은 유용하기는 해도 삼키거나 흡입하는 경우 심각한 중독 증상을 일으킨다. 납에 장기간 노출돼 몸 안에 축적된 납은 신경계와 심혈관계와 면역계에 질환을 유발한다. 그런데도 납은 믿을 수 없을 만큼 오랫동안 사용되었다. 오늘날까지도 납 파이프가 후대에 등장한 구리와 콘크리트와 플라스틱 소재의 파이

　　　　　　　　　　　　도시를 움직이는 모든 것들의 과학

프에 섞여 도시들에 얼마씩 남아 있을 정도다.

본격적으로 재료를 파기 전에 누수 이야기를 하고 넘어가자. 아무리 신식 도시라 해도 누수가 없는 도시는 없다. 런던만 해도 공식 수치에 따르면 음용수의 약 1/4이 수도관에서 새서 유실된다. 남아공 요하네스버그의 경우는 약 1/3에 이른다. 곧 대체될 예정인 뉴욕의 델라웨어 수도교는 매일 나르는 물의 3~6%를 수도관 누수로 잃는다. 퍼센트로 보면 대수롭지 않은 양 같아도, '유실된' 물은 올림픽 규격 수영장 150개를 채울 수 있는 양이다. 물이 새는 파이프는 도시의 큰 골칫거리다. 이것을 해결할 기술이 있을까?

일단 가장 확실한 방법은 파이프를 더 견고한 소재로 교체하는 것이다. 19세기 빅토리아 시대부터 사용해온 런던의 낡은 주철 수도관은 높은 누수율로 악명이 높아서 주민과 관리당국 모두에게 한탄의 대상이었다. 원흉을 찾자면 주철 파이프의 천적인 부식 작용 때문이다. 부식. 강하고 빛나던 금속이 점점 힘없이 푸석푸석 바스러지는 금속산화물로 변해가는 현상. 금속이 물과 산소를 만나면 부식이 진행된다. 물 분자와 산소 분자가 팀을 이뤄 금속 원자에게서 전자를 뜯어내 다른 화합물을 형성하는 것이다.

철의 경우 부식 작용의 결과 녹이 생기는데, 겉보기로는 믿기지 않지만 사실 녹(산화철)은 철이 안정화된 상태다. 철은 다른 것과 쉽게 결합한다. 철을 이용하려면 먼저 원석, 즉 적철광Fe_2O_3에서 철을 물리적으로 추출해내야 한다. 철이 녹슨 것은 사실 자신의 원래 상태와 비슷한 화합물 상태로 돌아간 것이다. 물이 산성이거나 물에 염분이 있으면 부식이 더 심해진다. 이 성분들이 전자 탈취와 원자 결합의 속도를 높이기 때문이다. 파이프를 코팅하거나 도장해서 부식 속도를 늦출 수는 있지만 그렇다고 금속을 화학적으로 갉아먹고 서서히 약화시키는 녹으로부터 완전히 자유로워지는 건 아니다. 런던의 빅토리아 시대 수도관으로 말하자면, 이 마魔의 화학 작용이 150년 동안 진행되었다. 오늘날까지 멀쩡하다면 그게 더 이상한 일이다.

상하수도를 위한 '만병통치약' 재료는 없다. 오늘날의 도시들은 배관 시스템의 구간별로 필요에 맞게 재료를 달리하는 방식을 쓴다. 구리는 부식하지 않는 몇 안 되는 금속 중 하나다. 그래서 물이 많은 환경에 쓰기 적합하다. 잠깐, 여기서 '이건 몰랐지?' 시간을 갖자. 구리가 항균 물질이라는 것을 알고 있는가?

2011년에 발표된 한 논문이 '박테리아, 효모군, 바이러스가 구리 표면에서 빠르게 죽는다'는 결론을 냈다. 이 연구 결과는 미국 환경청을 비롯한 여러 기구의 연구로 반복 확인되었다. 구리 항균 작용의 정확한 메커니즘에 대해서는 학계가 여전히 논쟁 중이지만, 구리가 세포의 보호막을 뚫고 들어가서 DNA를 파괴한다고 알려져 있다. 이 말을 뒤집어 생각하면 쌍수 들어 환영할 일만은 아니다. 구리 농도가 고도로 높아지면 식물이나 인간 같은 대형 유기체에도 해가 될 수 있다는 뜻이기 때문이다. 구리를 수도 시스템에 사용할 때는 면밀한 조사와 감시가 필요하다.

플라스틱도 수도관에 쓰인다. 도시 수도 시스템에 쓰이는 플라스틱의 종류는 하도 많아서 거기에 대해서만 책 한 권을 쓸 수 있을 정도다. 여기서는 몇 가지 토막 정보만 전하고 넘어간다. 먼저 플라스틱은 엄밀히 말해 옳은 명칭이 아니다. 폴리머polymer라고 불러야 한다. 폴리머는 '중합체'라는 뜻으로 '단위체'에 대응하는 말이다. 분자들이 사슬처럼 길게 결합된 고분자 화합물을 말한다. 고무공과 접착제에서 도시락통과 배관까지 폴리머가 쓰이지 않는 곳이 없다.

폴리머의 특성은 사슬을 구성한 분자들의 종류와 가공 방법에 따라 달라진다. 우리가 알아야 할 것이 있다면 폴리머의 거의 대부분이 석유를 비롯한 화석연료로 만드는 석유화학 제품이라는 것이다. 한마디로 폴리머는 지속가능하지 않은 소재다. 미래에는 상황이 달라질 거라는 희망적 조짐들이 보이기 시작한다. 하지만 당분간은 많은 부분 폴리머에 의지할 수밖에 없는 형편이다.

파이프의 대부분은 열가소성 플라스틱thermoplastics이라는 폴리머로 만들어진다. 이 폴리머를 용융 온도 이상 가열하면 물렁물렁해져서 쉽게 형상을 만들 수 있다. 또한 이 성질 때문에 재활용도 가능하다. 다시 녹여서 형상을 바꾸고 굳히는 과정을 여러 번 반복할 수 있기 때문이다. 열가소성 플라스틱은 고강도의 유연한 경량 소재인데다 저렴하고, 다양한 화학반응에 저항력이 있다. 상하수도 시스템에서 수도관이 날라야 하는 갖가지 액체를 생각하면 참으로 유용한 특성이 아닐 수 없다.

여기서 자연스럽게 다음 주제로 이어진다. 바로 물 자체다. 이제 우리의 첫 번째 여정을 시작할 때가 되었다. 저 멀리 수원지부터 우리 집 수도꼭지까지 물 분자를 따라가 보자. 우리 도시가 쓰는 물이 어디서 오는지 생각해본 적 있는가? 그 정도야 이미 안다고 생각한다면, 그 생각이 틀릴 수도 있다는 것을 말해주러 내가 왔다.

: H₂O

물 분자는 원자 세 개(수소 원자 두 개와 산소 원자 한 개)로만 구성된다. 외견상으로는 단출한 분자다. 하지만 성질은 꽤 묘하다. 물이 같은 크기의 다른 분자들처럼 거동한다면, 상온(대략 20℃)에서 액체가 아닌 기체여야 한다. 그런데 물은 어째서 기체가 아닐까? '수소 결합'이라는 현상 때문이다. 과학 이론 같지만 알고 보면 러브스토리다. 서로에게 끌리는 감정과 비밀의 공유.

물 분자를 이루는 세 원자는 음전하 전자들을 서로 공유하는 방법으로 결합해서, 대략 삼각형의 덩어리를 이룬다. 하지만 공평한 공유는 아니다. 산소 부분(삼각형의 꼭대기)이 전자들을 좀 더 가까이 잡고 있기 때문에 이 부분은 약하게 음전하를 띤다. 반대로 수소 부분(삼각형의 밑부분)은 약하게 양전하를 띤다. 이렇게 양쪽 극성을 가진 극성분자polar molecule들을 다량으로 컵에 부으면 이들이 미세한 자석처럼 행동한다. 분자의 음극이 다른 분자의 양극에 끌리는 것이다. 이것이 수소 결합 과정이다.

수소 결합으로 물 분자들은 서로에게 놀랄 만큼 끈끈하게 연결된다. 심지어 상대적으로 높은 온도에서도 이 애틋함은 깨지지 않는다. 지구에 호수와 바다가 존재하는 것은 바로 이 결합 때문이다. 결코 가벼운 결합이 아니다. 물의 묘한 성질은 이것만이 아니다. 물은 얼면 수축하는 대신 오히려 팽창한다. 추운 겨울날 가끔씩 수도관이 터지는 것은 이런 이유에서다.

물이라는 화학물질과 어느 정도 친숙해졌으니 이제 물을 도시라는 맥락에 넣어보자. 고대 문명들의 흥망은 물에 대한 접근권 유무와 정

   도시를 움직이는 모든 것들의 과학

도에 깊이 연동했다. 옛날에는 물을 수송할 수단이 제한적이었기 때문에 공동체가 존속하려면 물가가 가까워서 깨끗한 물이 안정적으로 공급되어야 했다. 오늘날의 도시는 멀리 떨어져 있어도 물을 끌어올 수 있다. 그렇다 해도 우리의 생존이 급수 여건에 속수무책 의지하는 것은 예나 지금이나 다름없다. 어떤 도시들은 상하수도의 균형을 유지하기 위해 극단적인 조치를 취하기도 했다.

1800년대 중반 시카고의 인구가 폭발적으로 늘면서 수도 시스템이 휘청대기 시작했다. 당시 많은 도시가 그랬던 것처럼 시카고도 도시의 하수를 강에 바로 방류했다. 시카고 강은 미시건 호로 흘러들어갔다. 그런데 미시건 호는 시카고의 식수 공급원이기도 했다. 이것이 문제였다. 결국 하수 처리 미흡으로 하수와 식수가 섞였고, 결국 상수원이 오염됐다. 이후 시카고에 만연한 수인성 전염병으로 50년 동안 무려 9만 명이 사망했다는 추산도 있다.

시카고는 문제 해결을 위해 야심찬 방안을 내놓았다. 바로 강의 흐름을 바꾸는 방안이었다. 당국은 시카고 시의 하수를 미시건 호가 아닌 다른 수계로 보내기 위해 거대한 운하를 팠다. 또한 '워터 엘리베이터'라는 일련의 수문을 설치해서 미시건 호를 시카고 강보다 높게 유지해 호수로 흘러들던 시카고 강을 반대 방향으로 돌렸다. 시카고는 운하 건설 외에 수로를 두 개 더 파고 하수처리장을 여러 개 지어서 도시의 급수 수질을 크게 개선시켰다.

놀라운 공학적 성과? 물론이다! 하지만 실제로는 이 공사가 문제를 해결했다고 보기 어렵다. 시카고 운하는 문제를 없앤 것이 아니라 더 아래 미시시피 강으로 옮겼을 뿐이고, 결과적으로 범람을 초래하고 다른 상수원들의 오염 가능성을 키웠다. 문제는 거기서 끝나지 않았다. 새로운 경로들이 외래 어종이 미국의 수로로 유입할 길을 열어준 꼴이 되어서, 지구 최대의 담수호인 오대호의 생태계가 위험에 처했다. 이 문제를 바로잡기 위한 막대한 규모와 예산의 건설 프로젝트가 현재 추진 중이지만 완공까지는 수십 년이 걸릴 수도 있다.

시카고 시의 경우는 상하수도 관리가 얼마나 복잡하고 어려운 것인지 여실히 보여준다. 미국의 대형 건설사 벡텔의 수도 부문 선임엔지니어 샌디 로슨Sandy Lawson의 표현에 따르면 치수 사업은 그저 어딘가에서 담수를 끌어다가 도시에 쏟아붓는 수준의 문제가 아니다. 지구상의 모든 물은 저마다 거대한 물 순환water cycle의 일부를 이루며 끝없이 돌고 돈다. 따라서 우리가 상수원을 지목한다고 해서 거기가 엄밀한 시작점이라고는 할 수 없다.

물 분자들은 끊임없이 움직이며 얼음과 액체와 증기로 계속 상태를 바꾼다. 일시적으로 사람의 몸속에 들어가 있기도 하고, 슈퍼마켓 매대 플라스틱 병 안에 담겨 있기도 하고, 비가 되어 내리며 퇴근길을 적시기도 한다.

물이 각 단계에 머무는 시간은 상황에 따라 크게 달라진다. 물 분자는 강수(비, 눈, 우박, 안개 등)로 지상에 내리기 전 열흘 동안 대기 중에 있기도 하고, 흙 속에서 한 달간 머물기도 하고, 대양에서 수천 년을 보내기도 한다. 물 순환은 매우 역동적인 흐름이다. 하지만 우리에게 주어진 물의 총량은 본질적으로 고정되어 있다. 거기다 놀랍게도 물의 총량 중 담수는 고작 2.5%밖에 되지 않는다. 담수는 무염수를 말한다. 우리가 생존하려면 담수를 확보해야 한다.

담수의 주된 공급원은 강과 호수, 인공 저수지다. 유서 깊은 도시들은 지금도 이들에 깊이 의존한다. 예를 들어 카이로는 필요한 물의 대부분을 나일 강에서 공급받는다. 하지만 지상에 있는 담수와 비교할 수 없이 많은 양의 담수가 지하에 있다. 주로 사암과 자갈로 이루어진 대수층aquifer이라는 지하 지층에 지하수가 풍부하게 존재한다. 대수층은 미세한 구멍으로 가득해서 비와 눈이 그리로 스며들어가 틈과 공간을 채운다. 이 천연 '여과' 과정 덕분에 지하수는 상당히 깨끗해서 최소한의 처리만 거치면 안심하고 마실 수 있다.

지하수는 대수층에 집수정을 뚫어서 물을 퍼내는 방법으로 채수한다. 미국의 대도시들은 지하수에 대한 의존도가 높다. 전 세계적으로 팔리는 생수들도 대부분 지하수다. 그러다 보니 무분별한 과잉 개발로 대수층이 말라버릴 가능성이 크다. 도시에서는 지하수 고갈이 특히 심하다. 아스팔트나 콘크리트 같은 불침수성 건설 자재와 도로 포장재가 많이 쓰이는 탓이다. 물이 지표면에 닿지 못하면 대수층에 이르지 못해 지하수가 고갈된다. 설상가상으로 작금의 기후 변화 양상이 물 순환과 지하수 충전 속도에 어떤 영향을 미칠지 알 수 없는 상황인데도, 많은 도시가 지하수를 재충전 속도보다 빠르게 소비하고 있다.

대수층이 모두 땅속 깊은 곳에 있는 것은 아니다. 마이애미의 비스케인 대수층은 지표면에 가까이 있다. 마이애미 시는 식수의 대부분을 이곳 지하수로 해결한다. 하지만 지하수의 염분과 지는 싸움을 하고 있다. 100년 전에 말라버린 도시 주변의 습지대로 바닷물이 침범하기 시작한 것이다. 해수 유입을 막기 위해 통제 구조물을 설치했지만, 해수면이 계속 높아지는 바람에 염수가 대수층으로 흘러들었다. 강우량이 충분했음에도 비스케인 대수층의 지하수는 결국 식수로 부적합한 물이 되었다. 세계 어디를 막론하고 대수층의 오염과 탈수는 도시들의 커가는 고민거리다. 차차 살펴보겠지만 다행히 균형을 바로잡을 방법이 없지 않다.

많은 사람이 간과하는 것이 하나 있다. 전 세계 담수의 대부분(약 2/3)은 눈과 얼음과 빙하로 잡혀 있다는 거다. 이들은 얼어붙은 저수지다. 겨울에는 점점 커지다가 봄과 여름에 서서히 녹는다. 도쿄부터 시애틀까지 여러 도시들이 여기서 담수를 가져다 쓰고, 심지어 이를 토대로 급수 계획을 수립한다. 문제는 역시 기후 변화다. 경제협력개발기구 OECD에 따르면 지구 여러 지역에서 기온이 상승하면서 해마다 강설량이 줄고 빙하가 사라지고 있다. 결과적으로 얼어붙은 저수지가 겨울마다 작아져서, 이 저수지를 이용해 더운 여름을 나는 도시들이 물 부족을 겪고 있다.

맞다, 물 부족은 현대의 암울한 현실이다. 날로 커가는 도시들 앞에 놓인 거대한 난관이다. 물은 우리가 1순위로 고려해야 할 부분이다. 가장 위기에 처해 있는 부분이기도 하다. 상황을 호전시키려면 급수원의 다각화가 필요하다. 하지만 그전에 우리에게 있는 2.5%의 귀한 담수부터 보다 효율적으로 사용할 방법을 강구할 필요가 있다.

: 처리

식수로 공급되는 물 중 도시에 따라 4~10%만이 정말로 사람이 마시고, 나머지는 변기 물을 내리고 옷을 세탁하고 식물을 가꾸는 등의 다른 용도로 소비된다. 식수 말고 다른 용도로 쓰는 물이 꼭 청정수여야 할 이유는 없다. 하지만 급수당국이 모든 물을 똑같이 대하다 보니 우리도 그렇게 한다. 그렇다면 물이 깨끗하다는 것은 얼마나 깨끗하다는 얘기일까?

우선 생수업체들의 광고문구와 달리, 정말로 '순수한' 물은 슈퍼마켓에 존재하지 않는다. 어디에서 온 물이든 모든 물은 수소와 산소 외에 칼슘, 칼륨, 염화물 같은 무기물을 미량 함유한다. 어쨌거나 생수 시장은 규모가 엄청나다. 미국만 해도 매출이 2013년과 2014년 사이에 7% 증가해서 12개월 만에 생수가 500억 리터나 팔렸다. 〈월스트리트 저널〉은 2017년까지 세계 생수 판매량이 탄산음료 판매량을 앞지를 것으로 전망했다. 여기에는 그냥 생수, 향미 첨가 생수, 비타민 강화 생수, 탄산수가 모두 포함된다.

내가 개인적으로 좋아하는 종류는 '산성화된 몸을 중화한다'거나 '유해 독소를 제거한다'고 광고하는 생수다. 이 주장들을 뒷받침할 과학적 근거는 전무하다. 하지만 언제는 마케터들이 과학에 신경 썼던가? 물 문제 전문가 피터 글렉Peter Gleick은《생수 그 치명적 유혹》집필을 위한 조사 중에 미국의 거대 음료 업체 중 적어도 두 곳이 '시립 수원水源,' 다시 말해 수돗물을 생수병에 담아 판다는 사실을 알아냈다. 이제부터 병에 든 생수는 역시 맛이 다르다고 말하는 사람을 만나면 적당히 걸러서 듣기로 하자.

생수든 수돗물이든 세계 어디에나 먹는 물에 대한 수질 기준이 존재한다. 하지만 많은 도시에서 이 기준은 법적 구속력을 가지기보다 권고 사항으로 취급되고, 지금도 오염된 식수로 인해 매년 수십만 명이 죽는 실정이다. 이제 우리의 물방울 속으로 다시 들어가 보자. 우리 집

수도꼭지로 나올 만큼 깨끗해지기 위해서 물은 어떤 과정들을 거치게 될까? 오해가 있을까봐 첨언하자면 모든 도시의 정수 처리 과정이 동일한 것은 아니다. 다만 큼직한 단계들은 대동소이하다. 강이나 호수에서 끌어온 물은 다음의 네 가지 고된 관문을 통과해야 한다.

1. 응결coagulation 원수原水에 있는 대형 부유 물질(나뭇잎 등)과 현탁 물질(진흙 등)을 제거하고, 화학물질을 풀어서 미세 오염 입자들을 플록floc이라는 덩어리로 엉키게 한다.

2. 응집flocculation 물을 천천히 저어서 플록끼리 뭉쳐서 더 큰 덩어리를 형성하게 한다. 솜사탕 만드는 과정을 생각하면 이해하기 쉽다.

3. 침전sedimentation 무거워진 플록이 탱크 바닥으로 가라앉는다. 이렇게 형성된 진창을 펌프로 뽑아낸다.

4. 여과filtration 물이 모래층과 자갈층을 여러 번 통과하고, 이 과정에서 물에 남아 있던 미세 입자들이 모두 제거된다.

마지막 단계가 대수층에 지하수가 고이는 과정과 비슷하다는 생각이 들지 않는가? 그렇다! 지하수는 천연 여과 과정을 거친 물이다. 따라서 지하수는 정수처리장 앞에 길게 늘어선 줄을 건너뛸 수 있다.

여과 과정을 거친 물이 다음으로 만나는 것은 오존 가스다. 오존은 산소의 불안정한 형태다. 산소 원자가 정상적으로 두 개씩 짝지어 있는 대신O_2 세 개가 들러붙어 있다O_3. 이 때문에 오존은 다른 분자를 깨부수는 데 능하다. 공격 대상에는 박테리아도 있어서 오존은 훌륭한 살균제 역할을 한다. 오존을 물에 미량만 주입해도 박테리아를 모

도시를 움직이는 모든 것들의 과학

조리 잡아 없앤다. 물에 남은 오존은 제거되거나 정상적인 산소로 전환된다.

오존 처리 과정까지 통과한 물에게 가장 큰 시험이 기다린다. 바로 활성탄 여과activated carbon filtering 과정이다. 물이 다공성 탄소 입자들이 솜털 조직처럼 두껍게 쌓인 층을 통과한다. 이때 여과층이 냄새와 색의 원인이 되는 유기물을 흡착하고 걸러낸다. 이 원리의 핵심은 '표면적'이다. 감자를 구울 때 4등분해서 구우면 빨리 익는다. 오븐의 열에 노출되는 감자 표면적이 늘어나 화학반응의 속도가 높아진 것이다. 같은 원리가 활성탄 여과에도 적용된다.

탄소 입자는 기공이 무수히 많기 때문에 고작 3g의 표면적이 FC바르셀로나의 홈구장 면적과 맞먹는다. 탄소는 넓은 표면적을 무기로 강한 흡착력을 발휘해 물에서 불순물을 효과적으로 제거한다. 살충제 같은 미량 오염 물질도 탄소 '솜털'에 잡혀 걸러지고, 초청정수만 통과되어 나온다.

많은 도시가 이 단계에서 추가적으로 소독 처리를 한다. 물에 미량의 염소chlorine를 풀어서 저장 기간 동안 물에서 유해 미생물이 증식하는 것을 막는다. 이때 염소 농도는 매우 낮고, 안전기준치를 벗어나지 않도록 엄격하게 관리된다. 염소가 죽이지 못하는 것이 하나 있다. 원충의 일종인 크립토스포리듐인데, 이 원충은 최악의 경우 생명까지 위협하는 극심한 설사 증세를 일으킨다. 그래서 요즘은 초미세 여과 ultra-filtration로 마감 처리를 하는 경우가 많다. 크립토스포리듐도 통과하지 못하는 미세한 구멍으로 가득한 분리막으로 물을 거른다. 이 모든 과정이 끝난 다음에야 물이 우리 집 수도꼭지로 향하게 된다.

: 소비

이제 정화된 물이 우리 집에 당도했다. 이 물이 쓰이는 곳은 다양하다. 도시에서는 욕실이 물 공급의 최대 구멍이다. 샤워와 욕조와 수세식 변기가 가정 내 물 사용량의 거의 반을 잡아먹는다. 대개의 도시 가정에서 물이 두 번째로 많이 드는 일은 세탁이고, 그 다음으로 물을 많이 쓰는 곳은 조리와 설거지를 하는 부엌이다.

이밖에도 집에는 물이 들어가는 숨은 용처가 많다. 많은 정도가 아니라 널려 있다. 우리가 입는 옷, 우리가 쓰는 에너지, 우리가 먹는 식품에 모두 물이 들어간다. 이것을 가상수virtual water라고 한다. 가상수는 제품을 생산하는 과정에서 사용되는 물이다. 우리 집에 도착하기 훨씬 이전에 사용된 물이라서 우리 눈에는 보이지 않는다. 2013년 〈내셔널 지오그래픽〉은 면 셔츠 한 장을 만드는 데 약 2,700리터의 물이 든다고 밝혔다. 한 사람이 2년 반 동안 매일 갈증을 해소할 수 있는 양이다. 우리 모두 면제품 사용을 중지하자는 건 아니다. 이 분야는 아직 의문만 많고 속 시원한 답은 부족한 형편이다.

2010년 영국 환경식품농무부가 연구기관을 위임해 천연섬유와 합성섬유가 환경에 미치는 영향을 조사했다. 그랬더니 면이 석유화학 제품인 폴리에스테르보다 물은 많이 잡아먹지만 온실가스는 상대적으로 적게 배출하는 것으로 나타났다. 울은 이들보다 폐수를 많이 만들지만 에너지는 이들보다 적게 쓴다. 대나무섬유는 온실가스 배출량이 가장 적은 섬유에 든다. 하지만 안타깝게도 모든 면에서 친환경적인 꿈의 직물은 하나도 없다. 모두 이런저런 방식으로 환경에 부담을 준다. 물 비용이 특히 큰 부담이다.

    도시를 움직이는 모든 것들의 과학

그러면 식품 생산은 어떨까? 유네스코 물교육연구소가 농업용수 사용을 분석한 일련의 과학 논문을 발표했다. 여기 따르면 농지 관개수가 인간이 사용하는 전체 담수의 거의 70%를 차지한다. 축산에 들어가는 물을 빼고도 그렇다. 같은 논문에 가축과 농작물 기반 제품의 물 비용에 대한 데이터도 있는데 그 수치들도 충격적이다.

참기름과 피마자유 같은 식용유가 최악의 그룹에 속한다. 1kg 생산할 때마다 24,000kg 넘는 물을 쓴다. 소고기 생산(소가 나고 죽을 때까지)의 물 비용도 이와 비슷하다. 나를 포함한 전 세계 초콜릿 중독자들이 충격 받을 뉴스도 있다. 평균적으로 초콜릿 1kg(카카오 콩부터 최종 제품까지)당 거의 18,000kg의 담수가 들어간다. 커피도 초콜릿 못지않게 물을 잡아먹는다.

이제 회의론자의 모자를 쓸 시간이다! 내가 이 책 전반에서 당부하고 싶은 점은, 이런 추정치나 통계치는 한번쯤 의심하고 넘어가는 것이 좋다는 것이다. 나는 여러분의 친절한 과학 가이드로서 그것이 어디서 나온 수치인지 그리고 믿을 만한 수치인지 알아보고자 한다. 그러니 좀 더 파보자.

농작물만 한정해서 보면, 연구진은 평균 기온과 토질과 습도 등 상당히 다양한 요인을 두루 고려했다. 작물의 평균적 생육 양상, 작물에서 물이 증발하는 속도, 비료 사용, 평균 수확고(심은 양 대비 수확한 양)도 검토했다. 커피콩 배전이나 기름 정제 등 각종 사후 처리 공정에서 단계별로 소비되는 물의 양은 이미 잘 조사되어 있고 따라서 이런 데이터 역시 계산에 반영되었다.

모든 것을 취합한 계산 결과가 나오면 전 세계 평균을 낸다. 맞다. 최종 수치는 어쨌거나 추정치에 불과하다. 하지만 확실한 데이터를 공들여 이어 맞춰서 나온 추정치다. 결론을 말하자면 나는 꽤 신뢰할 만한 결과라고 생각한다. 그리고 경각심을 불러일으키는 결과다.

감자, 토마토, 양배추 같은 채소 생산은 육류제품 생산보다 물이 한층 덜 드는 것으로 나타났다. 채식이 '보다 환경친화적인 선택'이라는 주장에 설득력이 붙는 결과다. 채식에 대한 개인적 입장에 상관없이 우리가 알았으면 하는 것은 이거다. 오늘날 우리는 알게 모르게 많은 경로와 방법으로 물을 사용하고, 또 남용하고 있다. 만약 지구적 인구 증가에 대한 예측이 실현된다면, 물 한 방울 한 방울이 지금보다도 더 귀하고 아쉬운 존재가 된다.

영국 기계학회의 추산에 따르면 식량 수요 증가에 따른 물 수요 증가분만도 현재 전체 담수 사용량의 세 배에 이른다. 이 위기를 타개하려면 위대한 과학의 힘과 기발한 테크놀로지가 엄청 필요하다. 하지만 그보다 더 필요한 것은 사람들, 특히 도시 거주민의 식품에 대한 의식의 변화다. 대대적인 문화적 변화가 필요하다. 우리의 파괴적 낭비 행각은 물 소비에 국한되지 않는다. 식품 낭비도 엄청나다. 보고서에 따라 조금씩 다르지만, 생산되는 식품 중 30~50%(12억~20억 톤)는 사람의 입에 닿지도 못하고 버려진다.

식품 폐기물은 생산 공정의 모든 단계에서 발생한다. 나쁜 날씨와 토질 저하로 작황이 나쁠 때도 있고 가축이 병들어 폐사하기도 한다. 토지 사용도 쟁점이다. 가축 사육은 작물 재배보다 훨씬 넓은 땅을 필요로 한다. 수확 단계에서도 불량이 나온다. 예컨대 혹이 난 당근이나 하트 모양 감자는 우리가 정한 채소 품질 기준을 통과하지 못하고 버려진다. 보관과 운반 시에도 관리 소홀로 다량의 손실분이 발생한다. 천신만고 끝에 소비자에게 도착해도 식탁 위 과일 그릇 안에서 부질없이 시들어가는 일이 다반사다. 과정 내내 엄청난 식품이 허비된다. 도시들이 정말로 지속가능한 삶터가 되기 위해서는 유입과 배출의 균형을 맞출 보다 나은 방법들이 절실하다.

: 배출

배출을 논할 때, 논의의 시작점은 결국 하나다. 사람마다 지역마다 또는 신념과 교양에 따라 부르는 이름이 다양한 그곳, 바로 화장실이다. 도시를 이 정도로나마 살 만한 곳으로 만든 수훈갑 기술을 꼽으라면 1등상은 반드시 수세식 변기에 돌아가야 한다. 누가 처음 수세식 변기를 발명했는가에 대해서는 논란의 여지가 있다. 약 4,000년 전 인더스 강 유역(지금의 파키스탄)의 도시들이 수세식 변기의 원조 격인 시설을 집집마다 갖추고 있었다는 증거가 있다. 로마 제국도 변기 아래에 흐르는 물로 오물을 씻어 내리는 방식을 썼다.

세월이 흘러 1596년 존 해링턴 경Sir John Harington이라는 엘리자베스 여왕의 조신이 오늘날의 변기와 놀랄 만큼 비슷한 수세식 변기를 고안했다. 해링턴 경은 이 변기를 '에이잭스ajax'라고 불렀다. 그가 본인 집에 설치한 에이잭스는 따로 물을 받아둔 물통 바닥에 배수구를 내고 밸브를 당기면 물이 쏟아져 배설물을 씻어내는 구조였다.

이후 200년 이상의 세월이 흘러 토머스 크래퍼Thomas Crapper라는 배관공이 더 발전된 형태의 수세식 변기를 개발했다. 크래퍼가 수세식 변기를 발명한 건 아니다. 하지만 볼코크ballcock(물에 뜨는 고무공이 달려서 물탱크의 물이 일정 수위에 도달하면 물 공급을 차단하는 부양 밸브)를 발명했고 평생 배관의 위생 증진에 전력했다. 그러다 19세기 후반에 도기 생산업자 토머스 티포드Thomas Twyford가 최초로 도자기 변기를 판매하면서 오늘날 우리가 쓰는 일체형 수세식 도자기 변기가 나왔다.

역사 공부는 이쯤하고, 물방울의 여정을 이어가보자. 현대인은 먹을거리에 탐닉한다. 필요 이상의 커피를 마시고, 인정하고 싶지 않을 만큼 많이 먹는다. 우리의 소화기관은 항상 잔업과 야근에 시달린다. 이 노고의 결과물인 액체 폐기물과 고체 폐기물을 내보낼 곳이 필요하다. 우리는 도자기 변기 위에 걸터앉거나 쪼그려 앉아서 볼일을 본다. 일단 배설물이 '몸 밖으로 나오면' 변기에 물이 쏟아지고, 우리의 대변과 소변은 도시 하수도로 들어간다. 하수도가 상쾌한 곳이 아니라는 것은 굳이 말하지 않아도 누구나 안다. 하지만 하수도가 없었다면 도시는 결코 도시답게 성장하지 못했을 것이다.

하수도를 어떻게 건설하는지 아는 것이 없어서 나는 전문가의 도움을 청했다. 지질공학 교수 로리 모티모어Rory Mortimore는 런던의 초대형 하수관 리 터널 건설 공사를 비롯한 여러 굵직한 토목공학 프로젝트에 참가한 인물이다. 그에 따르면 가장 먼저 결정할 것은 하수관의 시작점과 끝점이다. 그다음부터는 지질학이 이어받는다.

하수관이 누울 경로를 따라 땅에 구멍을 깊이 파서, 하수관이 장차 어떤 암석을 뚫고 가게 될지 정확히 조사한다. 경로의 경사도도 중요하게 고려해야 한다. 하수관은 하수를 집과 사업장에서 정수처리장으로 로켓처럼 발사하거나 펌프처럼 뿜어 보내지 않는다. 하수는 그저 하수관을 따라 흘러갈 뿐이다. 런던의 하수도를 흐르는 배설물의 양은

　　　도시를 움직이는 모든 것들의 과학

매년 125,000,000kg에 달한다. 이 점을 고려하면, 하수가 올바른 방향으로 흐르는 것이 관건이요 생명이다. 방법은 중력을 내 편으로 만드는 것이다. 다시 말해 시작점을 끝점보다 높게 잡아야 한다.

이미 있는 인프라에 미칠 잠재적 영향과 심지어 전시에 남겨진 불발탄에 대한 위험까지 세세한 부분을 다각도로 확인해야 한다. 엄청난 양의 암석 표본과 데이터 수집의 지난한 과정이 끝나면 비로소 지층 평면도 초안에 들어간다. 여기까지는 1단계에 불과하다. 간선 하수도의 상세 설계와 측량은 몇 년씩 걸린다. 시간이 무진장 걸린다고 해도 자칫 잘못 설계된 하수도가 일으킬 끔찍한 문제들을 생각하면 뭐라고 할 수가 없다.

하수 또는 요즘 말로 폐수는 가정과 사업장이 배출하는 각종 액체, 또는 고체 폐기물이 섞여 있어서 그대로는 사용할 수 없는 더러운 물을 넓게 일컫는 용어다. 폐수에도 종류가 있다. 일단 그레이워터graywater가 있다. 욕조, 샤워, 싱크대, 식기세척기, 세탁기 등에서 나오는 각종 세척제가 섞인 오수를 말한다. 그리고 블랙워터blackwater가 있다. 말 그대로 분뇨부터 뒤 닦은 것(비데가 있다면 물, 비데가 없다면 휴지)까지 수세식 변기에서 나오는 모든 것을 포함한 오수를 말한다.

그레이워터와 블랙워터의 결정적 차이는 분뇨와 접촉한 물이냐 아니냐다. 배설물에는 박테리아와 병원균이 잔뜩 들어 있다. 이것이 (예컨대 열악한 위생 여건으로 인해) 다시 사람의 소화기로 들어오는 날에는 질병이 급속도로 퍼질 수 있다. 분뇨와 접촉하지 않은 그레이워터는 건강에 미칠 위험이 적고, 정화 처리를 통해 가정 내에서 제한적으로 재이용될 여지가 있다. 스웨덴, 캘리포니아, 에스파냐, 독일, 이스라엘 등의 여러 도시에서 실제로 그렇게 하고 있다. 그레이워터는 별도의 시스템에 모여서 정수 처리를 거친 다음, 대개는 같은 빌딩에서 재사용된다. 하지만 그레이워터를 재사용하는 국가는 아직 소수다.

2013년에 유엔이 후원한 한 연구조사에 따르면 전 세계 국가의 1/3은 폐수 배출량조차 제대로 측정하지 않는다! 결과적으로 대개의 주요 도시들은 블랙워터든 그레이워터든 가릴 것 없이 폐수를 전부 중앙 처리장으로 보낸다. 아무리 하수도의 주된 역할이 인간을 그들의 배설물과 갈라놓는 것이라 해도, 현재 우리의 하수도는 폐수를 너무 멀리 나르고 있다. (중요하게 덧붙일 말이 있다. 선진국에서는 폐기물이 적어도 덮개가 있는 복개 하수도로 운반되지만, 일부 개발도상국에서는 아직도 개방 하수도가 보편적이고, 그 결과 상하수도의 교차 오염이 만연하다) 비용도 비용이지만 그렇지 않아도 허덕대는 급배수 시스템에 무리를 주는 방식이라서 미래의 도시들이 필히 벗어나야 할 상황 중 하나다.

적어도 지금은 모든 폐수가 다시 식수 수준으로 처리되어서 수로(강, 운하 등)로 방류된다. 여기서 이런 의문이 든다. 이 책을 쓰면서 내가 받았던 질문 중 하나이기도 하다. 폐수를 다시 강으로 보내는데 어째서 정화해서 보내는 걸까?

첫째, 물 순환의 건전성을 위해서다. 정화한 폐수는 수로에 풀려도 취수원에 피해를 주지 않고 재사용과 재처리의 대상이 된다. 둘째, 폐수 처리는 '야생'에서 자연히 일어나는 자정 현상의 신속 버전이다. 더러운 물이 돌들을 통과하면서 찐득하게 덩어리진 오물이 걸러지고, 강에 사는 박테리아가 오염 물질을 분해한다. 하지만 지금처럼 생활용수에 대한 수요가 하늘을 찌를 때는 자연 정화를 기다릴 시간이 없다. 그

도시를 움직이는 모든 것들의 과학

래서 화학을 이용해 지름길을 택하는 것이다.

폐수 처리에 쓰는 상당히 기발한 기술이 하나 있다. 원래는 의학적 용도로 개발된 기술인데, 폐수 처리의 세계에 일대 선풍을 불러일으켰다. 바로 자외선 세정이다. 자외선은 가시광선에서 파장이 가장 짧은 빛인 보라색 빛 너머의 빛이라는 뜻이다. 사람의 눈에는 보이지 않지만 태양광의 중요한 성분이다.

자외선 차단 제품을 구매해본 사람은 알겠지만 자외선 복사에도 종류가 있다. 이중 UV-A와 UV-B도 피부 세포에 손상을 주지만, 특히 위험한 것이 UV-C다. UV-C는 대기 중 오존층이 대부분 흡수해서 지표면에 도달하는 양은 극히 적기 때문에 걱정할 필요가 없다. 그보다는 프레온 가스 등 인공 화합물에 따른 오존층 파괴 문제가 심각한 걱정거리다.

UV-C가 박테리아 살균에 효과적이라는 것은 이미 1900년대 초에 밝혀졌다. UV-C가 돌연변이 유발 요인인 점을 역이용한 것이다. UV-C는 살아 있는 세포를 뚫고 들어가 세포 DNA의 분자결합을 파괴해서 복제 능력을 없애버린다. 잔인하게 들리지만 자외선의 이런 성질은 잘만 쓰면 놀랍게 유용하다. 자외선을 폐수에 비추기만 해도 거기 득시글대는 각종 미생물들을 무력화시킨다.

지금으로서는 고비용 기술이지만 이미 모스크바를 비롯한 여러 도시들이 자외선 정수 설비에 투자했다. 모스크바는 2012년 세계 최대 규모의 자외선 처리장을 열고 매일 30억 리터 이상의 폐수를 처리한다. 일단 폐수는 앞서 살펴본 대로 응결-응집-침전-여과의 네 단계를 밟는다. 그 후 처리수를 고휘도high-intensity 자외선램프가 집결한 자외선 반응 장치에 통과시켜 오염 물질을 분해한다. 자외선 정화 처리를 마친 물은 모스크바의 호수와 강 들로 안전하게 배출된다.

이 방법은 식수용 정화 처리 과정의 마지막 단계에도 적용될 수 있다. 실제로 뉴욕 시민 900만 명이 자외선 덕분에 깨끗한 수돗물을 마신다. 뉴욕 시 교외에 위치한 캣스킬-델라웨어 정수처리장의 규모는 어마어마하다. 약 12,000개의 자외선램프를 동원해 매일 90억 리터의 물을 처리한다. 수영장 3,000개를 채우고도 남는 양이다.

효과적인 폐수 처리는 지속가능한 물 관리 전략의 중요한 일부다. 하지만 더 중요한 일부는 재사용이다. 시드니는 매년 시드니 항을 가득 채우고도 남을 정도의 폐수를 배출한다. 이 귀중한 물 자원을 재활용하는 것은 선택이 아닌 필수가 되었다. 고비용 문제와 규정 미흡 등 많은 난관이 남아 있지만 물 재활용의 미래는 상당히 밝아 보인다. 왜 그런지는 잠시 후 내일의 도시 들여다보기에서 논한다.

: 막힘

우리가 배출하는 것이 모두 쉽게 분해되는 건 아니다. 사실 우리의 발밑을 지나는 하수도에는 소름끼치게 거대한 괴물이 살면서 가는 곳마다 파괴 행각을 일삼는다. 알게 모르게 이런 괴물을 키우고 있는 도시가 나날이 늘어간다. 이 괴물은 바로 팻버그fatberg다. 팻버그는 식품 지방과 기름과 식용유가 물티슈 같은 위생용품과 한데 섞여 응고된 거대한 기름덩어리로, 현대가 낳은 괴물이다. 우리의 일회용품 남용과 식품 낭비의 직접적이고 '가시적인' 결과다.

당장 조리용 기름부터 생각해보자. 설거지할 때 사용한 기름을 어떻

    도시를 움직이는 모든 것들의 과학

게 하는가? '싱크대에 부어버린다'면 당신도 팻버그 형성에 기여하는 사람이다. 불행히도 하수도는 매직 포털이 아니다. 우리가 화장실에서 씻어 내리고 싱크대에 쏟아버린 것들이 눈앞에서 사라졌다고 완전히 사라진 건 아니다.

식용유는 싱크대 배수구로 들어갈 때는 액체였을지 몰라도 차가운 하수도에 닿으면 응고해서 하수관과 하수구를 막는다. 물티슈의 사용이 늘어나는 것도 사태를 악화시킨다. 휴지 제조사들이 '물에 금방 녹는 친환경' 어쩌고 하며 광고를 해도 물티슈는 하수도에서 분해되지 않는다. 분해되기는커녕 폐수에 떠다니는 기름을 빨아들이며 서로 뭉쳐서 거대하게 엉겨붙은 기름 쓰레기 산을 만든다.

팻버그는 하수도 관리당국에게 엄청난 골칫거리다. 2013년 런던 남서부의 하수도에서 무게가 무려 15톤에 달하는 팻버그가 발견되었다. 이층버스보다 몇 톤이나 더 나가는 무게다! 호주 브리즈번에서는 매년 하수도에서 120톤의 물티슈를 제거한다. 〈뉴욕타임스〉는 2014년 뉴욕 시의 팻버그 제거 비용이 465만 달러라고 추산했다.

해결책은 의외로 간단하다. 휴지를 변기에 버리지 않는 것이다. 제조사가 변기에 버려도 된다고 광고하는 휴지도 버리지 않는다. 사용한 식용유는 절대 싱크대에 버리지 말고 녹거나 부서지지 않을 용기에 밀봉해서 버린다.

하수도로 들어가지 않는 쓰레기도 많다. 이 쓰레기의 대부분은 매립지로 간다. 불도저와 압축기를 동원해 쓰레기를 최대한 작은 공간에 최대한 많이 욱여넣고 흙으로 덮는다. 시간이 흐르면서 매립된 쓰레기가 땅에서 산소를 빼앗는다. 이 유기물 분해 과정에서 산소가 소진된 쓰레기 매립지는 메탄생산균이라고 불리는 혐기성 미생물의 천국이 된다. 이 미생물은 탄소를 먹고 메탄CH_4을 생성한다.

메탄가스는 무색무취의 가연성 기체다. 우리에게는 주로 소 방귀의 주성분으로 알려져 있다.(육류 소비가 증가하면서 전 세계적으로 가축이 방귀로 방출하는 메탄가스의 양이 무시하지 못할 정도가 되었고, 이것이 지구 온난화에 악영향을 미친다는 이유로 가축 사육 농가에 '방귀세'를 매기거나 과세를 추진하는 국가가 늘고 있다. 반면 소 방귀의 메탄가스를 수집해서 자동차 연료로 쓰려는 시도도 있다_옮긴이)

예일 대학교 연구진이 최근 발표한 연구논문에 따르면 미국 내 메탄가스 방출량의 18%가 매립지에서 발생한다. 쓰레기 매립지는 메탄가스 외에 이산화탄소도 많이 뿜어내고, 다른 가스들도 미량씩 만든다. 1,200군데 이상의 쓰레기 매립지를 조사한 결과 미국의 가정과 사업장과 산업현장이 쓰레기 매립지로 보내는 쓰레기 양은 당초 예상량의 두 배가 넘었다. 결과적으로 메탄가스 발생량도 예상을 훌쩍 넘었다. 유럽연합과 미국은 쓰레기 매립지의 메탄가스를 시급히 포집할 필요에 처했다. 하지만 포집한 메탄가스의 처리 문제를 두고 논란만 높은 형편이다.

이것이 상하수도의 전형적 문제다. 지금 우리에게 주어진 선택들은 좋게 말해도 지속불가능하다. 도시 인구가 지금처럼 많지 않았던 시대에 만들어놓은 기존 수도 시스템은 나날이 불어가는 물 처리량에 몸살을 앓고 있다. 우리는 우리대로 엄청난 쓰레기를 배출하면서 그것들이 모두 알아서 종적을 감춰줄 것으로 믿는다. 그것들이 사라져주는 마법의 장소가 있는 것처럼 행동한다. 미래에는 어떤 실용적 대안들이 나올까? 나오기는 할까?

    도시를 움직이는 모든 것들의 과학

내일

:

빠르게 도시화되는 세상에서 정수 공급과 폐수 재활용은 이제 선택의 문제가 아닌 생존의 문제다. 따라서 효율 강화와 방법의 다각화가 동시에 강구되어야 한다. 폐수에 관해서는 저감 - 재사용 - 재생 접근법을 완전히 재정립해야 한다. 도시 차원에서만 아니라 주거지 단위로도 변화가 필요하다.

지구 기후 변화 양상이 우리에게 지금까지와 다른 문제를 던졌다. 지금까지는 배관공의 일이었다면 이제는 탐정의 일에 가깝다. 미래에는 어디서 물을 얻을 것인가? 지구 온난화로 해수면이 높아지고 빙하가 사라지는 것을 그저 막연한 위협으로 인식해서는 안 된다. 지구가 물로 덮여 있다시피 하지만 그중 사람이 마실 수 있는 물은 지극히 제한적이고, 그 물도 점점 줄어들고 있다. 우리의 수도꼭지에서 물이 계속 나오게 하려면 어떡해야 할까?

이제부터는 물의 사용과 재사용, 거기에 대한 우리의 인식 전환에 필요한 공학적 접근법과 과학적 돌파구에 대해 알아본다.

: 흡수吸水

최근 들어 세계에서 가장 건조한 지역에까지 도시들이 생겨나고 있다. 두바이 같은 '신생' 도시들이 서고, 페루의 리마 같은 기존 도시들도 계속해서 팽창하고 있다. 또한 지난 10년 동안 캘리포니아와 호주를 포함한 지구 곳곳에서 가뭄이 장기화하는 일이 잦았다. 물 수요가 하늘을 찌르는 곳에서는 그야말로 바위에서도 물을 뽑아낼 기술을 찾아야 할 형편이다.

에어웰air well은 어떤 동력도 없이 공기에서 직접 물을 추출하는 구조물로 완전히 새로운 기술은 아니다. 이런 취지의 구조물은 100년 전부터 존재했고, 고대 문명이 처음 발명했을 가능성도 있다. 그러다 기후 변화 위협과 재료공학의 발전으로 새로이 주목받고 있다.

현대판 수분 흡입 기술의 관건은 하이드로포빅hydrophobic 물질이다. 하이드로포빅은 직역하면 '물을 무서워한다'는 뜻이다. 우리가 원하는 것은 물인데 물을 싫어하는 물질이라니, 좀 이상하게 들린다. 하지만 물을 싫어하니 발수성 물질이라는 뜻이고, 따라서 잘만 이용하면 방수포 같은 역할을 해서 물을 우리가 원하는 방향으로 보낼 수 있다. 자연에서 발견되는 대표적 사례가 나미브 사막 딱정벌레다.

이 딱정벌레는 바람이 부는 방향으로 등을 돌리고 머리를 내려 자세를 잡는다. 그러면 등껍질의 친수성hydrophilic 돌기가 공기 중의 습기를 흡수해서 이슬로 맺히게 하고, 이 물방울이 돌기 사이의 방수성 홈을 따라 흘러가 딱정벌레의 입으로 들어간다. MIT의 연구팀이 이 딱정벌레의 등껍질에서 아이디어를 얻어 안개에서 수분을 포집하는 그물망을 만들었다. 그물망 섬유의 간격과 지름을 조절해서 수분을 포집하면서도 흡수는 하지 않는 소재를 개발한 것이다.

MIT 팀은 그물망의 집수 능력을 강화하기 위해 하버드 연구팀과 협력했다. 하버드 팀은 열대에 사는 벌레잡이 식물에 착안해서 몹시 미끄러운 표면을 만드는 코팅을 개발했다. 벌레가 벌레잡이통풀 표면에 슬쩍 다리만 대도 훌렁 미끄러져서 통처럼 생긴 잎 속에 빠지고 만다. 일단 빠지면 벗어나지 못하고 소화된다. 그림책에서 본 식인흡혈식물

　　　　　　　　　　도시를 움직이는 모든 것들의 과학

을 떠올리면 된다. 이 코팅 기술과 영민한 섬유 구조가 만나 기존 시스템보다 안개를 다섯 배나 많이 수확하는 그물망이 탄생했다. 이 그물망은 칠레 산티아고에서 이미 실험에 들어갔고, 다른 건조한 도시들에도 실험용 시스템이 설치될 예정이다.

지표면에 넘쳐나지만 우리가 마실 수 없는 물, 즉 바닷물을 수확하는 방법도 있다. 일찍이 어떤 시인이 "물, 물, 사방이 물이지만 마실 물은 한 방울도 없구나"라고 탄식하기도 했지만, 바닷물을 마실 수 없는 이유를 과학으로 설명해보자. 소금물이 우리 몸에 들어가면 괴상한 일이 벌어진다. 세포 안에서 일어나는 삼투osmosis라는 현상이다. 삼투 현상은 선택적 투과성 막을 통해 물이 농도가 높은 곳에서 낮은 곳으로 이동하는 것을 말한다. 세포는 균형을 이루려 하고, 세포를 둘러싼 세포막은 이 목적을 위해 분자의 드나듦을 통제한다.

[그림 3.1] 프랑스에 남아 있는 오래된 에어웰

이제 수돗물을 꿀꺽꿀꺽 마셔보자. 수돗물은 우리 세포 안의 물과 비슷한 구성을 갖는다. 따라서 세포막을 들고 나는 물 분자의 양에 별로 영향을 주지 않는다. 하지만 바닷물을 마시면 상황이 달라진다. 세포 밖이 세포 안보다 소금 농도가 높아진다. 다시 말해 세포 밖의 물 농도가 낮아진다. 그러면 균형을 회복하려고 물이 세포 밖으로 빠져나오고, 콩팥이 바빠지기 시작한다. 콩팥은 과잉 염분을 씻어내려고 오줌을 더 많이 누게 하고, 물이 부족해진 몸은 더한 갈증을 부른다. 하지만 목이 마르다고 바닷물을 계속 마시면 상황은 더욱 악화될 뿐이다. 짠물을 계속 마시면 탈수증으로 결국 목숨을 잃는다.

따라서 바닷물을 마실 수 있는 물로 만들려면 무엇보다 소금기를 제거해야 한다. 사실 삼투 현상은 성분이 다른 두 액체가 얇은 막으로 분리되어 있는 상황이라면 어디서나 일어나는 현상이다. 한쪽 액체의 농도가 다른 쪽과 달라지면 분자가 자연스럽게 한 방향으로 흐른다. 그런데 해수에 엄청난 압력을 가하면, 예를 들어 적정 타이어 압력의 40배에 해당하는 압력을 가하면, 삼투의 방향을 강제로 바꿀 수 있다. 결과적으로 필터의 한편에는 염분만 남고, 반대편에는 염분 없는 물만 남는 것이다.

역삼투를 이용한 바닷물 담수화는 전기를 엄청나게 잡아먹는다. 현재로서는 가장 비용이 많이 드는 정수 방법이다. 비용도 문제지만 환경에 주는 부담도 만만치 않다. 그래서 해수 담수화는 아직 비상대책으로만 쓰인다. 지표수가 거의 없는 사우디아라비아의 경우 해수 담수화에 의존해서 하루 30억 리터의 식수를 생산한다. 올림픽 규격 수영장을 1,200개 채울 수 있는 양이다. 유럽과 미국과 대부분의 아시

도시를 움직이는 모든 것들의 과학

아에는 다른 식수원들이 있어서 아직까지는 선택의 여지가 있다. 하지만 물 수요가 급등하고 강우량은 날이 갈수록 예측이 어려워지고 있어서 앞으로 더 많은 도시가 담수화를 고려할 것으로 예상된다.

다행히 해수 담수화를 지속가능한 기술로 만들기 위한 연구가 진행 중이다. 한 가지 방법은 탈염 설비 전체에 태양전지판으로 전력을 대는 것이다. 보다 미래지향적인 방법도 있는데 바로 그래핀 막graphene membrane을 이용하는 것이다. 탄소 원자 하나 두께의 얇은 막에 정교한 패턴으로 기공을 배치해 물만 투과시키고 다른 불순물(예를 들어 염분)은 모두 막는다. 그래핀은 기존의 역삼투 막들과는 비교도 되지 않게 얇다. 그래서 물을 강제로 투과시키는 데 높은 압력이 필요치 않고, 필요한 전력량도 그만큼 줄어든다.

이 원리는 MIT의 연구팀이 2012년에 처음 개진했고, 이후 개발에 들어가 2014년에 다공성 그래핀 시트를 만들었다. 이 기술은 아직 걸음마 단계다. 연구자들은 아직 소규모 실용 장치도 만들지 못했다. 하지만 전망은 밝다. 학계만 이 기술에 주목하는 것도 아니다. 미국 최대 방위산업체 록히드마틴이 최근 비슷한 개념의 그래핀 소재 정수용 필터를 특허 냈다. 계속 지켜볼 필요가 있다.

: 생명

매일 일상적으로 물을 정화하는 것도 힘들지만, 돌발적 위기에 대처하는 것은 또 다른 차원의 과제다. 2010년에 일어난 딥워터 호라이즌 원유 유출 사고를 돌이켜보자. 멕시코 만에서 석유 시추 시설이 폭발하면서 사상 최악의 해상 기름 유출 사고가 났다. 사고지점에서 수 킬로미터 밖까지 해안과 하천이 오염된 것은 물론, 7년이 지난 2016년까지도 주변 생태계가 피해에서 회복하지 못하고 있다. 2013년 말 멕시코 만의 돌고래를 조사한 결과, 멕시코 만에서 돌고래의 개체수가 격감하고, 살아 있는 돌고래들도 기름 노출과 연관된 병증으로 고통 받는 것으로 나타났다.

유출되지 말아야 할 것이 유출되어 생기는 문제는 내륙에서도 수없이 일어난다. 세계 곳곳에서 무분별한 산업 폐수 방출과 규제 미흡으로 지하수가 오염되는 일들이 끊이지 않는다. 우리가 사용하는 물이 지구적 물 순환의 일부라는 점을 생각하면, 유출된 오염 물질을 신속히 없앨 방법을 찾는 것은 모두의 생명과 직결된 과제다.

과학 논문과 학술지에는 오염 물질 흡수에 유망한 신소재들로 가득하다. 그중에서 내 눈길을 끈 두 가지만 소개하겠다. 중국 샤먼 대학이 두 개의 슈퍼스타 소재, 그래핀과 에어로젤aerogel을 결합하는 일에 나섰다. 그래핀은 대규모로 생산하기가 몹시 어렵다. 그런데 샤먼 대학 연구진이 접착제에 소량의 그래핀을 추가해서 800℃로 가열하면 에어로젤이 만들어진다는 것을 알아냈다. 에어로젤은 공기를 의미하는 '에어로'와 3차원 그물 구조를 의미하는 '젤'의 합성어로, 튼튼한 초경량 다공성 그물조직체다. 석유를 빨아내는 데는 이것을 당할 것이 없다. 이 그래핀 스펀지는 오염 물질을 자기 무게의 156배까지 흡수하는 괴력을 발휘한다.

호주 디킨 대학교의 개발팀은 그래핀보다 훨씬 싸게 먹히는 질화붕소boron nitride에 주목했다. 이들이 개발 중인 재료는 보기에는 백색 분말처럼 생겼는데, 자세히 뜯어보면 수많은 미세한 다공성 질화붕소 시트로 이루어져 있다. 이것을 오염 물질이 엎질러진 물 위에 뿌리면 분말이 부풀어서 오염 물질은 흡수하고 주변의 물은 밀어낸다. 케첩부터 엔진오일까지 종류를 가리지 않고 빨아들인다. 그것도 몇 분 만에 해치운다. 질화붕소는 재활용이 가능하다는 미덕까지 갖추고 있다. 임무를 마치고 더러워진 분말은 도로 걷어서 열을 가해 세정한 다음 다시 사용할 수 있다.

: 고장

어느 도시에 살든 우리의 발밑에는 터널과 배관과 전선이 일대 미로를 이루고 있다. 도시 정글의 밀집도가 높아지면서 정수와 배수, 전력과 가스 공급, 냉난방, 폐수와 폐기물 처리 등을 위한 공공시설에 대한 수요도 계속 증가한다. 설계와 시공으로 끝이 아니다. 앞으로는 문제가 있을 때 최대한 빨리 발견하는 능력이 더 중요해진다. 물이 새는 파이프와 싸워 이길 방법이 필요하다.

현재 파이프의 소재가 부식되기 쉬운 금속에서 콘크리트와 폴리머로 옮겨가는 추세다. 하지만 이런 소재들이라도 특정 여건에서 금이 갈 위험은 항상 존재한다. 스스로 손상을 감지하고 보수하는 자가 치유 폴리머가 있다면 얼마나 좋을까. 지금까지 이런 발상은 현실적 대안이라기보다 거친 몽상에 가까웠다. 여기 요구되는 화학반응을 설계하기가 엄청나게 까다롭기 때문이다.

자가 치유 배관 시스템을 만들려면 우선 파이프의 재료로 쓸 내구성 있는 폴리머가 필요하다. 다음에는 이 폴리머에 내장할 두 번째 폴리머가 필요하다. 두 번째 폴리머는 '수선공' 역할로 파이프가 손상됐을 때만 흘러나온다. 폴리머에 작은 캡슐들이 분산되어 있다가 파이프에 균열이 가기 시작하면 캡슐이 터지고, 거기 들어 있던 자가 수리용 치유 물질이 흘러나와 파이프를 복원하는 것이다.

이것이 가능하려면 균열을 단단히 메우고 지체 없이 굳는 액체 폴리머가 있어야 한다. 쉬운 일이 아니다. 자가 치유 폴리머에 대한 논문이 수도 없이 많지만 지금으로서는 가장 유망한 발상들도 외부의 도움이 필요하다. 온도 조절로 자가 수리의 속도를 높여준다든지, 균열 지점을 조여준다든지 하는. 하지만 조만간 해법이 나오지 않을까. 수년 내에 이 분야에서 중요한 돌파구가 있을 것으로 기대한다.

파이프를 건사할 대책으로 요즘 부상하는 또 다른 첨단 방법은 구조물 건전성 모니터링structural health monitoring, SHM이다. SHM은 수도관을 따라 센서를 수없이 부착해서 약화나 성능 저하나 손상 등 이상 징후를 실시간으로 탐지하는 시스템이다. 건축구조물 안전 감시에 쓰는 센서는 이미 오래 전부터 교각 등에 쓰였지만, 차세대 센서는 완전히 새로운 품종이다. 소형이고, 무선이고, 무엇보다 저비용이다. 이에 따라 센서의 용처가 늘어나면서 상수도에도 적용되고 있다.

싱가포르는 취수원이 한정된 섬인데다 인구 밀도가 세계 1위다. 이런 여건 때문인지 싱가포르는 어디보다 앞서 센서를 이용해 상하수도를 관리하기 시작했다. 싱가포르는 MIT에서 독립한 벤처기업과 공동으로 첨단 계측 센서를 개발해 수도관 내의 수압을 실시간으로 측정한다. 일반적으로 수돗물은 정해진 유량대로 흘러 다닌다. 따라서 수도관 내의 수압이 일정해야 정상이다. 손상에 따른 누수가 발생하면 수압이 비정상적으로 떨어진다. 싱가포르는 여기에 착안해서 수압 센서

          도시를 움직이는 모든 것들의 과학

수백 개를 수도관에 부착해서 하루 24시간 내내 1초에 250번 수압을 측정하고, 이를 통해 실시간으로 누수 위치를 짚어내 필요 시 급수를 중단하고 물 유실을 최소화한다.

비슷한 센서 네트워크가 현재 아시아와 호주 지역에 확대 적용되고 있다. 세계의 다른 지역도 조만간 이 추세를 따라잡을 것으로 생각된다. 물론 센서가 수압만 측정하란 법은 없다. 물의 pH, 온도, 염분 함유량을 실시간 측정해서 수질 오염 발생을 감지하는 내장형 센서를 개발하는 팀도 있다.

센서뿐 아니라 로봇과 드론 기술도 일취월장하고 있다. 상수도망을 감시하는 일은 결코 쉽지 않다. 점검을 이유로 잠깐이라도 물 공급을 끊는 것은 용납되지 않는다. 용납된다 해도 수도관은 대체로 너무 작아서 사람이 점검하기 어렵다. 사람이 들어갈 만큼 넓은 하수관과 배수관의 경우는 또 다른 애로사항이 있다. 바로 공기 질이다. 하수도는 부패한 음식물 쓰레기와 분뇨를 비롯한 온갖 것들로 가득하다. 메탄가스부터 일산화탄소까지 사람이 맡아서는 안 될 것들이 모두 있다. 따라서 사람이 수동으로 점검하는 것은 위험하다.

런던의 '슈퍼 하수도' 사업인 조수로 터널 프로젝트의 시안 토머스Sian Thomas는 "드론과 로봇이 이미 유행 조짐을 보이고 있으며, 도시의 급배수 설비가 계속 거대해지고 복잡해지면서 점차 대중화될 것"으로 본다. 내가 이 글을 쓰는 현재 물에 뜨는 테스트 플랫폼과 터널 탐색 방수 로봇은 이미 상용화 단계에 있다.

가스 검출 용도로는 이미 드론이 쓰이고 있다. NASA의 제트추진연구소가 화성 탐사 로봇 큐리오시티Curiosity를 위해 개발한 가스 센서를 개조해서 최근 가변 파장 레이저 분광계tuneable laser spectrometer를 축소한 프로토타입prototype(상용화에 앞서 성능 검증용으로 제작하는 시제품)을 내놓았다. 이 초소형 분광계는 무게가 수프 캔 하나보다도 적게 나간다. 메탄가스를 찾는 센서인데 작동 원리는 이렇다.

이 분광계는 특정 파장의 레이저광을 쏜다. 레이저광이 정체를 알 수 없는 기체를 통과할 때, 기체 분자들이 레이저광에서 에너지를 흡수해서 진동하면서 특유의 빛띠(스펙트럼)를 만든다. 만약 그 기체가 메탄가스면 메탄가스 특유의 빛띠가 나타나 당장 정체가 드러난다.

비슷한 방법으로 일산화탄소와 이산화탄소의 '냄새를 맡는' 초소형 센서도 한창 개발 중이다. 이런 센서들은 경량급 드론이 몰고 다닌다. 장차 이 기술이 하수도와 쓰레기 매립지 점검에도 적용될 것으로 기대된다.

: 지역화

물 사용 양상이 변하고 있다. 변화의 방향은 현재 도시들이 의존하는 중앙집중식 폐수 처리 방식에서 탈피하는 것이다. 대신 '현장 처리 방식'이 부상한다. 현장 처리 방식은 폐수가 지역 단위로 처리되는 체제를 말한다.

현재는 도시 가정이 쓰는 식수의 약 1/3이 화장실에서 소비된다. 낭비가 아닐 수 없다. 하지만 얼마간의 전향적 계획과 투자를 통해서 미래의 건물들은 목욕과 세탁으로 발생한 그레이워터를 다시 화장실 용도로 쓸 수 있다. 샤워 물을 식물 재배에 사용하는 등의 비공식적인 방법으로 그레이워터를 재사용하는 곳이 많다. 자체 그레이워터 관리 시

　도시를 움직이는 모든 것들의 과학

스템을 도입하는 지역민에게 재정 지원을 제공하는 도시도 늘고 있다. 세탁과 목욕으로 발생한 '대체로 깨끗한' 물을 재사용하는 일이 모두의 규준이 되어 화장실의 물 낭비를 대폭 줄일 날이 멀지 않았다. 관련 시스템도 이미 상용화되었다. 과학자들은 여기에 그치지 않고 이 과정을 발전시켜 그레이워터의 활용도를 높일 방법을 찾고 있다.

그레이워터는 안전한 재사용을 위해 소정의 단계를 밟는다. 보통은 여과 과정과 염소 소독 과정을 거치는데, 영국 카디프 촉매연구소의 연구자들은 색다른 접근법을 시도하고 있다. 금과 팔라듐 입자를 촉매로 이용해 그레이워터 자체를 소독제로 바꾸는 방법이다. 그레이워터가 스스로를 살균한다고 할까.

스탠 골런스키Stan Golunski 교수는 이렇게 설명한다. "세 단계 과정을 거칩니다. 먼저 그레이워터를 평상시처럼 여과합니다. 여과한 물의 소량을 전기분해 요법으로 수소와 산소로 분해해서 금-팔라듐 입자가 들어 있는 촉매 반응기에 넣습니다. 그러면 수소와 산소가 다시 결합해서 묽은 과산화수소가 됩니다."

전문 용어가 너무 많아서 헷갈리는가? 단계적으로 다시 차근히 살펴보자. 2장에서 언급했던 전기분해를 다시 설명하자면 이렇다. 전기를 이용해 물을 산소 분자O_2와 수소 분자H_2로 분해하면 이 분자들은 결국 다시 서로를 찾아 합성 반응을 일으켜 도로 물이 된다. 자연적 상태에서는 그렇다.

그런데 촉매라고 부르는 금속 입자가 있을 때는 이 반응이 가속화되어서 물H_2O 대신 과산화수소H_2O_2가 만들어진다. 과산화수소는 살균제다. 희석된 상태로도 그레이워터 안의 박테리아를 죽일 수 있다. 촉매로 쓰는 금속이 비싸기는 하지만 살균 과정에서 소비되어 없어지는 것이 아니라 그냥 거기 버티고 앉아서 간섭만 한다. 다시 말해 금속 촉매는 수명이 길어서 교체 전까지 살균 처리에 수백 번 재사용할 수 있다. 거기다 소량만 있어도 되므로 비용 경쟁력이 있다.

그렇다면 언제쯤 이 방법이 도시 가정에 적용될 수 있을까? 안타깝게도 아직은 시간이 더 필요하다. 골런스키 교수의 표현에 따르면 현재는 개념 증명 단계다. 하지만 결국은 이것이 내일의 주방에서 기본 사양이 될 것으로 기대한다.

그레이워터 현지 처리는 머지않아 흔해질 것 같다. 그럼 블랙워터는? 블랙워터를 처리하고 재사용할 방법도 있을까? 블랙워터는 앞서 보았듯이 분뇨가 섞여 있는 폐수를 말한다.

분리막 생물반응조membrane bioreactor, MBR라는 시스템이 시드니와 뉴욕과 싱가포르의 몇몇 주거용 빌딩과 사무용 빌딩에 시범 설치되었다. 분리막 생물반응조는 다음의 두 가지를 결합한 첨단 시스템이다. 박테리아의 만족을 모르는 식욕과 미세한 기공으로 가득한 폴리머 분리막. 이 시스템은 폐수를 두 가지 단계로 처리한다.

첫 번째는 생물반응조bioreactor 또는 소화조digester를 이용한 생물학적 처리 단계다. 이 목적을 위해 블랙워터에 특별히 배양한 박테리아를 산소와 함께 주입한다. 이것들이 계속 혼합되며 박테리아가 배설물을 분해할 최적의 조건을 만든다. 두 번째는 이 혼합물을 거르는 여과 단계다. 중공 섬유hollow fiber(대롱처럼 구멍이 뚫린 섬유)를 평평한 막 형태 또는 밀집 묶음 형태로 만든 분리막으로 거른다.

분리막의 기공들은 기가 막히게 작아서 어떤 오염 물질도 통과하

     도시를 움직이는 모든 것들의 과학

지 못한다. 분리막 기공의 넓이는 0.1마이크로미터 이하다. 앞서 언급한 염소도 죽이지 못하는 기생충 크립토스포리듐은 이 기공보다 약 30~60배 크다. 결과적으로 블랙워터 안의 모든 부유물과 고형 물질과 박테리아는 분리막의 한쪽에 남고, 반대쪽에는 몰라보게 깨끗해진 물이 모습을 드러낸다. 분리막의 기공이 막히지 않으려면 지속적 관리가 필요하지만, 건물 지하의 작은 시스템 하나로 블랙워터를 쉽게 그레이워터로 전환할 수 있다.

시드니의 한 고층건물은 이 시스템을 마련해놓고 건물 화장실에서 나오는 블랙워터를 처리하는 데 그치지 않고 도시 하수도에서 미처리 하수까지 끌어다가 그것도 처리한다. 폐수가 분리막 생물반응조 공정을 마친 다음에는 자외선으로 다시 소독된다. 처리가 완료된 물은 변기 세정수와 보일러 냉각수로 재사용할 정도로 깨끗하다.

블랙워터를 식수로 쓸 만큼 철저하게 정화할 수도 있다. 이른바 '화장실 물이 수돗물로toilet-to-tap' 과정이다. '우웩' 소리가 나오겠지만 이미 현실화된 일이라는 점을 말해두고 싶다. 그리고 이것이 고갈 위기에 처한 대수층(지하수를 품고 있는 지층)을 보충하는 비결이다.

가뭄 문제가 심각한 캘리포니아의 오렌지카운티는 역삼투(바닷물에서 염분을 제거하는 데 이용했던 바로 그 공정)를 이용해서 유해 박테리아를 비롯한 블랙워터 속의 더러운 물질을 모두 분해한다. 이 물을 후속 처리 후 지하 대수층으로 보내 천연 여과 과정을 거친 지하수로 만든다. 중간에 이런 천연 처리 과정을 두면 폐수를 다시 마시는 것에 대한 거부감을 줄이는 효과가 있다. 오렌지카운티는 이 공정으로 식수의 3/4을 충당한다.

역삼투는 긴 처리 공정의 한 단계에 불과하다. 따라서 '화장실 물이 수돗물로'보다는 '화장실 물이 여러 첨단 과학기술과 대수층의 자연 여과를 거쳐 수돗물로'가 더 맞는 표현이다. 폐수가 워낙 철두철미하게 정화되기 때문에 우리가 비싼 돈 주고 사먹는 생수만큼 깨끗하다. 물론 간단한 일은 아니다. 그레이워터 재사용 과정과 달리 블랙워터 정화 과정은 복잡하고 비용이 많이 든다. 거기다 까딱 잘못하면 큰일 나는 일이라 만전을 기해야 한다.

미쓰비시, 지멘스, 제너럴일렉트릭 같은 기업들이 도시 규모의 폐수 처리를 위한 생물반응조와 역삼투 시스템의 생산에 참여했다. 최근 여기에 투자한 세 도시를 꼽으라면 두바이, 상파울루, 뮌헨이다. 하지만 선두주자는 단연 스톡홀름이다.

스톡홀름은 2015년 세계 최대의 분리막 생물반응조를 구축했다. 땅 속 깊이 18km 길이의 화강암 터널을 뚫는 엄청난 공사였다. 이렇게 구축한 분리막 생물반응조는 현재 약 100만 명이 방출하는 폐수를 정화해서 발트 해로 내보내고 있다. 스톡홀름은 이 시설이 폐수 정화 과정을 가속화해서 도시의 급격한 인구 증가세에 대처해줄 것으로 기대한다. 하지만 이 기술의 범위는 폐수 정화에 그치지 않는다. 그 과정에서 남은 침전물을 수거해 귀한 자원으로 바꿀 수도 있다. 여기에 대해서도 곧 논하겠다.

현재로서는 이 분리막 기술들이 워낙 고비용이라 대개는 접근이 쉽지 않다. 하지만 비용이 느리게나마 하락하는 중이고, 대학 등 연구기관들의 광범위한 개발 노력도 힘을 보태고 있다. 여러 연구논문을 살피다가 알았는데 현재 튀니지, 이탈리아, 일본, 홍콩, 그리스 등지에서

　　　　　　　　도시를 움직이는 모든 것들의 과학

파일럿 플랜트pilot plant(새로운 공법을 도입하기 전에 시험적으로 건설, 운영하는 소규모 설비)가 가동 중이다. 예를 들어보자.

최근 중국의 연구진이 소염진통제로 쓰는 나프록센 같은 약물 오염 물질을 분해할 수 있는 생물반응조를 개발했다. 현재까지 상용화된 제품 중 최고 성능의 시스템도 약물 분해에는 애를 먹는다. 그런 성분들은 워낙 극소량 존재하기 때문이다. 폐수 분자 10억 개를 샘플로 채취하면 그중 고작 두세 개만이 약물 오염 물질이다. 이 획기적 개발의 핵심에는 태생적으로 약물 분자를 먹어치우는 진균이 있었다. 이 진균을 톱밥 위에 배양해서 거대한 물탱크에 넣어 생물반응조를 만든 것이다. 이 생물반응조를 거친 처리수를 분석했더니 공격의 표적이었던 분자들이 거의 다 제거된 것으로 나타났다. 그것도 꽤 저렴한 비용에 말이다. 이 기술은 아직 실험 단계라 진균이 보편적으로 사용되는 것을 보려면 아직 멀었다. 어쨌든 경제성과 효과성을 갖춘 폐수 처리법이 부단히 개발되고 있다.

과학자들이 분리막 생물반응조와 역삼투 기법도 지속적으로 혁신하고 개선하고 있다. 조만간 이 비범한 시스템들이 모두가 접근 가능한 가격대에 우리 모두의 폐수를 가치 창출 순환 고리의 주인공으로 만들어줄 날을 기대한다. 한 번에 한 빌딩씩 시작하자.

: 복구

미래 도시들이 바람직한 폐수 처리 고리를 완성할 또 다른 방법이 있다. 지역사회에서 소규모 열병합 발전냉각 시스템을 운영하는 방법이다. 열병합 발전냉각에 대해서는 2장에서 설명했다. 그때 한 가지 언급하지 않은 것이 있다. 열병합 발전냉각의 가스 연료는 어디서 올까? 바로 하수다.

알다시피 미생물에 의한 쓰레기 분해는 메탄가스를 생성한다. 도시 하수처리장이 이 아이디어를 이용한다. 하수 처리 과정에서 생긴 침전물, 이른바 슬러지sludge를 생물반응조 또는 소화조에 넣어서 미생물들이 슬러지를 마음껏 포식할 안락하고 따뜻한 환경을 조성해준다. 미생물은 슬러지를 분해하고 그 과정에서 메탄가스를 뿜어낸다. 이 가스가 열병합 발전냉각 시스템의 안성맞춤 연료가 된다. 시스템 규모를 축소해서 작은 지역사회 단위로, 또는 빌딩 단위로 쓰면 더욱 승산이 높다. 지역민이 방출한 폐수를 처리해서 화장실 물로 재사용하는 것은 물론이고 건물의 전력과 냉난방까지 일부 해결할 수 있다!

미래의 빌딩은 폐수를 자체 관리하는 데 그치지 않고 자체 취수 기능까지 갖추게 될 것 같다. 1장의 주인공 부르즈 할리파에 실현된 여러 첨단 기술 가운데 응축액 회수 시스템condensate recovery system이라는 게 있다. 간단히 말하면 빌딩 보일러의 수증기가 식어서 응결한 물을 회수해 쓰는 것이다. 공식 집계에 따르면 부르즈 할리파의 회수 시스템은 연간 3,500만 리터의 담수를 제공한다. 수치만 보면 어마어마한 양이다. 하지만 환호하긴 아직 이르다. 이 양은 부르즈 할리파의 물 수요가 한창 높을 때의 고작 37일분에 해당한다. 보도에 따르면 부르즈 할리파의 하루 식수 소비량은 96만 리터에 달한다고 한다.

오늘날 마천루 중에 이와 비슷한 기술을 도입한 빌딩들이 많이 늘었다. 그중에서 내 눈길을 끈 것이 도쿄에 있는 NBF 오사키 빌딩의 파사드 시스템이다. 이것은 빌딩 외벽에 빗물을 순환시켜서 온도를 내리는

　도시를 움직이는 모든 것들의 과학

시스템인데, 바이오스킨BioSkin이라는 별명으로 불린다. 더운 여름날 도로와 보도에 물을 뿌리는 관습에서 영감을 받아 개발됐다. 길에 물을 뿌리는 것이 실제로 도시 열섬 현상을 완화하는 효과가 있다는 것은 이미 과학적으로 입증된 사실이다.

NBF 오사키 빌딩의 바이오스킨은 세 가지로 구성된다. 옥상의 빗물 수집 탱크, 지하층의 빗물 처리 탱크, 다공성 테라코타로 싸인 좁다란 관이 그물처럼 얽혀 있는 건물 외벽. 옥상에 모인 빗물이 지하층으로 내려가 여과와 소독을 거친 다음, 외벽의 관으로 주입된다. 물이 관을 타고 외벽을 흘러 다니다가 테라코타에 서서히 흡수되고, 낮에 기온이 올라가면 테라코타에서 증발한다. 알다시피 물이 수증기로 변하려면 열에너지가 필요하다. 빗물이 증발하면서 주변 공기에서 열기를 빨아들이고, 그 과정에서 기온이 살짝 내려간다. 운동 후에 땀이 피부에서 증발할 때 시원한 느낌이 나는 원리와 같다.

개발자들은 바이오스킨 파사드가 푹푹 찌는 날 빌딩의 표면온도를 12℃, 주변 기온을 2℃가량 낮춘다고 주장한다. 이 수치들은 컴퓨터 시뮬레이션에 따른 것이고, 내가 아는 한 아직 공식 계측 데이터는 발표되지 않았다. 어쨌거나 업계는 이 아이디어가 도시 열섬 현상에 대한 해법이 될 것으로 기대하고 있다.

우리의 도시들은 콘크리트와 아스팔트처럼 열을 흡수하고 빛을 반사하지 않는 표면재료를 많이 쓴다. 거기다 길마다 열기를 뿜어내는 자동차들로 가득하다. 이 요인들의 결합으로 도시가 시골보다 더워지는 현상이 갈수록 심화된다. 미국 환경청에 따르면 인구 100만 이상 도시의 평균 기온이 주변 시골 지역보다 최대 3℃ 높다. 빌딩이 더울수록 냉방 시스템에 더 많은 부하가 걸리고, 에너지 수요가 높아지고 온실가스 배출량이 늘어난다. 만약 바이오스킨의 효과가 입증되고 빌딩들에 많이 적용되면 도시 기온 상승의 악순환에서 벗어나는 단초가 될 수 있다. 하기야 나무를 심는 것이 도시를 식히는 데 한층 싸게 먹히겠지만, 방법이야 많을수록 좋은 것 아니겠는가!

: 슬러지

2015년, 개인적으로 내가 최고의 헤드라인으로 뽑은 뉴스는 '똥으로 달리는 버스, 영국의 지상속도기록Land Speed Record을 깨다'였다. 두 가지에 놀랐다. 하나는 지상속도기록에 버스 부문이 있다는 것이고 또 하나는 기록보유자가 똥으로 달리는 버스라는 것이다. 믿거나 말거나 똥 버스poo bus는 시속 123.57km라는 놀라운 속도에 도달했다. 소 똥에서 추출한 액체 메탄 연료 덕분이었다.

5장에서 다시 이야기하겠지만 폐기물을 연료로 삼는 버스들은 이밖에도 또 있다. 스톡홀름에서는 택시가 폐기물을 활용한다. 다만 이들의 연료는 목장이 아니라 하수도에서 온다. 폐수 처리로 매년 76,000톤의 슬러지가 발생한다. 똥 버스에 이용되는 연료처럼, 이 슬러지의 일부는 택시를 위한 자동차 연료로 전환된다. 분뇨 슬러지의 일부는 농작물 비료로 쓰이기도 한다. 오해가 없길 바란다. 이것은 농장을 화장실로 쓰는 것과는 전혀 다르다.

일단 세심한 처리 과정을 통해 슬러지에서 병원균과 냄새 성분이 제거되면, 바이오 고형물bio-solids로 불리는 양분이 풍부한 물질이 남는다. 워싱턴 주립대학교의 토양학자 크레이그 코거Craig Cogger 교수는

도시를 움직이는 모든 것들의 과학

〈모던 파머Modern Farmer〉 지와의 인터뷰에서 "사람들은 가축 분뇨는 인간 똥만큼 역겹게 생각하지 않는다"고 말했다. 맞는 말이다. 우리에겐 사람 배설물을 이용하는 것 자체에 본능적 거부감이 있다. 혹자는 건강보건상의 문제를 지적한다. 아무리 잘 처리해도 슬러지에서 나쁜 물질을 완벽히 제거하기는 힘들다는 거다. 하지만 지금까지의 검사 결과는 호의적이고 관련 연구가 계속 진행 중이다.

미국 라이스 대학교의 연구팀은 액체 폐기물을 미래 연료의 열쇠로 본다. 5장에서 자세히 논하겠지만, 바이오 디젤bio-diesel(식물 기름을 가공해서 만든 대체 연료)도 우리가 생각하는 것만큼 환경친화적이지 않다. 다만 미세 조류, 즉 광합성을 하는 수중 단세포 생물을 이용한 바이오 디젤은 전망이 밝다. 미세 조류는 놀랄 만큼 생산적이어서 단 몇 시간 만에 개체수가 배로 늘어난다. 모든 미세 조류를 연료 생산에 쓸 수 있는 건 아니다. 하지만 특별히 영양분을 보충해준다면? 여기에 폐수가 쓰일 수 있다.

라이스 연구팀은 휴스턴의 한 하수처리장에서 넉 달 동안 시험에 들어갔다. 연구팀은 폐수를 미세 조류 배양을 위한 영양가 높은 사료로 삼았다. 배양한 미세 조류는 수확해서 바이오 디젤로 전환했다. 이 과정에서 폐수는 폐수대로 미세 조류에 의해 깨끗해졌다. 미세 조류가 다른 공정들이 놓치는 오염 물질들을 '먹어치운' 것이다. 이 긍정적 연구 결과는 라이스 대학교와 휴스턴 시의 지속적 관학 협력 사업으로 이어졌다. 앞으로 다른 도시들도 이 전례를 따를 가능성이 높다.

매립 쓰레기 문제를 해결해줄 것으로 기대를 모으는 벌레도 있다. 그 주인공은 갈색거저리유충, 흔히 밀웜mealworm이라고 부르는 벌레다. 스탠퍼드 대학교와 베이징 유전체학연구소와 베이징 항공항천대학의 연구자들이 밀웜이 특정 부류의 플라스틱을 먹어치울 뿐 아니라 먹은 다음에도 완벽한 건강 상태를 유지한다는 것을 발견했다.

2015년 말에 발표된 논문에 따르면 연구진은 밀웜에게 열흘간 매일 알약 크기의 스티로폼을 먹게 했다. 밀웜의 내장에 있는 특수한 미생물들이 스티로폼을 분해했다. 이들이 소화의 결과물로 내놓은 것은 이산화탄소(밀웜의 방귀)와 완전 생분해가 가능한 똥이었다. 다시 말하겠다. 밀웜은 쓰레기 매립지에 쌓이는 물질을, 그것도 자연 분해도 되지 않고 썩지도 않아 쌓이는 족족 지구를 병들게 하는 물질을 먹고, 그것을 시간이 흐르면서 저절로 분해되는 물질로 바꿔서 내놓는다! 신통하지 않은가!

이 연구 프로젝트에 참여한 스탠퍼드 대학교의 환경공학자 우웨이민 교수는 이번 발견이 "전 세계 플라스틱 쓰레기 문제를 해결할 가능성을 열었다"고 했다. 이 작은 벌레가 지구를 구할지도 모른다. 다음 단계로 이것이 먹이사슬에 미칠 영향에 대한 조사가 이루어져야 한다. 플라스틱만 먹는 밀웜이 먹이사슬의 상위에 있는 더 큰 동물들에게 모종의 영향을 미치지 않을까? 그 동물을 먹는 동물은 또 어떨까? 아직 남은 질문들이 많다. 하지만 언젠가 플라스틱으로 뒤덮인 쓰레기 매립지가 밀웜의 무제한 뷔페로 변할 날이 오지 않을까?

밀웜 부대가 필요 없는 방법도 있다. 애초에 쓰레기 매립지로 오는 쓰레기를 줄이면 된다. 특히 플라스틱 제품의 사용을 자제할 필요가 있다. 플라스틱은 생활에는 편리하지만 지구 생태계에는 독이 된다. 특히 요즘은 친절한 동네 바리스타를 저버리고 포드커피pod coffee(커피머신용 커피 원액을 한 잔 분량으로 개별 포장한 것)를 선택하는 사람이 늘고 있다. 2014년 〈파이낸셜타임즈〉가 추산한 포드커피 시장 규모는 97억 유로(약 106억 달러)에 달한다. 바쁜 도시 거주자를 주 소비층으로 삼아 시장이 폭발 성장 중이다. 그 결과는 재활용 불가능 쓰레기의 거대한 산이다. 바이오 플라스틱bio-plastics이 포드커피 소비자의 죄책감을 덜어줄 수 있을지 모른다.

바이오 플라스틱은 식품 산업과 제지 산업의 부산물로 만든다. 천연 성분이라서 일반 플라스틱과 달리 폐기된 후에 미생물에 의한 자연 분해가 가능하다. 이 글을 쓰는 현재 시장을 호령하는 거대 커피 기업들이 생분해성 포드커피 포장재 생산에 투자하고 있다고 하니, 앞으로 지켜볼 일이다. 석유를 원료로 하는 일반 플라스틱처럼, 바이오 플라스틱에도 여러 유용한 성질을 부여할 수 있다. 어떤 것은 고온에 강해 재활용이 가능하고, 또 어떤 것은 사용 후 분해된다.

바이오 플라스틱은 지금은 틈새시장에 불과하다. 하지만 나중에는 플라스틱 포장재를 모두 대체하고 나아가 배관 시장까지 장악하기를 기대해본다. 물론 아직은 갈 길이 멀다. 식물성 플라스틱 생산업체 바이옴 바이오플라스틱스Biome Bioplastics의 폴 로Paul Law에 따르면 현재 바이오 플라스틱은 기존 플라스틱보다 서너 배 비싸다. 대개의 제조 공정이 아직은 실험실 규모로 이루어지고 있기 때문이다. 하지만 기업들이 대학들과 손잡고 '폐기물에서 바이오 플라스틱으로' 접근법을 산업 규모로 키울 방법을 찾고 있다. 이들이 성공한다면 우리는 지속가능성 없는 화석연료 기반 플라스틱에 마침내 안녕을 고할 수 있다. 그날이 오기 전까지는 커피머신에 포드커피를 넣을 때 잠깐씩 환경을 생각하는 시간을 갖기로 하자.

솔직히 이번 장이 우리를 돌아보는 기회가 되었으면 한다. 특히 수도 꼭지만 틀면 깨끗한 물이 콸콸 쏟아지고 쓰레기를 내놓기만 하면 청소차가 와서 알아서 딴 곳으로 치워주는 곳에 사는 사람들은 본인을 행운아로 알아야 한다. 그렇지 못한 환경에 사는 사람들도 많다. 하지만 요점은 따로 있다. 그건 세상 어디에도 '딴 곳'은 없다는 것이다.

모든 것은 돌고 돌게 되어 있다. 상하수도 시스템과 쓰레기 처리 시스템은 우리가 이 책에서 만나는 어떤 시스템들보다 복잡한 주기를 가지며, 매 단계에서 엄청난 엔지니어링과 설비를 요한다. 가까운 장래에 이 주기를 보다 건전하게 관리할 방법들을 도입하지 못하면 우리는 그야말로 깊은 수렁에 빠지게 된다.

  도시를 움직이는 모든 것들의 과학

CHAPTER 04

도로,
도시의
혈관

이제 탁 트인 도로로 나설 시간이다. 자동차 지붕을 내리고 맘껏 달려 보자. 머리가 바람에 날리고 얼굴 가득 햇빛이 쏟아진다. 도로 여행은 수많은 노래와 영화를 장식한다. 도로 여행에 따라붙는 극적인 풍경은 또 어떤가. 하지만 막상 매일의 통근 길과 교통체증과 거기 따르는 로드 레이지road rage에 대한 노래와 서사는 눈에 띄게 드물다.

우리와 도로는 일종의 애증관계다. 우리 마음속의 도로는 자유를 상징한다. 하지만 현실의 도로는 일상을 좀먹는 스트레스의 원천이다. 도로에 오르는 것이 선택에 의한 것이든 필요에 의한 것이든, 도시 환경 결정 요인으로서의 도로의 위상은 아무리 말해도 지나치지 않는다. 전기와 수돗물을 대할 때처럼 우리는 도로도 그저 당연한 공공재로 인식한다. 하지만 도로는 그 이상의 것이다. 철도망과 더불어 도로는 사람과 물자를 실어 나르며 도시라는 심장의 정맥과 동맥을 형성한다.

이번 장에서는 도로망에 대해 알아보고, 원활한 교통 흐름 또는 교통 통제를 위한 기술들을 논한다. 다리 설계 이면의 과학도 살피고, 앞선

장들에서 그랬듯 도시 도로망의 미래도 엿본다. 자, 시동을 걸어보자.

오늘

:

먼저 상대의 규모부터 파악해보자. 미국 중앙정보국CIA의 월드팩트북 (CIA가 정기적으로 발간하는 자료. 전 세계 국가들의 정치, 경제, 지리, 사회에 대한 정보가 수록되어 있다)에 따르면 2013년 기준 세계 도로망의 길이를 전부 합하면 64,285,009km다. 한 줄로 늘어놓으면 지구를 1,600회 둘러 감을 수 있는 길이다.

이런 수치들은 곧이곧대로 믿기보다 에누리해서 듣는 것이 좋다. 다만 이런 수치들이 도시 인프라에 대한 우리의 니즈를 실감나게 보여주기는 한다. 우리는 도로로 세계를 촘촘히 묶는다. 개중에는 포장도로도 있고 비포장도로도 있다. 모두 결합과 연결을 향한 인간의 욕망을 대변한다.

도로 건설에 대한 이야기를 시작하기 전에 잠깐 퀴즈 타임을 가져보자. 세계에서 가장 긴 도로망을 가진 나라는? 그렇다. 예상대로 자동차의 정신적 고향이자 실제 탄생지인 미국이다. 그밖에 상위 10위권에 드는 나라로는 중국, 러시아, 캐나다 등이 있다. 이들의 국토 면적을 생각하면 별로 놀라운 일은 아니다.

그런데 10위권에 프랑스도 있다. 의외다. 프랑스의 국토 면적은 러시아의 1/27인데, 도로망은 러시아와 비슷한 규모다. 인구 밀도 때문이다. 러시아의 인구 밀도는 1km²당 평균 8.4명, 프랑스는 120명이다. 일반적으로 사람이 많은 곳에는 도로도 많이 필요하다. 그리고 십중팔

　　　　　　　　　　　도시를 움직이는 모든 것들의 과학

구 다리도 많이 필요하다.

다리는 예나 지금이나 도로의 중요한 접점이다. 때로 도시의 풍광까지 지배한다. 샌프란시스코나 시드니를 떠올려보라. 돌 몇 개에 불과한 징검다리부터 바다를 가로지르는 초대형 교량까지 다리의 종류와 정의는 넓다. 하지만 모든 다리에는 한 가지 공통점이 있다. 도시가 지리적 장애를 넘어 성장하도록 돕는다는 것이다.

마천루처럼 다리도 순위 매기기의 단골 대상이다. '세계에서 가장 긴~, 가장 높은~' 같은 명단은 항상 사진을 대동하고, 보통은 중국이 이런 명단들의 상위를 점한다. 하지만 '다리의 도시'라는 타이틀을 걸머쥘 법한 도시에 대해서는 논쟁이 뜨겁다. 베를린, 함부르크, 암스테르담, 베네치아, 피츠버그 등이 타이틀을 놓고 접전 중이다.

다리라는 구조물에 대해 무엇보다 중요하게 기억할 점은 이거다. 다리의 존재 이유는 도시의 심장을 계속 뛰게 하는 것이라는 점. 도로와 다리가 제대로 작동하려면 수가 많아야 하고, 안전해야 하고, 안정적이어야 하고, 되도록 막히지 않아야 한다. 그리고 이 모든 미덕들 뒤에는 우리가 미처 생각지 못한 엄청난 공학과 과학이 숨어 있다.

: 건설

도로 건설부터 시작하자.

- **1단계** 도로가 놓일 경로를 선택한다. 직선이 가장 이상적이지만, 이미 건물이 빽빽이 들어선 도시 환경에 도로를 새로 놓으려면 직선으로 놓기는 어렵다. 빌딩을 돌아나가야 하고, 기존 인프라를 만나면 위로 넘어가거나 밑으로 굴을 파고

들어가야 한다. 경로가 정해진 다음에는 경험 많은 측량사가 투입되어서 경로가 지나는 지역의 지질과 토질과 수분 함량을 조사한다.

- **2단계** 최선의 설계안을 정하는 단계다. 도로의 예상 수용력과 도로가 견뎌야 할 기후 조건을 고려해서 결정한다. 이때부터 건설 재료 선택 문제가 실질적으로 대두한다. 예컨대 해당 지역의 최고기온과 최저기온이 선택의 폭에 영향을 준다.

- **3단계** 도로를 이용할 차량의 종류와 교통량도 검토해야 한다. 주로 자전거가 다닐 길인가? 아니면 대형 화물차가 다닐 길인가?

- **4단계** 위 사항에 대한 조사와 고려가 모두 끝나야 최적의 건설 재료를 결정할 수 있다. 자갈, 돌 또는 콘크리트로 길을 깔아도 나무랄 데 없겠지만 극한의 온도와 지속적 교통량을 견디려면 그 이상의 것이 필요하다.

오늘날의 도로는 대개 층층이 다른 재료를 써서 만든다. 각각의 재료가 맡은 기능도 다르다. 재료를 복합한 혼성 도로가 현대의 발명은 아니다. 고대 로마가 처음 이 공법을 썼다. 하지만 게임의 판세를 바꾼 건 고무 타이어의 출현이었다.

1887년 어느 날, 수염을 길게 기른 한 스코틀랜드인 수의사가 벨파스트 남부의 한 운동장에서 묘하게 생긴 자전거를 타고 있었다. 바퀴에 공기를 빵빵하게 넣은 고무 튜브를 두르면 한결 타기 쉽고 편하겠다는 생각으로 자전거를 그렇게 개조한 것이다. 얼마 후 그는 세계 최초의 공기 타이어 특허를 취득했다. 이 남자가 바로 존 보이드 던롭 John Boyd Dunlop이다. 그의 이름은 오늘날까지 타이어 회사의 이름으로 우리에게 친숙하다. (던롭의 특허 출원은 나중에 취소되었다. 그는 몰랐지만 사실은 로버트 윌리엄 톰슨Robert William Thomson이라는 또 다른 스코틀랜드 사람이 이미 40

 도시를 움직이는 모든 것들의 과학

여 년 전 같은 기술을 등록했던 것이다. 하지만 톰슨은 역사에서 잊히고 말았다)

라텍스latex(고무나무 껍질에 상처를 냈을 때 흘러나오는 *끈끈한 흰색 액체*)에 유황을 섞어서 만든 '가황 고무'는 가황하지 않는 고무에 비해 탄성과 내구성이 모두 높았다. 공기 타이어는 사람이 느끼는 노면감각(바퀴에서 *핸들로 전달되는 노면의 느낌*)에서 덜컹거림을 줄이고, 금속 바퀴의 접지력을 높였다. 바퀴와 도로 사이의 마찰력을 강화한 것이다. 이것이 오늘날 자동차 타이어의 존재 목적이자 작동 원리다. 마찰은 복잡한 괴물이다. 기계 시스템의 천적인 동시에 절친이다. 그렇다면 마찰은 왜 일어나는 것일까?

나의 과학자 친구들에게 이 질문을 두루 던져본 결과 대충 다음과 같은 설명을 얻었다. 한 물질이 다른 물질과 접촉한 상태로 움직이기 시작할 때나 움직이고 있을 때, 그 접촉면의 원자들이 운동을 저지하려는 쪽으로 상호 작용하는 것이 마찰이라는 것이다. 여기까지는 누구나 안다. 마찰이 언제 어디서나 같은 양상으로 일어나지 않는다는 것도 안다.

나무의 결을 따라 쓰다듬다가 반대로 쓰다듬어보라. 마찰이 어쩐지 방향과도 상관있다는 느낌이 든다. 이건 아마 양자역학quantum mechanics(*원자보다 작은 미시적 영역에 적용되는 역학으로, 거시적 현상에 적용되는 고전 역학과 상반되는 부분이 많다*)이라는 낯선 물리학 이론만이 설명할 수 있는 부분일지 모른다. 놀랍게도 현재 우리가 아는 것은 이 정도다. 학계가 마찰의 실체를 파헤치는 것을 포기했다는 말은 아니다. 마찰은 미시적 차원에서 조사하기가 몹시 어려운 분야라는 뜻이다. 하지만 과학자들이 연구에 매진하고 있다!

반면 거시적 차원의 마찰 효과는 명백하다. 자동차는 마른 도로를 달릴 때가 얼어붙은 도로를 달릴 때보다 제어하기 훨씬 쉽다. 타이어와 노면 사이에 존재하는 마찰력 때문이다. 마찰력이 높으면 높을수록 접지력이 좋아진다. 타이어에 무늬가 패여 있는 것도 마찰을 높이기 위해서다. 타이어의 이랑과 홈이 노면을 움켜잡는 효과를 낼 뿐 아니라 물기를 노면에서 떼어내는 배수 기능까지 해서 접지력을 높인다. 하지만 접지가 타이어의 단독 책임은 아니다. 노면도 역할이 있다. 따라서 도로 건설재료를 선택할 때 이 점을 고려해야 한다. 거기다 노면은 몇 톤짜리 차량들이 쉴 새 없이 굴러다니는 데 따른 압력도 이겨내야 한다. 도로를 다층 구조로 만들면 여기에 주효하다.

일반적으로 내구성이 가장 높은 값비싼 재료를 맨 위에 깐다. 그보다 저렴한 재료들을 밑에 깔아서 상층부를 지탱하고, 도로가 받는 하중을 분산한다. 도시의 차도를 세로로 잘라보면 단면이 빅토리아 스펀지케이크의 단면과 비슷하다.

'도로 케이크'의 맨 아래층은 노반路盤이다. 노반은 도로 포장을 위해 땅을 파고 거대한 롤러로 꽉꽉 다져놓은 바닥을 말한다. 노반 위를 강하고 건조한 재료로 덮는다. 보통은 철거 현장에서 수거해서 잘게 부순 재활용 콘크리트를 쓴다. 다시 롤러로 단단히 압축한 다음, 기반 재료로 덮는다. 기반 재료는 철강 산업의 부산물인 슬래그slag에 으깬 돌을 섞어서 만든다. 교통량이 많은 구간에는 이 층이 필수적이다. 맨 위층에는 접합재이자 노면 포장재가 온다. 이 재료는 냄새가 고약하다. 유럽에서는 타르머캐덤tarmacadam이라고 부르고, 다른 곳에서는 아스팔트 콘크리트라고 부르는 바로 그거다.

 도시를 움직이는 모든 것들의 과학

타르머캐덤의 '타르'는 탄화수소로 이루어진 시커멓고 찐득한 물질을 가리킨다. 타르의 유사어로 역청bitumen, 아스팔트asphalt, 피치pitch가 있다. 엄밀히 따지면 이들은 미묘하게 다른 물질이지만, 여기서는 편의상 같은 것으로 취급한다. 타르 전문가들이여, 용서하시라. 마찬가지로 '머캐덤'과 콘크리트라는 용어도 동의어는 아니지만 종종 교체 사용된다. 이번 장에서는 입자 크기가 일정치 않은 쇄석을 단단히 다져놓은 것을 지칭한다.

이제 위의 이름들 중 하나로 불리는 시커멓고 찐득한 탄화수소 혼합물을 접합재로 선택한다. 이 물질이 부드럽게 흐르는 상태가 될 때까지 접합재에 따라 90~160℃로 가열한다. 여기에 쇄석을 넣고 돌조각들이 모두 코팅될 때까지 섞어준다. 이 혼합물을 기반 재료까지 깔린 도로 위에 붓는다. 두껍게 층을 이룰 때까지 붓고, 되도록 빨리 롤러로 밀어서 평평하게 편다. 돌조각들이 울퉁불퉁 튀어나오지 않게 꾹꾹 눌러야 한다. 표면이 매끈해질 때까지 다지는 작업을 반복한다. 이제 도로가 완성되었다!

그렇다. 눈치 챘겠지만 도로는 결코 환경친화적이라고 할 수 없다. 도로 건설은 자재를 엄청나게 잡아먹는다. 어림 견적을 내봐도, 너비가 3.75m인 도로 1,000m당 타르가 거의 10톤씩 들어간다. 도로 건설 과정 자체도 지역 환경에 엄청난 영향을 미친다. 도로는 자연 수계를 바꾸고 야생 동물을 서식지에서 몰아낸다. 거기다 도로 공사에 동원되는 중장비는 화석연료로 움직인다.

도로는 환경을 더럽힌다. 하지만 도시들이 지속적으로 성장함에 따라 우리는 계속해서 더 많은 도로를 만들 수밖에 없다. 성장대로에 찬

물을 끼얹고 싶지는 않지만, 어떻게 계산해도 이 접근법은 전적으로 지속불가능하다. 다행히 여러 전문가에 따르면 도로의 파괴성을 줄이는 노력이 진행 중이다. 조금은 안심이 된다. 거기에 대해서는 이번 장 후반에 자세히 말하겠다.

이제 도로를 놓을 경로를 정했고, 도시 공학이 욕망하는 모든 자갈과 아스팔트도 확보했다. 우리가 도로를 놓을 곳은 다행히 평평하지만 대신 빌딩과 다른 장애물들을 피해 꺾어지고 구부러져야 한다고 가정하자. 적절한 차선 너비와 교차로 간격을 정하려면 기하학적 설계의 수학 원리를 따져야 한다. 이 주제만으로도 책 한 권이 너끈히 나오지만 본질만 말하자면 기하학적 설계란, 최대한 안전하고 편안한 운행을 위한 직선과 곡선의 이상적 조합을 찾는 것이다.

길이 바둑판처럼 격자를 이룬 뉴욕 맨해튼 같은 곳에 사는 사람은 직선 도로와 직각 교차로에 익숙하다. 도시 계획 측면에서는 격자상狀 도로망이 가장 이상적이다. 격자상 도로망은 운전자 행동을 예측하고 교통 패턴을 검사하는 데 용이하다. 하지만 길이 이렇게 반듯반듯하게 나 있는 도시는 의외로 드물다. 대개의 도시들에서는 갖가지 모양과 규모의 도로들이 혼재한다. 모든 도로의 목표는 교통의 흐름을 일정한 속도로 유지하는 것이다. 하지만 훌륭한 기하학적 구조만으로는 교통 체증을 막기에 부족하다. 왜 그런지는 곧 설명하겠다.

도로 건설을 위한 기본 사항을 파악하고, 건설 재료를 정하고, 설계에 들어갔다면 다음에 할 일은 무엇일까? 적절한 단계에 도로의 교통을 통제하고 감시할 방법도 강구해야 한다. 그런데 아직 고려하지 못한 것이 있다. 피할 수 없는 장애물을 만난다면 어떻게 해야 하나? 가령 강을 만난다면? 이 경우 우리에겐 두 가지 선택밖에 없다. 위로 가든가 아래로 가든가.

: 다리

다리에 유난히 감정적으로 몰입하는 사람들이 있다. 나도 그런 사람들 중 하나다. 솔직히 말해서 남 보기 민망할 정도로 다리를 좋아한다. 보는 각도에 따라 모습이 달라지는 것도 좋고, 발 아래로 느껴지는 감촉도 좋다. 변함없이 오래 가는 것도 대견하다. 무엇보다 다리는 형식과 기능의 완벽한 조합을 보여준다.

물론 다리가 다 멋진 건 아니다. 내가 봐도 흉물스러운 다리들이 있다. 지루한 다리들도 많다. 다만 오늘날 존재하는 모든 다리에는 몇몇 공학적 공통점이 있다. 그것이 이제부터 우리가 알아볼 내용이다. 다리에 대한 모든 사실은 고가도로, 고가철도, 육교에도 똑같이 적용된다.

본론에 앞서 전후 맥락부터 살짝 짚어보자. 역사를 통틀어 강은 문명의 탄생과 발달에 지대한 역할을 했다. 먹을 것을 제공하고, 물을 대주고, 왕래와 통상을 가능하게 했다. 한마디로 현대 인류 문명 건설의 최대 조력자였다. 그리고 동시에 최대 장애물이기도 했다!

강은 사람과 물자의 이동을 막는 천연 장벽이다. 우리는 강을 지근거리에 두려 애쓰지만 그렇다고 강이 항상 우리에게 호의적이었던 건 아니다. 강이라는 지리적 장벽을 넘을 수단이 없었다면 아마 고대 도시들은 우리가 아는 것과는 사뭇 다른 모습으로 발달했을 것이다.

물길을 횡단하는 데는 예나 지금이나 배가 최고다. 하지만 골짜기나 협곡을 만나면 꼼짝없이 먼 길을 돌아가야 한다. 다른 방도가 필요했다. 다리. 아득한 옛날부터 사람들은 쓰러진 나무 위로 강을 건넜고 통나무와 넝쿨, 나중에는 돌로 원시적 형태의 다리를 엮었다. 그러다 시간이 흐르면서 다리 건설 공법이 진지한 과학의 영역에 들어왔고, 방정식과 물리법칙들로 정의되었다.

나는 과학자로서 시시콜콜하게 정확한 것을 사랑한다. 하지만 과학자이기 전에 인간으로서 그런 접근법이 정나미 떨어지게 한다는 것도 잘 안다. 그래서 지금까지 건설된 모든 다리 유형들로 독자 여러분의 혼을 빼놓는 대신, 우리가 수많은 다리에서 보는 주요 특징들에만 집중할까 한다.

가장 전통적인 형교beam bridge부터 시작하자. 형교는 두 개의 기둥과 그 위에 수평으로 얹은 들보로 구성된다. 근처에 깡통 두 개가 있으면 간격을 두고 나란히 놓아보자. 깡통이 기둥(교각)인 셈이다. 두 깡통

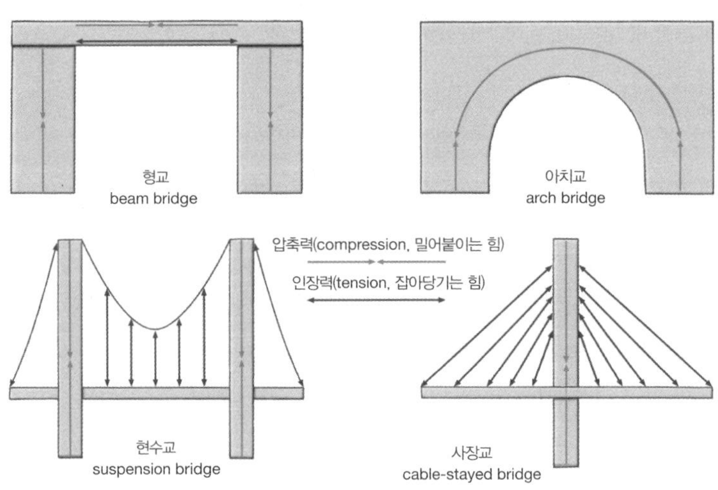

[그림 4.1] 다리의 종류

도시를 움직이는 모든 것들의 과학

에 걸쳐서 자를 얹어보라. 자가 다리의 들보(상판)이다. 짜잔, 형교가 완성되었다! 깡통들과 자를 단단히 붙이기만 하면, 상상의 미니어처 강을 건너기에 손색이 없다.

하지만 이 다리의 한중간에 무거운 것을 올려놓으면 들보 또는 상판이 휘기 시작한다. 휘다가 뚝 부러질 수도 있다. 다리를 실제 크기로 키워도 상황은 마찬가지다. 들보에 두 가지 서로 다른 응력stress이 작용하기 때문이다. 들보의 아랫면은 쭉 잡아당기는 힘을 받는다. 이것을 인장 응력tensile stress이라고 한다. 이와 동시에 들보의 윗면은 반대로 꽉 조이는 힘을 받는다. 이것은 압축 응력compressive stress이라고 한다. 이 두 가지 응력 사이의 끝없는 '밀당'이 다리의 성능과 지지력과 지구력을 정의한다.

형교의 경우 도로를 받치는 기둥 수를 늘리면 지지력이 좋아진다. 하지만 애초에 장애물을 건너뛰려고 다리를 놓는 건데, 중간에 기둥을 많이 세우다가는 자칫 배보다 배꼽이 커진다. 기둥을 몇 개까지 늘릴 것인가? 다리를 늘어놓다 보면 다리가 아니라 벽에 가까워진다. 들보를 더 강성 재료로 만들거나, 들보 위나 아래에 지지대를 더해서 다리 상판이 휠 가능성을 줄일 수 있다. 이 접근법이 산업혁명 초기부터 지금까지 널리 쓰였다. 효과는 입증된 셈이지만 이런 방법은 상판 길이를 그저 조금 더 벌어줄 뿐이다. 확실하게 굴곡진 뭔가가 필요하다. 그래서 아치교arch bridge가 등장했다.

엔지니어들은 3,000년 전부터 아치의 힘을 알았다. 이를 뒷받침하는 증거는 많지만 두각을 나타낸 건 역시 고대 로마였다. 로마 제국은 석교의 규모를 키울 수 있는 아치의 잠재력을 일찌감치 알았고, 이를 아주 장중하고 화려하게 써먹었다. 형교의 핵심이 압축력과 인장력 사이의 균형 잡기라면, 아치교의 특징은 구조 내에 압축력만 발생한다는 것이다. 압축력이 다리 구성요소들을 서로 꽉 조여주기 때문에 구조물 자체에 힘이 생겨 하중을 지탱하게 된다. 이것이 아치교가 아직도 세계 방방곡곡에 멀쩡히 남아 있고 여전히 건설되고 있는 이유 중 하나다.

아치교의 성공 비결은 아치 한가운데 박혀 있는 쐐기돌keystone이다. 명칭도 아주 적절하다. 이 돌은 쐐기 모양을 하고 있어서, 위에서 하중을 받으면 그 힘으로 양옆의 돌을 민다. 이런 식으로 힘이 아치의 양옆을 따라 아래로 흐른다. 아치의 양쪽 바닥에는 교대abutment라고 부르는 하부구조가 있다. 교대는 견고한 지면에 박혀 있어서 아치를 타고 내려온 하중을 지반에 전달함과 동시에 상부구조를 도로 밀어 올린다. 이렇게 서로 미는 힘이 아치의 구성요소들을 한층 단단하게 뭉치게 하고, 그 결과 다리가 한 몸으로 하중을 이긴다.

로마인들은 아치교를 건설할 때 임시 목재 틀로 다리를 지탱했다가, 일단 쐐기돌이 자리 잡으면 아치의 안전을 믿고 틀을 제거했다. 이런 단일 스팬span(교각과 교각 사이의 거리) 석조 아치교는 압축력에 의지하기 때문에 무한히 길어질 수가 없다. 아치 여러 개를 일렬로 연결하면 길이 확장에 얼마간 도움이 되지만 비용도 만만찮게 늘어난다.

로마인이 통짜 돌덩이로 아치교를 짓는 일은 드물었다. 그보다는 돌에 옷을 입히는 방식, 요즘 말로 하면 클래딩cladding 공법을 선호했다. 돌로 아치를 세운 다음, 구조물의 나머지 부분에는 뭉친 자갈과 모래 그리고 초기 형태의 콘크리트를 썼다. 세월이 흘러 산업혁명으로 물류

　　　　　　　도시를 움직이는 모든 것들의 과학

역량이 폭발하면서 튼튼한 다리를 보다 신속하고 저렴하게 건설할 니즈가 생겼다. 문제 해결사로 등장한 것은 철이었다.

1779년 잉글랜드 서부의 작은 마을에 세계적 명물이 탄생했다. 지금은 아이언브리지Ironbridge라고 불리는 세계 최초의 철골 아치교다. 지금 봐도 유려한 자태의 이 철교는 압축력을 이용한 전통적 아치교 설계를 철이라는 새롭고 가벼운 재료에 접목해서 제2의 철기시대를 열었다. 철은 훗날 강철 등 다른 소재로 대체됐지만 아치교 설계 원리는 달라지지 않았다. 다리 설계의 다음번 대도약은 아이언브리지에서 불과 200km도 떨어지지 않은 곳에서 이루어졌다.

1800년대 초만 해도 웨일스 본토와 앵글 시 섬을 가르는 메나이 해협을 건너는 방법은 페리뿐이었다. 하지만 메나이 해협은 폭이 좁은 대신 물살이 험해서 페리가 다니기에 위험했다. 폭이 가장 좁은 구간

[그림 4.2] 아이언 브리지

에 다리를 건설한다는 결정이 났지만 관계자들은 방법을 놓고 한참 골머리를 앓았다. 아치가 줄줄이 있는 연속교는 소중한 물길을 너무 많이 잡아먹을 게 뻔했다. 거기다 강둑을 따라 쓸려 다니는 모래층은 아치의 교대를 든든히 잡아줄 힘이 없었다. 그래서 공사감독을 맡은 토목공학자 토머스 텔퍼드Thomas Telford는 아치교 대신 사람들이 오래전부터 강을 건너는 데 썼던 방법, 밧줄다리rope bridge에 주목했다.

여러분이 상상하는 위태위태한 밧줄 설치물과 오늘날의 현수교suspension bridge 사이에는 외관상 많은 차이가 있다. 하지만 이면의 물리학은 같다. 둘 다 다리의 차도가 처음부터 끝까지 케이블이나 로프에 '매달려' 있다. 따라서 로프나 케이블을 위로 탱탱하게 잡아당기는 힘이 매우 중요하다. 생각해보자. 어째서 현수교는 자동차 수천 대가 연이어 지나가도 끄떡없고, 밧줄다리는 항상 출렁대는 걸까?

밧줄다리와 달리 현수교에는 다리 중간에 높다란 탑들이 버티고 서 있다. 차이를 만드는 건 바로 이 탑들이다. 이 탑들이 빨랫줄을 받치는 장대처럼 케이블을 받쳐서 다리에 구조적 강성을 준다. 일반적 현수교의 경우, '작은' 수직 케이블들이 다리 상판을 넓은 U자 모양의 메인 케이블에 연결한다. 수직으로 늘어져 있는 '작은' 케이블들을 서스펜더suspenders(현수재)라고 한다. 여기서 '작다'는 표현은 전적으로 상대적이다. 샌프란시스코 금문교의 서스펜더는 지름이 68.3mm나 된다. 거대한 만곡을 이루며 뻗어 있는 메인 케이블을 떠받치는 것이 아까 말한 교탑들이다. 웅장한 모습도 끝내주지만 이 교탑이야말로 다리의 하중을 책임지는 중추다. 교탑은 케이블들이 받는 인장력을 다리의 토대인 땅속 암반으로 전달해 압축력으로 바꾼다.

     도시를 움직이는 모든 것들의 과학

현수교 설계의 극치를 보여주는 다리를 꼽으라면 나는 샌프란시스코의 금문교를 꼽겠다. 특히 금문교 교탑들은 경이감을 일으킨다. 2015년 금문교를 처음 방문했을 때의 감격을 잊을 수 없다.

교탑들은 다리의 무게를 고스란히 떠받치면서도 샌프란시스코의 하늘을 찌르며 길고 늘씬하게 뻗어 있다. 이 강한 탑의 재료는 강철과 암석이다. 각각의 탑은 속이 빈 강철 박스들을 조밀하게 쌓아서 지었기 때문에 가볍지만 강하다. 빨대 다발을 생각하면 이해가 쉽다. 이 설계는 교탑이 케이블에서 전달받는 인장력에 꺾이지 않고 유연하게 대처하게 한다. 암석의 역할은 이보다 미묘하다. 밧줄다리를 설치해 보았거나 텐트를 쳐본 사람은 알겠지만, 단단한 고정지점을 찾는 것이 관건이다.

그러면 20,000톤이나 되는 케이블은 어디에 고정해야 할까? 메나이 현수교에 사용한 16개의 체인 케이블은 각각의 무게가 약 120톤이었

[그림 4.3] 금문교

다. 메나이 현수교의 경우 텔퍼드는 암반을 이용했다. 그는 해협 양편의 바위산에 각각 18m 길이의 터널을 뚫고, 터널 양쪽 끝에 강한 철골을 옴짝달싹 못하게 박아 넣은 다음, 바늘에 실을 꿰듯 현수교 주케이블의 양끝을 철골에 꿰고 거대한 볼트로 단단히 고정했다. 180년이 흐른 오늘날까지도 현수교 케이블을 붙들어 맬 때 이 방법을 쓴다.

사장교cable-stayed bridge는 현수교와 비슷하면서도 다르다. 사장교의 케이블들은 메인 케이블 없이 직접 다리 상판에 연결된다. 케이블이 인장력을 교탑으로 전달하는 것은 현수교와 같다. 다만 사장교는 현수교보다 케이블을 덜 쓰기 때문에 다리 무게가 덜 나간다. 그래서 더 우아하고 날렵한 구조가 가능하다. 내 맘대로 꼽는 '세상에서 가장 섹시한 다리' 두 개는 모두 사장교다. 더블린의 새뮤얼 베케트 브리지와 남프랑스의 미요 대교. 아직 모른다면 시간 될 때 인터넷에서 찾아보기 바란다. 시간이 아깝지 않을 것이다!

: 버티기

다리 건설에 가장 흔하게 쓰이는 재료는 당연히 강철판steel plate이다. 하지만 재료 마니아로서 내가 강조하고 싶은 것은 강철 케이블이다. 바깥에서 보면 교량 케이블은 그냥 한 덩어리 같지만 사실은 강철 줄 여러 가닥을 단단히 꼬아서 만든 것이다. 뉴욕 브루클린 브리지의 메인 케이블 각각은 강선 9,000가닥으로 이루어져 있다. 이래야 초강력 케이블이 완성된다.

통짜 강철을 현미경으로 들여다보면, 철과 탄소와 여타 원소들이 결정체를 이루며 배열되어 있다. 여기에 인장력을 가하면, 즉 한쪽 끝을

          도시를 움직이는 모든 것들의 과학

잡고 다른 쪽 끝에 무게를 가하면 결정체 사이의 결합이 깨진다. 하지만 강철을 세심하게 늘려서 강철 섬유로 만들면 결정체들이 일렬로 배열되고 결정체 사이의 결합이 강해진다. 다시 말해 강철 줄을 여러 가닥 꼬아서 만든 케이블이 같은 굵기의 통짜 강철 케이블보다 인장 강도가 월등히 높다. 목화솜일 때는 쉽게 뜯어지지만, 솜을 실로 자아서 만든 옷은 좀처럼 찢어지지 않는 면과 비슷하다.

오늘날 다리에 쓰는 케이블은 믿을 수 없을 정도로 강하다. 미요 대교의 경우 메인 케이블 각각의 파괴 강도가 25,000톤이나 된다. 엔진이 전속력으로 도는 점보제트기 25대를 막을 수 있는 힘이다.

다리를 지을 때 고려할 점은 이외에도 많다. 마천루를 올릴 때처럼 바람도 주요 고려사항 중 하나다. 바람이 다리 옆면에 부딪히면 바람이 동요해 에어포켓이 형성되고 주변 기압이 달라져서 결과적으로 다

[그림 4.4] 새뮤얼 베케트 브리지

리 상판의 일부가 바람에 살짝 들리거나 반대로 살짝 눌리는데, 이때 케이블과 교탑이 이 움직임에 반동 작용을 보인다.

1장에서 논했던 공진 현상, 기억나는가? 다리가 같은 진동수를 가진 바람을 만나게 되면 진동이 증폭하는 공진 현상이 일어난다. 1940년 공진 현상으로 무너진 미국 타코마 해협교의 붕괴 당시 영상을 보면 다리가 엿가락처럼 휘어지고 뒤틀리며 거대하게 요동친다. 다리가 잘못 설계되면 산들바람에도 다리가 찢어질 수 있다. (타코마 해협교의 경우 공진만이 붕괴의 원인은 아니었다. 다리가 흔들리기 시작한 것은 공진 때문이었을지 몰라도 다리가 붕괴한 것은 케이블이 끊어지기 시작했을 때였다)

차도교처럼 상판이 두꺼운 다리들은 특히 바람에 취약하다. 한 가지 방법은 상판 측면을 유선형으로 설계해서 바람이 상판 위아래로 무탈하게 흐르게 하는 것이다. 다른 대안도 있다. 상판 아래에 통짜 지지물을 놓는 대신, 강철 빔으로 만든 오픈박스를 써서 바람이 방해받지 않고 지나가게 하는 것이다. 다리 케이블에도 종종 방풍 처리를 한다. 그리스의 리오-안티리오 다리는 케이블마다 지느러미처럼 생긴 구조물이 감싸고 있어서, 이것이 공진의 증폭을 차단한다.

다리의 주재료가 강철이다 보니 부식도 바람 못지않게 심각한 문제다. 부식을 피하는 방법은 크게 두 가지다. 하나는 스테인리스강stainless steel을 쓰는 것이다. 스테인리스강은 강철 표면을 산화크롬으로 화학적 보호막을 씌운 거라서 녹이 슬지 않는다. 스테인리스강 숟가락에서 비릿한 쇠 맛이 나지 않는 것도 이 산화물 덕분이다. 그러나 스테인리스강의 가격은 보통 철강의 최소 네 배라서 이 방법은 종종 배제된다. 이보다 널리 적용되는 두 번째 방법은 철강에 도장하거나 코팅해서 바람과 비의 참화에서 보호하는 것이다. 하지만 이 일은 한 번 해서 끝나는 일이 아니다. 다리 관리팀에게 페인트칠은 영원히 끝나지 않는 작업이다.

그 외의 방법도 있다. 도로를 가로질러 놓인 다리가 벌겋게 녹슬어 있는 경우가 많다. 볼 때마다 걱정스럽다. 그런데 그건 관리 소홀 탓이 아니라 내후성 강재weathering steel, 즉 일부러 녹이 슬도록 고안된 강재를 썼기 때문일 가능성이 높다.

이 재료에 대해 알아보려고 국립물리연구소에서 함께 일했던 앨런 턴불Alan Turnbull, 일명 '부식의 신'을 만났다. 그의 설명에 따르면 이 특수강 표면의 녹이 피막을 형성해 산소와 습기가 강철에 닿는 것을 막는 차단 코팅 역할을 한다. 이 장벽이 녹을 완전히 막는 것은 아니지만 과정을 늦출 수는 있다. 경우에 따라 다르지만 내후성 강재의 부식률은 최소한의 유지관리만 요할 정도로 낮고 설계수명도 100년 이상이다. 특유의 안정성과 내구성 때문에 내후성 강재는 고속도로 구조물과 철도교에 자주 사용된다.

하지만 한계도 있다. "소금기는 부식을 촉진합니다. 해양 환경에는 내후성 강재가 적합하지 않다는 뜻이죠. 심지어 도로 제빙용 소금도 함부로 쓰면 문제가 되기 때문에 각별한 주의가 필요합니다." 내후성 강재는 재도장이 필요 없어서 유지보수 비용과 노력이 적게 든다. 적절한 조건만 만나면 더없는 재료다. 다만 녹이 생기면서 시간에 따라 외관의 색이 달라지는데 이것을 아름답게 볼지 지저분하게 볼지는 순전히 개인의 취향이다.

내식과 내풍은 다리 설계자들에게 일상의 근심이다. 여기서 끝이면 좋겠지만 도시에 따라 다리가 싸워야 할 더 큰 적이 도사리고 있다. 샌 프란시스코, 오사카-고베, 이스탄불, 멕시코시티, 자카르타 등은 지진 다발 지역이다. 밑에서 땅이 갈라져도 붕괴하지 않고 버티려면 다리를 어떻게 지어야 할까?

나는 샌프란시스코 베이 브리지의 재건 팀을 만났다. 베이 브리지는 1989년 지진으로 상판 일부가 붕괴한 후 최근 보수를 완료하고 다시 개통했다. 재건 팀은 새 다리는 같은 운명을 맞지 않을 것이라고 장담 한다. 책임기술자 브라이언 머로니Brian Maroney는 이렇게 말한다. "우 리의 궁극적 목표는 대규모 지진이 일대를 덮쳐도 다리의 통행을 유지 하는 겁니다. 비상 상황에 베이 브리지가 구명밧줄이 되어줄 겁니다."

이들이 다리의 내진 설계에 적용한 신기술 중 하나가 전단 연결 빔 shear link beam이다. 이 강철재는 교탑의 네 다리를 연결한다. 덕분에 지진 발생 시 다리들이 따로 놀면서 무질서한 지면의 움직임에 유연하 게 대처한다. 다시 말해 교탑의 다리들이 지진 에너지를 대부분 흡수 해서 궁극적으로 교탑에 치명적 손상이 가는 것을 막는다.

세계에서 가장 초현대적인 다리로 꼽히는 일본의 아카시 해협 대교 는 고베 시와 아와지 섬을 잇는 4km의 현수교다. 금문교의 교탑보다 세 배나 높은 100층짜리 교탑들이 지진 방어의 제1선을 담당한다. 각 각의 교탑에는 20개의 거대한 제동추가 있다. 고층빌딩의 내풍과 내진 설계에 이용하는 감폭 장치와 비슷하다. 지진 때문에 교탑이 한쪽으로 휘청하면 추가 반대 방향으로 움직여서 교탑의 자세를 바로잡아 교탑 이 넘어지는 것을 막는다.

거대한 다리를 점검하고 보수하는 일에도 많은 기술이 동원된다. 케

     도시를 움직이는 모든 것들의 과학

이블 안에 끊임없이 마른 공기를 주입해 부식을 최소화하고, 유지보수용 로봇들이 정기적으로 다리를 점검하고 재도장하고 수리한다.

이제까지 도로 건설과 다리 설계에 대해 살폈다. 다음은?

: 교통

우리 모두가 지겹게 겪는 일이 있다. 끔찍한 도심 교통체증. 차에 탄 사람들 모두 얼굴에 짜증이 가득하다. 신호등은 내가 도착하기를 기다렸다가 빨간불로 바뀌는 것 같다. 감질나게 가다 서다를 반복하면서 드는 생각은 하나다. "차 좀 잘 빠지게 하는 게 그렇게 어렵나?"

그게 좀 어렵다. 교통체증이 일어나는 이유 뒤에는 복잡한 수학 원리가 산더미처럼 도사리고 있다. 고속도로에 나가본 사람은 알겠지만 교통 혼잡이 꼭 교차로에서 일어나는 것만도 아니다. 신호등도 없는 고속도로에 왜 정체가 생기는 걸까? 가끔은 좁은 도로에 차가 너무 많은 것이 원인이다. 또는 앞에 사고가 났거나 도로 공사 중일 때도 있다. 그런데 뚜렷한 원인 없이 교통체증이 일어날 때도 많다. 별다른 이유도 없이 교통체증이 생겼다 풀렸다 하는 현상을 유령 교통체증phantom traffic jam이라고 한다.

수년 전, 일본 물리학자 몇 명이 원형 자동차 트랙을 빌려서 병목 지역이 없을 때의 교통 흐름을 조사했다. 실험에 참가한 23명의 운전자들은 시속 30km의 속도를 지키고 앞차와 안전거리를 유지하면서 계속 트랙을 돌라는 지시를 받았다. 하지만 이 체제는 금세 깨졌다. 얼마 안 가 어떤 차들은 정체되어 움직이지 않고 어떤 차들은 따라붙으려고 속도를 냈다.

이유는 놀랄 만큼 단순하다. 운전자들이 일정한 속도를 유지하기가 어렵기 때문이다. 누군가 너무 빨리 달리다가 속도를 바로잡으려고 브레이크를 걸면, 뒤에 오던 사람은 앞차의 급제동에 반응해 속도를 필요 이상 늦춘다. 그 뒤의 차도 마찬가지다. 이렇게 밀리는 효과가 물결 퍼지듯 연쇄적으로 다른 차들에게 전달되고 효과도 갈수록 증폭되다가 결국 도로는 꽉 막히고 만다.

붐비는 고속도로에서 한 사람만 브레이크를 세게 밟아도 그것이 '스타트-앤-스톱' 충격파를 일으키고 뒤로 확산시킨다. 도로에 극심한 정체 구간과 나름 흐름이 좋은 구간이 번갈아 나타나는 것은 이런 이유에서다. 《트래픽Traffic》의 저자 톰 밴더빌트Tom Vanderbilt는 "우리가 교통체증 안으로 들어가는 것이 아니라 교통체증이 우리 안으로 들어오는 것"이라고 했다.

미국 템플 대학교 수학자들이 연구한 결과, 교통체증 유발 파동(연구진은 이것을 재미톤jamiton이라고 부른다)은 심지어 모두가 완벽하게 운전할 때도 발생하는 것으로 나타났다. 교통량이 많은 도로에서 1차 파동이 일어난 후, 멀리 도로 뒤편에서 발생하는 2차 파동은 재미티노jamitino라고 한다. 꼬마 재미톤이라는 뜻이다. 이런 식으로 2차 파동은 3차 파동을 낳으며 번져나간다. 템플 대학교 벤저민 사이볼드Benjamin Seibold 교수에 따르면 "우리는 교통체증의 탓을 개개의 운전자에게 돌리지만, 수리적 모델링으로 분석하면 아무도 잘못하지 않은 상황에서도 교통체증 유발 파동이 발생할 수 있다."

수리적 모델링을 통해 교통체증이 어떤 조건에서 어떻게 일어나는지 연구하는 것을 재몰로지jamology라고 부른다. 이 용어를 처음 쓴 사

도시를 움직이는 모든 것들의 과학

람은 도쿄 대학교의 가츠히로 니시나리 교수다. 열차역에서 사람들이 늘어서고 움직이는 양상을 분석할 때도 같은 용어를 쓴다. 상황은 달라도 결과는 거의 언제나 같다.

병목이 없는 통로를 줄줄이 이동하는 엄청난 수의 일개미 떼는 절대 유령 교통체증의 마수에 걸리지 않는다. 왜 그럴까? 연구에 따르면 개미들이 서로간의 거리를 넓게 유지하기 때문일 가능성이 높다. 앞에서 돌발 상황이 발생해도 반응할 시간이 넉넉하기 때문에 개미들은 '급제동'을 거는 일이 별로 없다. 운전자들이여, 우리가 개미에게 배울 점이 한 가지 더 늘었다!

건물이 밀집하고 교통량이 많은 도심에서 교통 혼잡이라는 전쟁에 맞서는 우리의 주력 무기는 교통신호등이다. 신호등은 유색 LED(발광 다이오드)와 프레넬 렌즈라고 불리는 유리나 플라스틱 소재의 집광용 렌즈로 구성된다. 프레넬 렌즈는 표면이 매끈한 일반 렌즈와 달리 표면에 수많은 동심원의 홈이 나 있다. 빛이 홈을 따라 강제로 구부러지면서 LED 빛줄기가 흩어지지 않고 '또렷하게' 한곳에 모이기 때문에 멀리서도 식별하기가 쉽다. 프레넬 렌즈는 원래 등대용으로 고안됐지만 지금은 신호등 외에 자동차 전조등, 카메라 망원렌즈, 영사기 등에도 쓰인다.

신호등 디자인은 나라마다 달라도 신호등이 차가 있는지 감지하는 기술은 만국 공통이다. 어떤 신호등은 타이머로 점멸 시간이 '정해져' 있다. 이런 신호등은 교통 상황에 신경 쓰지 않는다. 이것이 교통을 통제하는 가장 기본적인 방식이다. 교통 정체가 늘 심한 곳에서는 이런 신호등으로 족하다.

이보다 발전된 접근법이 차량 발동 방식vehicle actuation이다. 차량 통행량에 따라 진행 신호(녹색 신호)와 정지 신호(적색 신호) 시간을 자동 제어하는 방식이다. 교차로의 교통이 정체되어 있으면 주변 신호등의 점멸 시간이 자동으로 조절되어서 꼬리를 물고 늘어선 차들에게 진행 신호를 연장해준다. 듣기에는 신기하지만 감지 과정은 의외로 단순하다.

가장 흔한 차량 감지기는 2장에서 말했던 전기와 자기력의 관계를 이용한다. 짧게 복습해보자. 금속 도선에 전류를 흘리면 도선 주위에 작은 자기장이 유도된다. 반대의 경우도 마찬가지여서 자기장 안에 철사를 넣어도 전류가 유도된다. 철선을 루프 모양으로 구부리면 전자기 유도 효과가 증폭된다. 이 유도 루프를 신호등 근처의 노면에 매설한다.

자동차(금속덩어리)가 유도 루프 위를 지날 때 유도 루프의 전기 흐름이 바뀐다. 도로가 비거나 자동차가 떠나면 유도 루프의 전기신호가 정상으로 돌아온다. 유도 루프는 이런 식으로 지속적으로 교통 흐름을 감지하고 일정 시간 동안 지나가는 차량의 수를 세어 이 데이터를 신호기로 전송하고, 신호기는 이 정보를 토대로 신호등 점멸 시간을 조절한다.

하지만 유도 루프도 지금은 구식이 됐고, 점진적으로 배터리 식 소형 자기 센서로 대체되고 있다. 자기 센서도 자동차 움직임에 따른 자기장 변화를 감지하는 방식은 비슷하다. 다만 데이터를 무선으로 전송하기 때문에 케이블이 필요 없다.

센서가 수집한 정보로 중앙교통관제센터의 손을 타지 않고 신호등

   도시를 움직이는 모든 것들의 과학

전환 패턴을 조정할 수 있다. 그러려면 몇 가지 단순한 규칙들이 사전 설정된 제어장치가 필요하다. 교통량이 감소할 때까지 또는 교차로의 다른 곳에서 상충되는 요구가 있을 때까지 진행 신호 시간을 계속 늘리라든가 하는 등 말이다. 하지만 런던처럼 신호등 수가 5만~6만 개에 이르는 대도시에서는 이 정도로는 충분하지 않다.

지난 1999년 크리스토스 파파디미트리우Christos Papadimitriou라는 그리스 수학자가 교차로 하나는 다루기 쉽지만, 교차로 수가 많아지면 한 군데를 건드릴 경우 다른 곳들에 연쇄적 파급 효과가 일어나기 때문에 다수의 교차점은 수학적 악몽이 된다는 것을 공식적으로 증명했다. 그의 증명을 전문 용어로 표현하자면 도시처럼 도로망이 거대하고 복잡하게 얽혀 있는 곳의 신호등 제어는 컴퓨터수리학적 난제computationally intractable다.

이는 완벽한 신호 체계를 위한 해법이 이론적으로 존재해도, 해를 구하는 데 너무 오래 걸려서 실용적이지 못하다는 얘기다. 다시 말해 돈을 쏟아붓고 컴퓨터 연산능력을 강화한다고 해서 해결될 일이 아니다. 우리가 할 수 있는 것은 적정 타협점을 찾는 것, 즉 교통을 가급적 원활하게 할 최적의 신호 패턴을 강구하는 것뿐이다.

실시간 신호 관리에 대해 알아보고자 나는 런던 교통국의 교통관제소를 찾아 전문가들의 설명을 구했다. 거기서 런던의 도로에서 데이터가 강처럼 흘러 들어오는 것도 보고, 붐비는 교차로의 감시카메라를 직접 제어해보기도 했다. 나는 교통 제어의 핵심은 교통국 슈퍼컴퓨터 안에 내장된 SCOOTSplit Cycle Offset Optimization Technique라는 복잡한 소프트웨어 시스템이라는 것을 알게 됐다.

다른 교통관제 시스템과 마찬가지로 SCOOT도 유도 루프와 자기력 측정기에서 들어오는 데이터를 이용해 도로 상황에 맞춰 최적의 신호 주기를 찾는다. 하지만 이름에서 느껴지듯 SCOOT는 단순히 녹색 신호 시간을 늘려주는 것 이상의 일을 한다. SCOOT는 다음의 세 가지를 지속적으로 측정한다.

- **할당**Split 녹색 신호 시간

- **주기**Cycle 녹색 신호에서 다음 녹색 신호까지 걸리는 시간

- **상쇄**Offset 녹색 신호와 적색 신호 사이의 간격(신호 대기 시간, 황색 신호 시간)

특정 교차로가 정체될 때, 또는 여러 교차로가 줄줄이 정체될 때, 신호등 제어장치가 무작정 진행 신호 할당만 늘리는 건 아니다. 위의 세 가지 설정을 일부 또는 전부 조정해서, 특정 구간의 교통 지체를 완화할 모든 방법을 찾는다. 이 작업을 실시간으로, 그리고 1년 365일 하루 24시간 끊임없이 수행한다.

런던 교통국 SCOOT 시스템 운영자인 글린 바튼Glynn Barton은 런던 토박이로, 애향심만큼이나 교통관제의 복잡함을 사랑하는 마음도 큰 남자였다. 바튼이 말했다. "우리만 SCOOT를 쓰는 건 아닙니다. 몇 군데만 예를 들자면 두바이, 케이프타운, 베이징, 산티아고, 미니애폴리스에서도 씁니다. 하지만 가능성의 한계를 확장하며 끊임없이 개선 사항을 찾고 있는 건 단연 우리 런던이라고 생각합니다."

런던 교통국 SCOOT 팀은 전원이 엔지니어이자 경험 많은 컴퓨터 모델링 전문가다. 이들에게는 데이터가 왕이다. 신호 주기 최적화에

도로에 설치된 센서에만 의지하지 않는다. 교통 감시 카메라로 들어오는 데이터도 디지털화해 지속적으로 훑는다. 도로망에서 움직임이 없는 구간이 포착되면 경보를 발령하고 해당 화면을 점검한다. 런던의 도로가 텅 비는 일은 거의 없기 때문에 움직임이 없다는 것은 곧 교통 정체를 의미한다. 이 데이터를 SCOOT에 입력해서 문제 발생 지역을 예측한다. 버스들의 GPS 데이터도 신호 변환을 최적화하고 교통량 증가를 감시하는 데 이용된다.

런던 교통국은 SCOOT 시스템을 통해 보행자와 자전거의 교통안전과 교통편의를 증진하는 방법까지 개척하고 있다. 바튼은 말한다. "교통 제어는 결코 자동차만을 위한 것이 아닙니다. 미래의 런던에는 보행로와 자전거도로를 이용하는 사람들이 지금보다 많아질 겁니다." 보행자와 자전거를 보호하는 기술에 대해서는 나중에 알아보기로 하고, 지금은 다음의 헤드라인을 좀 더 파보자. '런던 교통국은 SCOOT를 도시 전역으로 확대 적용함에 따라 최근 10년간 도로정체가 12% 감소했다고 밝혔다.'

이 헤드라인을 읽는 런던 사람들은 십중팔구 이렇게 생각할 것이다. "무슨 말도 안 되는 소리야. 길은 날이 갈수록 더 막히는데." 맞는 말이다. 대중교통 수단이 점점 확대되고 있지만 자동차로 런던에 진입하는 사람들의 수도 그 어느 때보다 많다. 이런 추세가 모든 도시에 해당되는 것은 아니지만 도시들 대부분에서 교통 혼잡은 여전히 심각한 문제다.

하지만 중요한 차이가 있다. 아직도 신호주기 사전설정 방식에 전적으로 의존하는 도시들은 교통량 증가에 따른 상시 도로 정체가 일상이 되었다. 반면 SCOOT처럼 보다 대응력 있는 시스템을 활용하는 도시들은 교통 제어장치가 실시간으로 설정을 변환해서 교통 지체 시간을 최소화하고 있다.

물론 우리의 도로는 여전히 혼잡하다. 하지만 적어도 자동차들이 흘러가기는 한다. 요점은 교통 흐름을 측정, 관찰, 최적화할 완벽한 방법을 찾아줄 마법의 버튼은 어디에도 없다는 것이다. 앞서 말한 대로 신호등 제어는 기가 막히게 복합한 수학 문제이며 뚜렷하고 실용적인 답이 없다. 또한 앞서 말했듯 운전자 한 명의 급제동이 나비효과처럼 도시의 교통 흐름에 영향을 미친다. 우리의 도로와 자동차들이 현재와 같은 모습인 한, 교통 혼잡은 우리의 도시를 언제까지나 괴롭힐 것이다.

하지만 절망하기에는 이르다! 메가시티의 미래에서 대세는 자율성이다. 무인 자동차driverless car(운전자 없이 주행하는 자율주행차)부터 자동제어 초고속열차까지 모든 것이 자율 시스템을 향한다. 광고 문구들이 사실이라면 이 기술들은 이전에는 상상하지 못했던 신뢰도, 타의추종을 불허하는 안전성, 무결점 무오류의 서비스를 제공한다. 물론 이는 두고 봐야 알겠지만 오늘날 도로가 기로에 있다는 것만큼은 분명한 사실이다.

미래의 무인 자동차는 지금의 도로와는 전혀 다른 인프라를 요한다. 또 그것이 실현되어야 제 기량을 제대로 발휘할 수 있다. 자율주행차에게 정지표시나 교통신호는 필요 없다. 그러나 중단기적으로(20년 정도?) 도로망을 대대적으로 갈아치울 수 있는 도시는 별로 없다. 한동안 도로는 양자 공존의 장이 될 가능성이 높다. 일부는 운전자 없이 자동

주행하는 차, 나머지는 사람이 운전석에 앉아 운전하는 차.

지금 우선 과제는 기존 도로와 다리와 교통 제어 시스템을 극적으로 개선하는 한편, 미래에도 대비할 방법을 찾는 것이다. 이 과제의 상당 부분을 데이터의 영리한 수집과 활용 그리고 능동적 자기학습 컴퓨터의 개발로 해결할 수 있다. 여기에 숙련된 교통 엔지니어들이 중심 역할을 하게 된다. 다만 그것이 어떤 역할일지는 아직 예상하기 어렵다.

내일

:

다른 것도 마찬가지지만 인프라의 앞날을 예측하는 것은 언제나 어렵다. 그중에서도 특히 도로의 미래는 예측 불허다. 도로는 독립적으로 작동하지 않기 때문이다. 도로는 사람과 장소를 연결하기 위해 존재한다. 그것이 도로의 유일한 존재 이유다. 따라서 도로 개선을 위한 기술은 그게 무엇이든 아스팔트 저 너머까지 영향을 미친다. 누구나 마음속에 미래 도시의 이미지가 있다. 여러분이 상상하는 미래의 도로는 어떤 모습인가? 그 모습이 과연 실현 가능한 것인지 지금부터 알아보자.

: 길 닦기

도로 건설과 관리는 더럽고 어렵고 위험한 분야다. 예쁘고 싸게 먹히는 호버카hover car(사람이 운전하지만 추진력을 이용해 공중에 떠서 움직인다)가 갑자기 개발되지 않는 한, 미래에도 메가시티들은 도로 없이는 기능하기 힘들다. 다행히 세계의 여러 연구자들이 이왕 만들 도로라면 가급적 환경 파괴 없이 지속가능한 방법으로 만들 방법을 찾고 있다.

인도 남부 마두라이 시의 라자고팔란 바수데반Rajagopalan Vasudevan 교수도 그런 연구자 중 한 사람이다. 대중에게 '플라스틱 맨'으로 불리는 이 부드러운 목소리의 화학자는 자신이 개발한 도로를 말할 때만큼은 흥분된 어조를 감추지 못했다.

인도에서 쓰레기는 환경 분야의 주요 쟁점이다. 지난 2009년 인도의 환경부 장관 자이람 라메시Jairam Ramesh가 "쓰레기 부문 노벨상이 있다면 인도가 맡아놓은 당상"이라고 개탄한 바 있다. 오늘날 인도에서는 매일 15,000톤 이상의 플라스틱 쓰레기가 발생한다. 그런데 바수데반 교수가 첨단 기술 없이도 쓰레기를 활용할 방법을 발견했다. 교수의 팀은 플라스틱 쓰레기로 도로를 건설한다. "80마이크로미터(0.08mm)보다 얇은 거라면 무엇이나 쓸 수 있습니다. 쓰레기봉투든 포장용 폼이든 상관없습니다. 모두 도로로 바꿀 수 있습니다."

바수데반 교수의 공정은 놀랄 만큼 간단하다. 먼저 폐플라스틱을 수거해서 깨끗이 씻고 잘게 썬다. 이 플라스틱 조각에 도로 보강용 자갈을 넣어서 150℃로 가열하면서 자갈이 마지막 하나까지 플라스틱으로 덮일 때까지 섞어준다. 이렇게 플라스틱 옷을 입고 광이 나는 자갈을 아스팔트에 추가해서, 기초 작업을 마친 도로 표면에 깔아주면 된다. 바수데반 교수는 자신이 개발한 폐플라스틱 대체물이 도로 공사에 들어가는 아스팔트를 15%까지 줄일 수 있다고 본다.

이 방법의 이점은 많다. 쓰레기 매립지에서 플라스틱을 치워주고, 믿을 수 없이 저비용인 데다가, 어떤 특수 장비도 요하지 않는다. 건설 자재의 일부를 폐기물로 대체함으로써 도로 건설이 환경에 주는 부담을 줄이는 것은 물론이다. 노면이 지탱할 수 있는 최대 하중을 결정하는

　　　　　　도시를 움직이는 모든 것들의 과학

마샬 안정도 시험에서 '플라스틱 혼합 도로'가 일반 아스팔트 도로보다 두 배 이상의 하중을 견디는 것으로 나타났다.

도로의 고질병인 포트홀pothole(도로가 깨져서 생긴 구멍)에 대해 묻자 바수데반 교수는 이렇게 말했다. "아직 단 한 개도 발견되지 않았습니다! 돌에 입힌 플라스틱 코팅이 돌과 아스팔트 틈으로 물이 침투하는 것을 막기 때문이 아닌가 생각됩니다. 포트홀은 도로의 미세한 균열 사이로 침투한 물이 얼었다 녹았다 하며 틈이 커지다가 생기거든요."

지금까지 건설된 바수데반 교수의 플라스틱 도로는 인도 11개 주에 걸쳐 장장 20,000km에 이른다. 거기서 그치지 않고 더 뻗어나갈 기세다. 나는 이런 프로젝트야말로 공학과 과학의 본령이라고 생각한다. 그의 접근법은 문제에 대한 해결책이 꼭 섹시하게 반짝여야 장땡인 건 아니라는 것을 증명한다. 거기다 두 가지 문제를 한 번에 해결하는 일석이조의 방법이라면 더할 나위 없다.

네덜란드 건설업체 볼커베셀스VolkerWessels는 아스팔트 대신 재활용 페트병으로 도로 포장용 고강도 플라스틱 평판을 만들어 친환경 도로를 건설하는 계획을 추진 중이다. 이 결과물에 대해 공식적으로 입수된 데이터는 아직 없는 것으로 봐서 대량 생산까지는 갈 길이 먼 것으로 판단된다. 하지만 시험 건설이 2018년에 예정되어 있다.

이보다 더 미래지향적인 시도도 있다. 프랑스에서는 미세조류로 만든 아스팔트를 개발 중이다. 2015년에 발표된 검사 결과에 따르면 미세조류 접합재는 일반 아스팔트와 비슷한 물리적 거동을 보이고, 비슷한 하중을 견딘다. 바수데반의 플라스틱 혼합 도로와 달리 이 작업은 매우 초기 단계라서 아직 많은 부분이 미지수로 남아 있다. 하지만 향

후 몇 년 동안 꾸준한 관심을 가지고 공백이 채워지기를 지켜볼 가치
는 충분하다.

: 다리 놓기

다리에 관한 가장 커다란 추세 중 하나는 건축 자재의 3D 프린팅이다.
2015년, MX3D라는 네덜란드의 스타트업이 암스테르담 운하에 로봇
기술과 3D 프린팅 기술을 이용해 보행자 전용 다리를 놓는다는 계획
을 발표했다. 실현되면 세계 최초로 3D 프린터가 출력한 다리가 된다.
MX3D가 개발한 3D 프린팅 로봇이 다리 한쪽 끝에서 건너편까지 강
철과 알루미늄 등의 금속 자재를 출력해가며 복합 구조의 철제 다리를
별도의 지지대 없이 공중에 그리듯 건설한다.

　이 기술의 핵심 요소는 컴퓨터로 제어하는 로봇 팔 끝의 용접 장치
다. 여기서 1,500℃로 가열된 금속이 한 방울씩 나와 미리 입력한 도
면대로 금속 구조물을 서서히 만들어나간다. 이 로봇 용접공을 이용해
작은 규모의 구조물들을 만드는 데는 이미 성공했지만, 실제 인도교를
건설하는 일은 전적으로 새로운 차원의 도전이다. 내가 야심만만한 프
로젝트를 좋아하기는 해도, 재료과학자로서 이 다리의 기계적 강도가
염려스럽지 않을 수 없다. 금속을 녹여 뽑아 굳히고, 굳힌 자리에 다시
금속을 더하는 방식으로 만든 구조물이 정말로 보행자들의 무게를 견
딜 수 있을까?

　확신할 수 없었다. 그래서 친한 친구이자 국립물리연구소의 선임 연
구과학자인 린지 채프먼Lindsay Chapman을 찾아갔다. 린지는 금속공
학자로 금속을 녹여 물리적, 화학적 성능을 알아보고 거동을 예측하는

데 전문가다. 3D 프린팅 다리는 린지에게도 간단히 답하기 어려운 문제였다.

"충분한 투자만 이루어진다면 이 다리가 현실이 될 것으로 믿습니다. 하지만 강철 같은 금속 합금은 몹시 복잡한 소재입니다. 특히 고온에서 가공할 때는요. 용접 부위마다 기계적 성질이 달리 나타날 가능성이 매우 높죠. 어떤 곳은 강하고 다른 곳은 약할 겁니다. 다리가 주어진 환경에서 제 기능을 다할지 확신하려면 구조 전체의 거동을 분명하고 확실하게 알아야 합니다."

MX3D의 다리는 암스테르담의 유명 홍등가가 있는 좁은 운하 위에 2017년까지 건설될 예정이다. 그때까지 개발팀이 할 일이 굉장히 많아 보인다. 모쪼록 무사히 결과물을 보고 싶은 마음이다.

3D 프린팅은 콘크리트의 세계에서도 전에 없던 바람을 일으키고 있다. 2014년 중국 건설업체 윈선Winsun이 24시간 만에 단층 주택 열 채를 프린트해서 조립했다고 발표했다.(솔직히 말해 주택보다는 정원 헛간에 가까웠다. 대단한 결과물이긴 하지만 어디로 보나 헛간 같았다) 그다음 해에는 같은 3D 프린팅 기술을 이용해서 지은 5층짜리 아파트 건물을 선보였다. 〈가디언〉의 기자 니콜라 데이비슨Nocola Davison는 해당 공정에 대한 자세한 기술 정보를 입수하는 것은 불가능했다고 썼다. "윈선이 사용한 3D 프린터는 '높이가 6.6m, 폭이 10m, 길이가 150m'에 달한다고 들었다. 확인은 허용되지 않았다."

우리가 분명히 아는 것은 윈선이 건설 자재로 시멘트, 섬유유리, 강철, 재활용 건축 폐기물을 섞어서 사용했으며, 콘크리트 양생을 24시간 안에 마쳤다는 것이다. 비슷한 기술이 도로와 다리 기둥과 벽에도 쓰일 수 있다. 하지만 아직은 중국 언론의 대대적 홍보를 그대로 믿기보다 기본적인 문제부터 짚어볼 필요가 있다.

영국 러프버러 대학교의 리처드 부스웰Richard Buswell 박사 팀은 3D 프린터로 출력한 콘크리트의 기계적 성능을 면밀히 조사했다. 조사 결과, 건축 자재를 일반 콘크리트와 비슷한 밀도와 강도로 출력하는 것은 가능했다. "관건은 이 품질을 유지할 수 있느냐입니다. 품질 유지가 가능해야 상용화도 가능합니다. 건축에서 3D 프린팅이 어느 규모까지 가능한지에 대해서는 좋은 사례들이 나오고 있습니다. 하지만 구조적, 미적으로 어떤 평가가 따를지는 아직 미지수입니다."

거기다 대개의 구조용 콘크리트는 보강재로 강철봉을 함께 쓰는데, 강철봉은 3D 프린팅 공정에 접목하기 쉽지 않다. 하지만 부스웰 박사는 그것도 향후 개발 노력에 따라 달라질 문제라고 장담한다. 내일의 도시에서는 3D 프린팅 건축이 언론 플레이의 거품이 쏙 빠진 실질적이고 안정적인 역할을 하게 될 것으로 믿는다.

콘크리트 구조물 관리에도 만만찮은 비용이 따른다. 유럽이 다리와 터널과 도로변에 있는 옹벽들의 유지보수에 쓰는 비용이 60억 유로(65억 달러)에 달한다는 분석이 있다. 네덜란드 델프트 공학대학교의 헨드리크 존커스Hendrik Jonkers는 자가 치유 콘크리트 분야의 세계적 권위자다. 놀랍게도 그는 건설 엔지니어가 아니라 미생물학자다.

그가 개발한 자가 치유 바이오 콘크리트는 시멘트와 골재뿐 아니라 특정 종류의 박테리아와 칼슘 기반 양분을 포함한다. 철근 콘크리트는 물에 매우 취약하다. 시간이 지나면서 콘크리트에 금이 가면 그 틈으로 물이 스며든다. 겨울에 물이 얼었다 녹았다 하면서 틈이 점점 더 벌

　　　　　도시를 움직이는 모든 것들의 과학

어지고, 안쪽의 보강용 강철봉까지 녹슬기 시작하면 문제가 심각해진다. 바이오 콘크리트는 균열이 발생해 물이 침투하자마자 캡슐이 녹고 박테리아가 깨어나 양분을 먹어치우며 번식을 시작하며 석회석(탄산칼슘)을 생성하고, 석회석이 서서히 굳으면서 콘크리트의 틈을 메운다.

다른 접근법도 있다. 기저귀에 쓰는 것과 비슷한 하이드로젤을 콘크리트에 균열이 발생했을 때 임시 충전제로 사용하는 방법이다. 그런가 하면 한국의 연구진은 미세 캡슐에 감광 접착제를 주입하는 방법을 개발 중이다. 콘크리트에 금이 가면 캡슐이 깨져서 접착 물질이 나오고, 이 물질이 자외선에 반응해 굳어진다. 멋지지 않은가? 이런 기술은 일반적으로 작은 균열만 메울 수 있다. 하지만 콘크리트 구조물의 수명을 늘려 손실 비용을 줄여줄 잠재력을 보인다. 미래의 도로에는 이런 기술들이 많이 쓰일 것으로 믿는다.

콘크리트는 제조 과정에 온실가스를 엄청나게 배출한다. 그러나 아직도 콘크리트가 건설업계에서 가장 보편적으로 쓰는 재료라는 것이 슬픈 현실이다. 3D 프린팅 건축 같은 시도들이 콘크리트 사용량을 줄이는 데는 분명히 기여하겠지만, 장기적 차원에서 보다 지속가능한 대안 마련이 필요하다. 다리 건설의 경우, 복합 재료composite material가 '대안'이 될 수 있다. 1장에 나왔던 탄소섬유도 탄소 원사 다발을 그물망처럼 짜고 에폭시라고 부르는 폴리머를 주입해서 만든 복합 재료의 일종이다.

탄소섬유 같은 섬유보강 폴리머는 항공우주 산업과 자동차 산업에서는 이미 널리 쓰이고 있다. 생산 비용은 높지만 금속보다 훨씬 가볍고 부식의 염려가 없다. 초고강도 재료로도 유명한데, 그 점에 있어서는 딱 잘라 말하기 어렵다. 섬유를 일정 패턴으로 엮어서 만든 것이라서 강도가 섬유 배열에 따라 달라지기 때문이다.

혹시 짜임이 있는 옷감으로 만든 옷을 입고 있다면 옷감을 짠 방향대로 잡아당겨 보고, 다음에는 비스듬히 잡아당겨 보라. 직물은 직조한 방향에 따라 늘어나는 정도와 양상이 다르다. 섬유보강 폴리머도 마찬가지다. 그렇다고 너무 걱정할 건 없다. 섬유보강 폴리머로 다리와 고가도로 기둥에 보강 공사를 할 때 이 방향성을 최대한 활용하는 방식으로 설계하면 된다.

2013년, 워싱턴 DC의 교량 엔지니어들에게 어려운 과제가 떨어졌다. 콘크리트 상판이 교통량의 무게를 이기지 못하고 무너져버린 한 유서 깊은 다리를 미래 경쟁력 있는 다리로 바꿀 방법을 찾으라는 것이다. 다만 다리의 '외관'에 대대적 변화를 가하는 것은 금물이었다. 다리 아래로 지나다니는 배들이 많아서 새로 만들 상판의 두께에도 한계가 있었다.

전담팀은 복합 재료에 눈을 돌렸다. 이들은 새 상판을 18cm의 유리섬유 강화 폴리머 층으로 보강했고, 이 방법으로 상판 무게를 엄청나게 줄일 수 있었다. 내구성은 내구성대로 높아진 새 상판의 무게는 옛날 상판의 1/4도 되지 않았다. 대신 비용이 곱절로 늘었다. 이것이 복합 재료의 가장 큰 단점이다. 전담팀은 언론에 비용은 다른 곳에서 줄일 수 있으며 더구나 새 상판에는 부식이 발생하지 않아 수명이 두 배라고 답했다.

하지만 부식이 없는 대신 다른 문제가 있다. 섬유보강 폴리머의 상당수는 자외선에 노출되면 분해가 일어난다. 그래서 햇볕에 의한 퇴색과 노화를 막기 위한 코팅 개발 경쟁이 본격화했다. 어쨌거나 전체적으로 봤을 때 복합 재료는 현재 건물 취약 부위의 보강재로 호평을 받고 있다. 다리 같은 공공 구조물에 실제로 사용되기 시작했다. 콘크리트 사용을 대체하고 감축하려는 노력과 맞물려, 이런 변통성 높은 보강재들이 핫하게 뜨고 있다.

: 전기 깔기

신개념 재료 외에 앞으로 어떤 기술이 도로에 적용될까? 전기차 맥락에서 본다면 다음번 대도약은 자기유도 방식 도로상 무선 충전in-road inductive charging이 될 가능성이 높다. 현재 한국 구미에서 무선 충전 전기버스를 시범 운행 중이다. 전자기기용 충전 매트를 도로 버전으로 확장한 기술이라고 할 수 있다.

12km의 시범 운행 구간에 내장된 센서들이 전기버스의 도착을 감지하고, 버스가 진입하면 노면 아래 매설된 자석이 작동해 자기장을 발생시켜 버스의 수신기로 자기력을 무선 전송한다. 버스 수신기는 이 자기에너지를 전류로 바꿔 배터리를 충전한다. 이 기술을 대규모로 확대 시행하면 충전소에 들러 충전할 필요 없이 주행하면서 실시간으로 또는 필요할 때마다 추가 충전할 수 있어서 전기차의 효용을 대폭 높일 수 있다.

뉴질랜드 오클랜드 대학교에서 독립한 헤일로Halo라는 벤처기업도 같은 충전 방식을 이용한다. 다만 버스만이 아니라 모든 전기차를 대상으로 한다. 버스 부대를 충전하는 것도 녹녹한 일은 아니지만 버스는 다 똑같다. 즉 배터리의 사양과 용량과 충전 요건 등이 동일하다. 다양한 차종의 전기차 모두에 적용할 수 있는 만능 단일 충전 시스템을 설계하는 것은 이보다 훨씬 어렵다.

현재의 전기차 업계와 시장에는 전체를 아우를 표준 설정이 없다. 제조사마다 나름의 시스템을 쓴다. 물 한 양동이로 병 열 개를 채운다고 상상해보자. 병 다섯 개는 동일하다(버스에 해당한다). 따라서 물을 어떻게 넣어야 할지, 얼마나 부어야 할지 정확히 안다. 다른 다섯 개는 희한하게 생겼고 제각기 모양도 다르다(서로 다른 차종의 전기차를 대변한다). 이들을 채우는 데에는 많은 계획이 필요하다.

헤일로의 기술은 '모두에게 맞는 하나의 옵션'을 추구한다. 2011년 미국의 통신설비업체에 매각된 이후 이들은 해당 기술을 자동차 충전 전용 주차장에 적용하는 방식으로 여러 도시에 점진 시행했고, 구미의 전기버스 충전 차로와 비슷한 방식의 확대 적용 방안도 구상 중이다. 유용한 미래 기술이 될지 귀추가 주목된다.

미국 교통국의 지능형 교통시스템 합동계획본부도 차량 충전 표준화를 모색 중이다. 올랜도, 디트로이트, 팔로알토 등 여러 도시에 '현장 속 실험실'을 여럿 세워서 커넥티드카connected car 연구에 대대적으로 투자한다. 커넥티드카는 자동차와 통신망을 융합한 것으로, 스마트폰이 인터넷에 연결된 전화인 것처럼 커넥티드카는 인터넷에 연결된 자동차다. 현재 여러 산학 협동 프로젝트가 미래형 '스마트 로드smart road' 인프라 개발에 박차를 가하고 있다. 스마트 로드는 도로와 자동차를 인터넷 통신망으로 결합한다. 자동차끼리, 그리고 자동차와 신호기와 교통 센서 사이에 양방향 소통이 가능해지는 것이다.

미래의 도로를 논할 때 빠질 수 없는 것이 태양광 발전이다. 몇 년

도시를 움직이는 모든 것들의 과학

전 솔라로드웨이스라는 작은 기업이 도로와 주차장의 노면을 아스팔트로 까는 대신 요철이 있는 육각형 태양전지판으로 덮는 아이디어로 매스컴을 탔다. 차선 같은 도로 표시는 전지판에 내장된 LED 등으로 대체한다. 겨울에 눈과 얼음이 도로를 덮어 발전 효율이 저하되는 것을 막기 위해 도로에 전열선도 아울러 내장한다. 그렇다. 이 도로는, 적어도 이론적으로는 길 위의 발전소다. 솔라로드웨이스는 프로토타입 출시 이후 미국 교통국의 재정 지원을 받았고, 2014년에 크라우드펀딩으로 220만 달러라는 거액의 자금을 모았다.

자가 발전 도로는 이미 있는 기술을 토대로 하면서도 잘만 하면 세상을 바꿀 수 있는 발상이다. 실용성이 관건인데, 아직까지는 부정적이다. 현실적으로 말해서, 자가 발전 도로 프로젝트와 이와 유사한 프로젝트들은 아직 답보다 의문을 많이 제기한다.

일단, 태양전지판 도로의 전기 생산량이 과연 얼마나 될까? 자동차가 다니는 길에 태양전지판을 깔면 옥상에 설치하는 것보다 당연히 발전 효율이 떨어진다. 자동차가 굴러다니기에는 안전할까? 표면이 매끈하면 자동차 타이어의 접지력이 떨어져 위험하고, 그렇다고 울퉁불퉁하면 태양광 흡수력이 떨어져 비효율적이다. 대형 차량이나 교통 밀집을 견뎌낼 만큼 튼튼할까? 이 도로가 자체 생산한 전기를 저장할 방법은? 비용은 효과적일까? 유지보수와 교체가 용이할까?

내가 부정적인 사람으로 보이는 건 안다. 내가 이 아이디어에 원칙적으로 반대하는 것은 아니다. 다만 지금으로서는 떠들썩한 주장들을 뒷받침할 만한 데이터가 없다. 실질적 데이터의 부재가 이 기술에 대한 관심을 잠재우지는 않았다. 2016년 프랑스 정부는 지방도로

1,000km 구간에 태양광 발전 도로 와트웨이Wattway를 개통했다. 네덜란드에서는 자전거길에 같은 시도를 했다. 기존 자전거길의 70m 구간에 태양전지가 내장된 콘크리트 평판을 깔고 그 위를 강화 유리로 덮어서 솔라로드SolaRoad라는 이름의 태양광 발전 자전거길을 시범적으로 구축했다.

유리라고 다 미끄럽다는 법은 없다. 개발팀은 상세 거칠기 검사를 수행해서 아스팔트와 비슷한 질감의 노면을 만들었다. 개통 후 첫 6개월 동안 솔라로드는 70m 구간에서 3,000킬로와트시가 넘는 전력을 생산했다. 한 가구가 1년간 쓸 수 있는 전기 양이다. 태양광 발전 도로의 수명과 발전량은 교통량에 따라 다르겠지만 전망이 나쁘지는 않다.

가로등과 도로표지에도 중대한 변화가 일어나고 있다. 최근 네덜란드의 어느 소도시 부근 고속도로에 야광 도로가 출현했다. 가로등을 없애고, 대신 어둠 속에서 빛을 내는 페인트로 차선을 칠한 것이다. 학창 시절 가지고 놀았던 네온 페인트와 달리 이 특수 페인트는 낮에 태양광을 흡수했다가 최대 8시간 동안 빛을 내뿜는다. 물체를 비추던 빛을 제거해도 물체가 장시간 빛을 내는 인광phosphorescence 현상을 이용한 것인데, 페인트 분자가 다른 빛은 반사하고 특정 파장의 빛만 흡수한다. 야간에 이 도로에 나서면 1982년에 제작된 SF 영화 〈트론Tron〉에 걸어 들어온 느낌이 든다.

야광 조명은 심심찮게 뉴스 헤드라인을 장식한다. 2015~2016년에는 발광성 나무, 식물, 미세조류를 활용하는 방법들이 유행처럼 등장했다. 미생물과 곤충의 발광 DNA를 식물에 이식해서 가로등을 대체한다는 야심찬 발상이다. 하지만 캄캄한 거실에 켜놓은 TV 불빛에 의

　　　　　　　　　　　도시를 움직이는 모든 것들의 과학

지해 물건을 찾아본 경험이 있는 사람이라면 이 발상들의 실효성에 의구심이 가지 않을 수 없다. 그렇다. 이런 불빛은 방의 윤곽을 대충은 보여줄지 몰라도 물건을 찾거나 물건을 피해 요리조리 다닐 정도로 밝지는 않다. 야광 차선이 과연 가로등을 대체할 수 있을까? 이론적으로는 나도 이 기술의 팬이지만, 솔직히 실효성에는 좀 회의적이다.

매스컴을 많이 타는 또 하나의 기술은 차량의 유무를 센서로 감지해서 밝기를 자동 조절하는 도로 조명이다. 항상 분주한 도로에는 필요 없지만 도시 외곽이나 시골의 한산한 도로에는 제격이다. 요즘 떠들썩하게 광고하는 첨단 조명 기술들은 다 좋은데 대부분 광량 감소를 수반한다. 이것이 교통안전에 미칠 영향을 생각하지 않을 수 없다. 2012년 뉴질랜드에서 시행된 한 조사에 따르면 가로등 밝기를 조금만 높여도 차량 접촉사고부터 보행자 사상사고까지 모든 종류의 사고가 줄어드는 것으로 나타났다. 어떻게 하면 밝은 조명이 주는 안전 편익과 에너지 절약의 두 마리 토끼를 다 잡을 수 있을까?

답은 차세대 광원 LED다. 이미 도시의 많은 가정이 백열등이나 형광등을 LED등으로 교체했다. LED는 반도체 물질을 이용해서 전기에너지를 빛에너지로 바꾸는 소자를 말한다. 교통 조명 전문가 마이크 재킷Mike Jackett은 이렇게 말한다.

"LED는 도로를 밝히는 방식에 큰 변화를 가져왔고 앞으로도 변화의 중심에 있을 겁니다. LED 조명은 수명이 길고, 에너지 효율이 좋고, 밝기 조절이 가능하고, 모듈식이라 확장성이 있고, 자연광에 가까운 백색광을 냅니다. 대대적 변화를 가져올 기술이죠."

최고 품질의 LED등은 넓은 스펙트럼의 밝은 빛을 낸다. 햇빛과 비숫하기 때문에 황색을 띠는 나트륨등보다 우리 눈에 편하다.

나는 마이크에게 조명의 미래를 조금이라도 추측해보라고 졸랐다. 알다시피 엔지니어들은 추측을 싫어한다. 마이크는 이렇게 말했다. "언젠가 전체 도로망이 자율주행차 기반이 되면, 도로 조명 자체는 오로지 보행자 안전 용도로만 존재하게 됩니다. 다만 가로등 기둥은 다른 스마트 기술들의 거점으로 활용될 가능성이 높습니다." 세계적 통신설비업체 시스코의 닉 크리소스Nick Chrissos도 이 의견에 전적으로 동의한다. "도시들은 예외 없이 커넥티드 라이팅Connected lighting(인터넷과 연결되어 사람과 환경에 유기적으로 대응하는 조명 시스템)의 구현을 노리고 있습니다. 도로의 차량 수에 따라 조절되는 조명은 이미 현실에 근접해 있습니다." 어쨌거나 도로의 미래는 밝아 보인다는 뜻으로 접수했다.

: 보행자

눈을 감고 내일의 도로를 그려보자. 도로가 어둠 속에 빛난다. 3D 프린터로 출력한 도로다. 이 도로는 전력을 자체 생산해서 전기차들을 실시간 충전한다. 우리가 무엇을 상상하든 미래에는 교통량이 중요한 변수가 되어 도로와 차가 지금보다 훨씬 유기적으로 작용하게 된다.

하지만 도로에 늘어나는 자동차와 버스만 생각하는 교통관리는 반쪽짜리다. 도시마다 보행자와 자전거도 거리들을 누비고 채우며 무섭게 증가하고 있다. 이제는 도시의 교통 취약 계층, 즉 엔진 없이 다니는 사람들을 도울 기술들을 살펴보자.

앞서 우리는 런던 교통국의 SCOOT 시스템을 만났다. 내가 이 시스템 운영자인 글린 바튼을 면담한 날은 그가 자전거를 위한 새로운 프로젝트를 막 시작했을 때였다. 자전거를 타다가 자동차와 충돌사고로 목숨을 잃는 사람들이 많다. 바튼의 팀은 이들의 안전을 도모하는 차원에서 전파 탐지와 열화상 탐지를 결합한 Cycle-SCOOT 시스템을 선보였다. 이 시스템은 자전거의 교차로 접근을 감지하거나 자전거 운행이 많은 도로를 감지하면 교통 신호를 조절해서 녹색 신호를 연장한다. 시험 운용 단계지만 효과가 좋으면 런던의 자전거 이용자들은 교통 신호 체계에서 공식적으로 유리한 '출발선상'에 서게 된다.

유사 시스템으로 시험한 결과, 횡단보도에 대기 중인 보행자의 수를 파악하는 것도 가능하다는 결론이 나왔다. Ped-SCOOT라고 부르는 이 시스템의 핵심에는 입체 촬영 카메라가 있다. 이 카메라에는 렌즈 두 개가 마치 사람의 눈처럼 약간의 간격을 두고 나란히 붙어 있다. 잠시 정면을 보다가 양쪽 눈을 번갈아 가려보라. 방의 모습이 살짝 다르게 보일 것이다. 사람은 이 두 가지 이미지를 합쳐서 세상을 3차원으로 보고 사물과의 거리를 파악한다.

횡단보도에 부착한 카메라에 이 원리를 적용하면, 카메라가 신호를 기다리는 보행자의 수를 정확히 셀 수 있다. 만약 대기 중인 보행자의 수가 특정수를 초과하면 신호등이 횡단보도의 녹색 신호를 자동으로 연장한다. 횡단보도에 기다리는 사람이 없거나 누군가 횡단 요청 버튼을 누르는 경우에도 시스템이 이를 감지해 시간을 재설정한다.(외국에는 사람이 많이 다니지 않는 길의 경우, 누군가 횡단보도에서 버튼을 눌러 요청하는 경우에만 횡단보도의 신호등이 녹색으로 바뀐다. 우리나라는 이 버튼을 '보행자 작동신호기'라고 부른다_옮긴이)

Ped-SCOOT는 현재 런던 전역으로 확대 시행 중이고, 다른 도시들도 도입할 예정이다. 이쯤에서 내가 수없이 받았던 질문을 하나 더 소개한다. 횡단보도의 '요청 버튼'은 과연 필요한가? Ped-SCOOT가 횡단보도에 설치되면 버튼이 있을 필요가 없다. Ped-SCOOT가 없을 때는 두 가지 중 하나다. 대개의 도시들에서 혼잡시간대에는 보행자 횡단 신호 주기가 고정되어 있다. 즉 버튼이 필요 없다. 한산한 시간대에는 누군가 버튼을 누르지 않는 한 횡단보도의 신호등이 녹색으로 바뀌지 않는다. 결론은 이렇다. 버튼이 보이면 무조건 누른다.

각 도시는 자전거와 보행자에게 다른 우선순위를 적용한다. BBC 보도에 따르면 암스테르담 같은 도시의 경우 도로 교통의 최대 70%가 자전거로 이루어진다. 자전거 전용도로에 대한 막대한 투자 덕분이다. 여러 스타트업이 늘어나는 자전거 이용 인구를 겨냥한 신기술 개발에 나섰다. 헤드업 디스플레이를 지원하는 헬멧부터 자전거 이미지를 몇 미터 앞에 투사하는 조기 경보용 전조등까지 종류도 다양하다.

미래 도시라고 해서 무조건 자동화 기계 문명을 생각하면 곤란하다. 미래 기술의 핵심에는 보행자를 위한 과학과 공학도 있다. MIT 에이지랩AgeLab 연구자들이 '노령에 따른 신체 기능 저하'를 경험할 수 있는 슈트를 개발했다. 목 보조기, 시야 제한용 고글, 무게추 등이 딸린 슈트를 입으면 관절이 뻣뻣해지고 눈이 침침해지고 움직임이 둔해진다. 고령화 사회에 맞는 도로와 보도를 설계하는 데 이용된다.

너무 생각만 앞서 가는 것도 위험하다. 향후 20년 안에 도로의 차들이 예외 없이 모두 완전 자율주행차가 된다고 믿는 사람들이 많지만 나는 그에 대해 회의적이다. 앞서 잠깐 언급했고 다음 장에서 본격적으로 논하겠지만, 무인 자동차가 현실화되고 있기는 해도 당분간은 무

도시를 움직이는 모든 것들의 과학

인 자동차가 인간이 모는 자동차와 도로를 공유해야 한다. 이것이 이 분야 관계자 모두에게 던져진 과제다.

고장 난 신호등을 만났을 때 인간 운전자들은 서로 눈치껏 조심하며 빠져나갈 수 있다. 하지만 컴퓨터 자동차에는 눈치를 프로그래밍할 수 없다. 적어도 아직은 못한다. 자전거와 보행자 입장에서는 완전 자율 주행차가 더 안전하다는 것이 업계의 중론이지만, 아직까지 실험으로 검증된 바는 없다.

이런 혼돈 속에서 머지않은 장래와 먼 미래의 간극을 메워줄 것은 데이터뿐이다. 특히 교통 감시와 관리에 있어서 다음 단계로 할 일은 환경에서 '끝없이 배우는' 시스템을 개발하는 것이다. 실측 데이터를 컴퓨터 프로그램에 다시 반영해서 데이터 처리의 정확성을 끝없이 끌어올리는 것이다. 나는 학습 컴퓨터에 대해 더 알아보려고 영국 사우샘프턴 대학교의 사이먼 복스Simon Box 박사를 만났다.

복스 박사는 사람에게서 배우는 교통 제어 시스템을 개발 중이다. 인간의 시대는 사실상 끝났으며 컴퓨터가 거의 모든 분야에서 인간을 능가하는 인공지능의 시대가 멀지 않았다고들 한다. 하지만 복스 박사에 따르면 그것은 사실과 거리가 멀다. "시간이 너무 많이 걸려 컴퓨터로 답을 찾는 것이 불가능한 문제들도 있습니다. 교통관제가 그중 하나죠. 우리가 할 수 있는 최선은 적정 타협점을 찾는 겁니다. 가능한 가장 좋은 답의 근사치를 찾는 거죠. 그리고 그런 일은 인간이 더 잘합니다."

이 개념을 실현하기 위해 복스는 사람들이 가상 도로망을 '플레이'하는, 컴퓨터게임과 비슷한 인터페이스를 고안했다. 플레이어는 자동차들의 교차로 통과 양상을 한동안 지켜보다가 교통 흐름을 개선하는 방향으로 교통신호 전환 주기를 이리저리 변경한다. 이때 컴퓨터는 플레이어의 전략들을 포착해서 어떤 전략이 효과적이고 어떤 것이 그렇지 못한지 파악한다. 성공적 전략은 교통 최적화 프로그램에 입력되고 그때마다 프로그램이 진화한다.

유망한 모델이기는 한데 아직은 한계가 있다. 지금까지는 교차로를 세 개 포함하는 작은 도로망에서만 효과가 검증됐다. 런던 교통국이 이 모델의 실용성을 타진하고 있어서 스스로 학습하는 교통 신호등을 보게 될 날이 멀지는 않은 듯하다. 물론 인간으로부터 약간의 도움과 격려가 필요하겠지만.

이것도 상대적으로는 단기적 비전에 속한다. 무인 자동차가 실질적 대세가 되는 시점이 오면 도로망도 완전히 재설계되어야 한다. 정보를 받을 '운전자'가 없는데 신호등과 정지 신호와 도로 표시선이 무슨 소용이란 말인가? 무인 자동차 시대에 도로의 역할은 자동차가 굴러다니기 좋은 반듯하고 튼튼한 노면을 제공하고, 사방에 센서를 내장해서 자동차간 커뮤니케이션 플랫폼으로 기능하는 것뿐이다. 여기에 관한 자세한 이야기는 다음 장에서 하기로 하자.

: 보도

너무나 오랫동안 보도는 그저 우리가 걸어다니는, 수동적 표면 그 이상도 이하도 아니었다. 보도는 그냥 가만히 깔려 있기만 했다. 하지만 미래에는 보도도 우리를 위해 일하게 된다. 기왕 깔려 있는 김에 전기라도 생산하게 된다! 벌써 압전 재료를 개발하고, 도로 포장용 평판과 열차역의 고무 바닥타일에 적용해서 실험에 들어갔다. 압전

　　　　　　　　　　도시를 움직이는 모든 것들의 과학

piezoelectric은 그리스어로 '누르다piezo'와 '전기electrum'를 결합한 단어다. 압전 재료는 누르거나 뭉개는 등 압력을 가하면 소량의 전기를 생성하는 소재다. 출근자가 몰리는 도쿄의 열차역 두 곳에 시범 적용 중이다. 누가 들어도 솔깃한 아이디어다. 하지만 그럴수록 회의론자의 모자를 쓰고 헛된 꿈을 예방할 필요가 있다.

에너지란 원래 공짜가 없다. 전기를 얻었다면 그 전기를 만들기 위해 어디에선가 다른 에너지를 끌어다 썼다는 뜻이다. 압전체가 바닥에서 긁어모으는 전기에너지는 사람들의 발걸음에서 온다. 사람들의 운동에너지는 그들이 먹은 음식에서 온다. 압전체가 전기를 생성하려면 소재 자체가 약간 구부러져야 하기 때문에 발걸음 수확용 평판은 발 밑의 느낌이 약간 푹신하거나 말랑하다. 무른 땅이나 모래밭을 걸어야 했던 때를 떠올려보자. 단단한 지면을 걸을 때보다 힘이 든다. 왜? 나의 운동에너지를 땅이 야금야금 빼앗고 있기 때문이다!

이미 많은 업체가 에너지 수확용 도로 포장재energy harvesting paving slabs 생산에 나섰다. 일부는 오로지 압전 재료만 활용하고, 다른 일부는 압전 재료에 발전 장치를 결합한다. 하지만 관련 업체 모두 자사 제품의 작동 원리에 대해 극도로 말을 아끼는 바람에 조사하는 데 애를 먹었다.

대신 이들의 다양한 홍보 내용에 의하면 발이 평판을 5mm 압축할 때마다 최대 8와트의 전기가 생성된다고 한다. 얼른 생각해봐도 좀 부풀려진 수치라는 느낌이 들지만, 뭐 일단은 그렇다고 치자. 8와트에 가까운 전력을 얻으려면 평판이 1초에 두 번 압축되어야(밟혀야) 한다. 세계에서 가장 붐비는 열차역의 피크타임에나 가능한 일이다. 그 정도 전력으로 무엇을 할 수 있을까? 대충 야간등 하나의 전력 소비량과 비슷하다. 결코 많다고 할 수 없는 양이다.

쓸 만한 양의 에너지를 모으려면 압전성 바닥타일로 광대한 지역을 덮어야 한다. 거리 전체에 적용하거나 열차역의 중앙 홀에 깔아야 한다. 하지만 지금으로서는 비용이 너무 높아서 그런 규모는 상상하기조차 어렵다. 자신의 에너지를 제공하는 대가로 이용객들이 열차표 할인을 요구하고 나서지 않을까 하는 걱정까지 스멀스멀 올라온다.

오해 없기 바란다. 나도 압전 타일 개념이 획기적이라고 생각한다. 그리고 앞으로 압전에너지 수확을 위한 시스템이 많이 등장할 것으로 믿는다. 다만 광고를 다 믿지는 않는다.

: 공기

캘거리는 오랫동안 캐나다 석유 산업의 중심지였다. 그런데 이 화석연료의 본고장에서 카본엔지니어링이라는 신생 기업이 조금 다른 미래를 겨냥하고 있다. 바로 공기에서 이산화탄소를 씻어내는 미래다. 이산화탄소의 대기 중 농도는 상대적으로 미미하지만(0.04%) 끝없이 신문지상을 오르내리며 무서운 존재감을 발한다(대기 중 이산화탄소 분자와 질소 분자의 분포는 약 1:2,000이다). 특히 지구 온난화에 따른 기후 변화의 주범으로 꼽힌다.

그렇다고 이산화탄소가 백해무익한 것은 아니다. 한편으로는 지구 생물체의 생명활동에 필수적이다. 학교 생물 시간에 배웠다시피 식물과 조류는 햇빛과 물과 이산화탄소를 이용해 양분을 합성하고, 그 과정의 부산물로 산소를 공기 중에 내뿜는다. 식물의 광합성은 지구의

도시를 움직이는 모든 것들의 과학

자연적 탄소 순환의 일부로, 32억 년 동안이나 대기와 대양과 생태계 간의 탄소 교환을 조절해왔다. 이산화탄소는 태양열이 대기 밖으로 날아가는 것을 막아서 지구 표면의 온도를 유지한다. 그런데 인류가 산업시대로 진입해 화석연료를 태워대기 시작하면서 대기 중 이산화탄소 농도가 비정상적으로 높아지고 탄소 순환의 균형이 깨져 지구 온도에 빨간불이 켜졌다.

한마디로 말해 우리는 모두 탄소로 이루어져 있다. 생물이 죽어도 이산화탄소는 사체에 갇혀 있다. 동식물의 유해가 오랜 세월에 걸쳐 화석화한 것이 석탄, 석유, 천연가스 같은 화석연료다. 따라서 화석연료의 주성분은 탄소다. 화석연료를 태우면 그 안에 잡혀 있던 이산화탄소가 대기 중으로 방출된다.

카본엔지니어링 사가 대기 중 이산화탄소 농도의 상승세를 꺾는 데 일조할 방법을 고안했다. 나무가 하듯 공기에서 이산화탄소를 직접 추출하는 방법이다. 나란히 늘어선 송풍 장치가 공기를 빨아들여 물결 모양의 플라스틱판 사이로 통과시킨다. 플라스틱판들은 수산화칼륨으로 코팅되어 있다. 수산화칼륨은 공기 중 이산화탄소와 결합해 탄소 함량이 높은 액체를 생성한다. 몇 단계의 화학적 공정을 거쳐 이산화탄소만 기체 형태로 포집되고 공기의 나머지 성분은 대기로 돌려보낸다. 그런데 이 기술이 도로와 무슨 상관이 있다는 걸까?

카본엔지니어링의 사장인 데이비드 키이스David Keith 교수에 따르면 "이 기술은 자동차와 트럭과 비행기 같은 이동 오염원이 배출하는 이산화탄소를 포집하는 데 효과적이다. 이동 오염원이 현재 전체 탄소 배출량의 60%를 만든다". 하지만 카본엔지니어링 사의 공기 포집 시스템 설계자인 제프 홈즈Geoff Holmes의 포부는 이보다 크다. "우리의 목표는 전면적 규모 확장입니다. 연간 100만 톤의 이산화탄소를 포집하는 공장을 목표로 합니다."

미국 환경청에 따르면 승용차 1대가 평균 4.7미터톤의 이산화탄소를 뿜어낸다. 이를 토대로 계산하면 카본엔지니어링의 미래 공장은 도로에서 자동차 약 213,000대분의 배기가스를 없애는 것과 같다. 카본엔지니어링 사의 추산치는 이보다 조금 더 높아서, 이들은 자동차나 트럭의 평균 이산화탄소 배출량을 3톤으로 본다. 이를 토대로 계산하면 카본엔지니어링의 시스템은 도로에서 자동차를 30만 대 없애는 효과를 내게 된다.

2장에서 논했듯 미래 도시의 당면과제는 어렵게 개발한 기술들을 하나의 의미 있는 선으로 엮어서 생태계처럼 유기적으로 작동하는 뭔가를 만드는 것이다. 카본엔지니어링 사의 기술은 의심할 여지 없이 대단하다. 하지만 이는 기후 변화라는 거대하고 복잡한 문제에 대한 해답이 아니라, 그 해답을 구성하는 한 부분일 뿐이다. 그것도 성공했을 때 이야기다.

이제 미래는 엿볼 만큼 엿본 것 같다. 우리는 도시의 도로들을 따라가 보았고, 여러 상징적인 다리들에 올라가 보았다. 내일의 도로와 다리는 어떻게 달라질까? 그 변화를 주도할 연구들도 살폈다. 이제는 운전 장갑을 끼고 차에 오를 때다.

자동차, 탈것의 혁명

아무리 환상적인 도로망이 있어도 거기를 누빌 자동차가 없다면 무슨 소용이겠는가? 저마다 꿈꾸는 차가 있다. 마음속 가상현실 속에서 나는 녹색 애스턴마틴 스포츠카를 몬다. 여러분의 꿈의 차는 무엇인가. 캐딜락? 롤스로이스? 페라리?

브랜드는 각기 달라도, 자동차의 기본 구조는 동일하다. 버스와 트럭과 밴도 크게 다르지 않다. 물론 10톤 트럭의 배기관이 소형 해치백에 맞을 리 없다. 하지만 그건 단지 크기의 문제일 뿐이다. 근본적으로 도로 주행 차량은 종류를 불문하고 모두 사람이나 재화를 나르기 위해 존재한다. 그래서 이제부터 나는 모든 차량을 일괄적으로 '자동차'라고 부르겠다. 이 책에서 자동차는 타이어와 엔진이 있는 모든 것을 의미한다.

이를 염두에 두고 자동차의 DNA를 분석해보자. 무엇이 자동차를 부릉부릉하게 할까? 이번에도 우리는 여러 전문가를 만나 설명과 정보를 얻는다. 대략적인 외관은 지금이나 30년 전이나 달라진 것이 없지만, 한꺼풀 벗겨보면 자동차는 그동안 소리 없는 변혁을 끊임없이 해왔다. 하지만 지금까지의 변혁은 앞으로 일어날 일들에 비하면 새발의 피다. 우리가 여기서 자동차를 논하는 이유는 전 세계 도시들의 모습을 빚는 데 자동차가 지대한 역할을 해왔기 때문이다.

오늘

:

자동차 문화는 제2차 세계대전이 끝나면서 본격적으로 형성되었다. 이때 미국 제조업계가 군수산업 체제에서 벗어나 처음으로 시장가격의 대량 생산 자동차를 만들기 시작했다. 1950년대 말까지 미국의 자동차 수는 두 배 이상 늘어났고, 미국인 여섯 명당 한 명이 직간접적으로 자동차 산업에 종사했다. 같은 기간 영국은 세계 최대의 자동차 수출국이 되었고, 전후 도로망 구축 사업은 도시 거주자의 생활 속에 자동차의 입지를 단단히 굳혔다.

근래 들어 대중교통수단이 본격적이고 대대적으로 보급되면서, 많은 분석가가 이제는 도시 생활과 자가용의 등식관계가 깨졌다고 말한다. 이 견해에 동의할지 여부는 각자 어느 도시에 사느냐에 따라 달라질 것 같다. 베이징에는 현재 500만 대 넘는 개인 승용차가 있다. 주민 네 명당 1대 꼴이다. 런던은 가구의 절반 이상이 1대 이상의 차를 보유하고 있다.

명실공히 도로 여행의 나라인 미국의 경우는 어떨까? 언뜻 보기에는 통계가 평판을 뒷받침하는 것 같다. 전국적으로 미국 가정은 놀랍게도 92%가 차를 소유하고 있다. 거의 집집마다 차가 있는 셈이다. 하

     도시를 움직이는 모든 것들의 과학

지만 이 동향이 미국의 도시 지역에까지 고루 해당되는 것은 아니다. 뉴욕 시민의 자동차 보유율은 오히려 런던과 비슷하다.

공용 또는 상업용 차량의 경우는 통계가 다양하게 나타난다. 미국의 트럭 수(광범위하게 정의해서 타이어가 여섯 개 이상인 모든 차량)는 2007년 이래 꾸준히 800만 대 선을 지키고 있다. 런던에서 운행 중인 버스는 2014년 3월 기준으로 9,300대가 넘었고, 이 수치는 지난 5년간 꾸준히 증가했다. 베이징의 버스 수는 계속 늘어 19,000대에 육박했지만 2008년 이후에는 거의 변화가 없다. 결론적으로 도로에서 자동차가 줄어드는 감은 있지만, 버스와 트럭의 수만큼은 늘면 늘었지 줄지 않았다.

하지만 도시민의 자가용 보유율 감소가 단지 대중교통수단의 발달 때문만은 아니다. 자동차 공유 제도의 보편화가 큰 역할을 했다. 미국, 캐나다, 영국, 유럽 대륙의 여러 도시에서 카클럽car clubs이 전례 없는 속도로 확대되고 있다. 카클럽은 렌터카보다는 이웃 간 공용차에 가깝다. 카클럽에 가입해서 자동차를 필요할 때만 예약제로 쓰는 방식이다. 여전히 자가용을 구입하는 사람들도 전보다 차를 오래 쓴다. 2013년 말 미국에서 운행 중인 차량의 평균 나이는 11.4년이었다. 1995년에 비해 3년 늘어났다.

자동차의 변화를 말할 때 차령뿐 아니라 증체mass gain라는 개념도 짚고 넘어가지 않을 수 없다. 1950년대와 1970년대 사이에 미국 차는 지속적으로 간소화 과정을 거치며 매년 차체 무게가 감소했다. 그러다 다음 30년 동안은 이 추세가 느려졌다. 기름 값이 떨어지면서 자동차 소유에 따른 경제적 부담이 줄었고, 이에 반응해 제조사들은 자동차에 다시 이것저것 붙이기 시작했다. 결과적으로 오늘날의 자동차 평균 무게는 1975년 수준과 거의 같은 약 1.8톤이다. 더 크고 더 안락한 자동차를 원하는 심리가 한몫했고, 오늘날의 안전규정을 충족하기 위해 추가된 부품들의 영향도 컸다.

하지만 자동차가 무게만 늘어난 건 아니다. 엔진 출력도 엄청나게 높아졌다. 그것도 연료 소비율은 낮추면서 얻어낸 기특한 결과다. 이제는 연비가 자동차의 정의이자 기술력의 수준이 되었다. 간단히 말해 오늘날의 자동차가 전보다 무거워진 건 사실이지만 무게 증가분에 비해 역량의 증가분이 훨씬 크다. 전보다 빨리 가속하고, 같은 연료로 전보다 많은 일을 하고, 전보다 이산화탄소를 적게 배출한다.

거기다 연료 자체의 다변화도 이루어져 지금은 도로에 화석연료로 달리는 자동차만 있지 않다. 하이브리드카와 전기차가 인기를 얻고 있다. 유럽연합 집행위원회의 자료에 따르면 바이오 연료bio-fuel(바이오매스, 음식물 쓰레기, 축산폐기물 등을 열분해하거나 발효시켜 만들어낸 연료)가 유럽에서 소비되는 전체 수송 연료의 약 5%를 차지한다. 독일과 이탈리아와 덴마크는 여기서 한 걸음 더 나갔다. 세 나라는 연료전지fuel cell(수소와 산소의 화학반응으로 전기를 발생시키는 배터리)로 주행하는 차들을 위해 상당수의 수소 충전소를 세웠다. 이 기술들 모두 이미 상용화되었고, 나아가 미래의 표준 기술이 될 것으로 기대된다. 이들 신개념 연료들이 어떻게 작동하는지 알아보자.

: 연료

아직은 가솔린(휘발유)과 디젤(경유)을 연료로 하는 자동차가 절대 다수다. 둘이 합쳐 2012년 영국 자동차 시장의 98.5%를 차지했다. 그러니 가솔린과 디젤부터 시작하는 것이 좋겠다. 간단히 말해서 가솔린엔진이나 디젤엔진은 연료에 내재한 화학에너지를 운동에너지로 바꾼다. 이 에너지 변환은 내부 연소라는 과정을 통해 이루어진다.

1861년에 이름도 거창한 알퐁스 외젠 보드 로샤Alphonse Eugène Beau de Rochas라는 프랑스 엔지니어가 최초로 내연기관의 원리를 개발하고 특허를 취득했다. 내연은 소량의 고에너지 연료high-energy fuel(연소 온도가 높고 추진력이 큰 연료)를 밀폐된 공간에 주입하고 거기에 점화할 때 생기는 폭발적 에너지를 자동차의 동력으로 삼는 방법이다.

이런 대충의 설명으로 만족할 사람도 있겠지만 친애하는 독자들을 위해 조금 더 자세히 풀어보겠다. 내연기관이 작동하기 위해서는 일단 안전하게 점화할 가연성 연료가 있어야 한다. 가솔린과 디젤 모두 이 요건에 부합한다. 화학적 구성이 비슷하니 놀랄 일도 아니다. 둘 다 탄소와 수소 원자로만 구성된 탄화수소 화합물이다. 다만 탄소 원자의 결합 형태에 따라 종류가 나뉜다. 탄화수소 연료는 원유를 정제하는 과정에서 얻어진다.

디젤기관의 발명자는 독일의 기계기술자 루돌프 디젤Rudolf Diesel이다. 그는 증기기관(대표적 외연기관)보다 안전하고 효율적인 내연기관을 만들고자 기존의 점화장치 대신 압축 점화 방식의 엔진을 개발했다. 관건은 새로운 엔진에 적합한 연료를 찾는 거였다. 그는 석탄가루 등 다양한 연료를 실험했고, 그 과정에서 식물유를 연료로 실험하는 등 시대를 앞서가는 미래지향적 면모를 보였다. 실제로 1900년 파리 만국박람회에 땅콩기름을 쓰는 엔진을 출품하기도 했다.

내연기관을 상업적 성공작으로 만든 사람은 독일 엔지니어 니콜라우스 오토Nikolaus Otto였다. 오토는 연료가 점화되기 전에 압축되면 에너지 방출이 훨씬 극적으로 일어난다는 것을 알아냈다. 때로는 너무 극적이어서 문제였다. 초창기 엔진 개발자들이 연료 폭발로 죽음 일보 직전까지 가는 일이 비일비재했다. 압축 점화 시 연료의 반응을 결정하는 것이 연료의 옥탄가다. 따라서 옥탄가는 연료의 성능을 말하는 척도로 통한다.

옥탄가가 정확히 무엇인지 설명하기 전에 엔진의 작동 원리부터 알고 넘어가자. 4행정 엔진four-stroke engine을 기준으로 설명하겠다. 네 단계로 작동하기 때문에 이런 명칭이 붙었다. 가솔린엔진의 경우 작동 순서는 흡입-압축-폭발-배기다.

- **흡입suck** 엔진 실린더 안으로 공기와 소량의 연료가 들어간다.
- **압축squeeze** 실린더 안의 피스톤이 오르내리면서 혼합가스(공기+연료)를 작은 부피로 압축한다.
- **폭발bang** 점화 플러그가 불꽃을 일으켜 실린더 안의 혼합가스에 불을 붙인다.
- **배기blow** 혼합가스의 폭발이 피스톤을 내리누른다. 피스톤이 실린더 바닥을 치면 공기 흡입구가 다시 열리고, 연소가 완료된 가스가 배기 밸브를 통해 밖으로 배출된다. 이 주기가 반복된다.

연료에서 최대한의 동력을 얻으려면, 즉 엔진이 실용적이려면 이런 작은 폭발이 매분 수백 번씩 일어나는 시스템이 필요하다. 자동차에 실린더가 여러 개 있는 것은 그래서다. 가령 아우디 V8의 엔진은 실린더 여덟 개짜리 엔진, 즉 8기통 엔진이다. 그렇다면 연료의 옥탄가는 이

　　　　　　　　　　　도시를 움직이는 모든 것들의 과학

맥락에서 어떤 역할을 할까? 잘못 아는 사람들이 많은데, 옥탄가는 해당 연료의 에너지 함량과는 아무 상관 없다. 연료가 발화하지 않은 채로 얼마나 압축을 견디느냐와 상관있다. 옥탄가가 높을수록 점화 시점을 늦출 수 있어서 점화 시점을 보다 완벽하게 제어할 수 있고, 점화 시 폭발력이 더 강하다.

옥탄가가 높은 연료는 주로 가솔린엔진에 쓰고, 옥탄가가 낮은 연료는 주로 디젤엔진에 쓴다. 가솔린엔진과 디젤엔진의 작동 방식에 중요한 차이가 있기 때문이다. 디젤엔진은 공기+연료 혼합가스를 압축하는 것이 아니라 공기만 압축한다. 흡입 단계에서 실린더로 들어간 공기가 압축 단계에서 뜨거워진다. 이 고온의 압축 공기에 연료(디젤)를 분사해서 폭발을 일으킨다. 옥탄가가 낮은 연료에 적합한 방식이다. 연료를 불꽃이 아니라 압축 공기의 열로 점화하기 때문에 디젤엔진에는 점화 플러그도 없다.

엔진의 성능 저하와 고장을 막으려면 무엇보다 엔진에 맞는 연료를 써야 한다. 옥탄가가 낮은 연료를 가솔린엔진에 쓰면 노킹knocking 현상이 일어난다. 운행 중 엔진에서 노크소리 같은 소음이 발생하는 것인데, 연료가 이상적인 점화 시점보다 앞서 폭발하기 때문에 일어나는 일이다. 그렇게 되면 연소 주기가 흐트러져 불완전 연소가 일어나고, 결국에는 엔진 고장으로 이어진다. 반대로 디젤엔진에 옥탄가가 높은 연료를 쓴다고 엔진 성능이 좋아지는 것도 아니다. 엔진은 설계 취지에 맞는 연료를 써야 제 성능을 발휘한다. 이에 반하는 어떤 말도 믿지 말자.

이제부터는 연료 종류에 상관없는 공통사항이다. 실린더에 연결된

크랭크축은 피스톤의 상하 왕복 운동을 연속적 회전 운동으로 바꾼다. 이 회전 운동이 자동차의 바퀴를 돌린다. 클러치는 엔진에서 바퀴로 전달되는 동력의 양을 조절한다. 클러치는 세 부분으로 구성되는데, 이 세 부분의 연동 작용이 엔진과 크랭크축 사이의 마찰 스위치 역할을 해서 변속이 가능해진다.

운전자가 클러치 페달을 밟으면 세 부분이 분리되어 엔진에서 바퀴로 가는 동력이 차단되므로 주행 중에 안전하게 변속할 수 있다. 클러치 페달에서 발을 떼면 세 부분이 다시 하나로 합체되어 움직이며 엔진 동력을 다시 바퀴로 전달한다. 자동차는 이 단계들을 결합해서 연료를 운동으로 바꾼다.

하지만 문제가 있다. 제아무리 성능이 좋은 엔진도 연료의 화학에너지를 한 방울 남김없이 전부 운동에너지로 전환하지는 못한다. 전부는커녕 일부만 이용한다. 나머지는 대개 열에너지로 유실된다. 충격과 실망이 크겠지만, 다행히 이 폐열을 활용하는 방법이 있다. 거기에 대해서는 잠시 후에 살펴보기로 한다.

디젤 자동차든 가솔린 자동차든 자동차에 없어서는 안 될 부품이 하나 있다. 바로 촉매 컨버터catalytic converter다. 촉매 컨버터는 엔진에서 발생하는 유해가스들이 덜 유해한 배기가스로 변하도록 촉매 작용을 하는 장치다. 빽빽한 흰색 스펀지처럼 생겼고, 백금 또는 팔라듐으로 얇게 코팅되어 있다. 이 백금 또는 팔라듐이 촉매 물질이다. 자동차가 주행을 시작함과 동시에 연료가 여러 기체로 분해되어 배기관을 통해 이동하다가 이 촉매 스펀지에 이른다. 거기서 기체들이 촉매제를 만나 화학반응을 일으킨다.

　　　　　　　　　도시를 움직이는 모든 것들의 과학

이 화학반응으로 기체 내의 여러 유해 성분이 분해된다. 폐질환과 스모그와 산성비의 원인으로 알려진 질소산화물은 질소와 산소로 분해되고, 폐에 들어가면 산소 공급을 막아 심하면 사망에 이르게 하는 일산화탄소는 이산화탄소로 전환된다. 이산화탄소도 공기 중에 나와서 좋을 건 없다. 하지만 일산화탄소 같은 유해가스에 비하면 엄청난 진전이다. 이 기술은 1970년대 이후 크게 달라진 것이 없다. 거기다 컨버터에 쓰는 촉매 물질의 가격이 최근 급등했다. 이 글을 쓰는 현재 백금의 가격은 1g에 약 28달러나 한다. 촉매 컨버터도 슬슬 업데이트할 때가 됐다.

: 플러그

도로에 하이브리드카와 완전 전기차가 날로 늘어가면서 대도시들이 공공 배터리 충전 허브에 투자하고 있다. 명칭에서 알 수 있듯 완전 전기차는 내연기관이 아예 없다. 전기차는 주로 세 가지 부품에 의지해서 굴러간다. 전원에 연결해서 충전하는 배터리, 전자장치를 모아놓은 박스인 컨트롤러, 물리적으로 바퀴를 돌리는 전기모터. 일반 자동차에서 엔진이 하는 일을 전기모터가 맡고, 가솔린이나 디젤이 하는 일을 배터리가 하는 셈이다.

어떤 차를 몰든 운전자는 가속페달을 통해 엔진에 명령을 넣는다. 속도를 올리고 싶으면 가속페달을 지그시 밟아서 더 많은 연료가 실린더로 들어가게 한다. 전기차의 경우는 가속페달이 자동차의 지휘본부에 해당하는 컨트롤러로 연결된다. 컨트롤러는 배터리의 전압을 관리하고, 페달에서 전달되는 데이터를 읽고, 전기신호를 지속적으로 계산하고 조정해서 모터가 바퀴를 구동하는 데 필요한 절차를 밟는다. 간단히 말해 전기차는 배관과는 관계없고 배선과 관계있다.

가솔린과 디젤을 쓰는 차들도 시동을 걸 때와 조명 장치와 에어컨 등의 전장품에 전력을 댈 때는 배터리를 쓴다. 하지만 전기차는 배터리가 곧 연료다. 배터리가 떨어지면 어디도 가지 못한다. 따라서 전기차의 관건은 배터리팩의 설계다. 본격적인 설명에 앞서 배터리의 작동 원리에 대해 잠깐 복습해보자.

배터리의 핵심은 결국 전자의 흐름이다. 각각의 전지는 세 가지 구성요소를 가진다. 음극(환원 전극이라고도 한다), 양극(산화 전극이라고도 한다), 그리고 두 전극 사이에 있는 전기전도성 액체 물질, 이른바 전해질이 그것이다. 음극은 전자가 남아돌아서 음전하를 띠고, 양극은 전자가 모자라서 양전하를 띤다. 배터리의 음극과 양극이 모두 한 장치에 연결되면 전자가 음극에서 흘러나와 전해질을 통과해 양극으로 간다. 2장에서 말했듯 이 전자의 흐름을 유전기라고 한다.

배터리의 성능과 수명은 전극과 전해질의 재료에 달려 있다. 책상 서랍에 굴러다니는 값싼 AAA건전지의 전극은 주로 아연과 탄소로 만든다. 노트북컴퓨터에 들어가는 비싼 배터리는 대개 리튬 기반이다.

아무리 비싸고 좋은 배터리라도 쓰다 보면 방전되기 마련이다. 전기차가 인적이 없는 곳이나 교통체증에 갇혀 있을 때 이런 일이 일어나면 낭패다. 이 때문에 배터리 용량 문제는 여전히 전기차의 최대 걸림돌이다. 더구나 전기차 배터리는 엄청나게 비싸다. 전기차 전체 가격의 1/3을 잡아먹을 정도다. 성능 면에서 현재 전기차 시장을 선도하는 것이 테슬라모터스가 개발한 '세계 최초의 프리미엄 일렉트릭 세단' 테

　　　　　　　　　　　　　　도시를 움직이는 모든 것들의 과학

슬라 S다.

세계 최대의 전기차 전문 생산업체 테슬라 모터스는 일런 머스크가 거느린 여러 기업 중 하나다. 2장에 등장한 천재 과학자 니콜라 테슬라의 이름을 땄다. 테슬라 S는 앞서 말한 리튬이온 배터리를 쓴다. 노트북컴퓨터가 보통 4~6개의 리튬 전지를 쓰는 데 반해 테슬라 S에는 1대당 6,831개가 들어간다! 이 글을 쓰는 현재, 이 회사의 최고 성능 배터리팩은 1회 충전에 435km를 주행한다. 죽여준다.

하지만 마케팅 문구를 다 믿지 않듯 이런 수치를 접할 때도 반신반의의 정신이 필요하다. 435km라는 주행거리는 완벽한 운전과 다른 차량도 바람도 없는 완벽하게 닦인 길을 가정해서 나온 수치다. 현실에서는 주행거리가 이에 못 미친다. 어쨌거나 이 정도가 현재 업계 최고 수준이다.

[그림 5.1] 테슬라 S의 차대와 배터리 팩

대개의 전기차는 주행 중 배터리 충전을 위해 회생제동regenerative braking이라는 시스템을 쓴다. 일반 자동차는 브레이크를 밟을 때마다 자동차의 운동에너지가 브레이크 패드에 의해 마찰로 전환되고 결과적으로 자동차가 정지한다. 이와 달리 회생제동 시스템이 적용된 전기차의 경우는 운전자가 브레이크를 밟으면 전기모터가 후진해서 바퀴의 속도를 줄인다. 이때 전자기 유도 현상 덕분에 전기모터가 역작동하면서 발전기로 전환된다. 감속 에너지를 전기에너지로 회수해서 자동차 배터리로 다시 넣는 것이다.

전기차 배터리의 1회 충전당 주행거리를 늘리고 생산 비용을 낮추

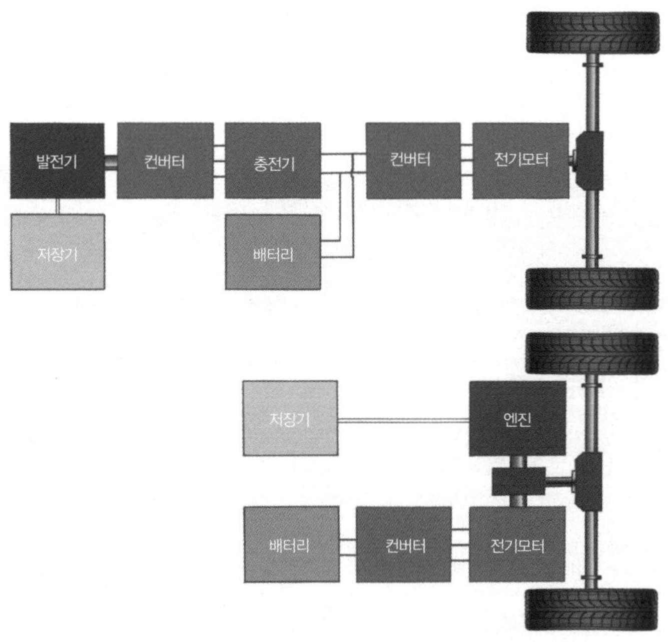

[그림 5.2] 위는 병렬식 하이브리드 시스템이고, 아래는 직렬식 하이브리드 시스템이다.

　　　　　　　　　　　　　도시를 움직이는 모든 것들의 과학

는 장족의 진보가 이어지고 있지만, 완전 전기차에게 저공해 친환경 명찰을 붙여주기에는 아직 갈 길이 멀다. 박수 받을 자격이 있는 것은 아직까지는 하이브리드카다. 하이브리드카는 연료 자동차의 내연기관과 전기차의 전기모터를 모두 가지고 있는 자동차를 말한다. 가장 유명한 하이브리드카 제조업체는 도요타다.

2015년 7월 도요타는 하이브리드카 800만 대 판매를 달성했다. 이 회사의 하이브리드 차종 프리우스Prius는 정확히 말하면 병렬식 하이브리드 자동차다. 내연 엔진으로도, 전기모터로도 달릴 수 있는 차다. 두 동력원 중에 선택해서 쓰거나 동시 사용도 가능하다. 다른 옵션으로 직렬식 하이브리드 방식도 있다. 이런 차는 내내 배터리로 주행하고, 함께 탑재한 소형 내연 엔진은 내부 발전기를 돌리는 데만 쓴다. 발전기에 내연 엔진을 연결해서 전기를 만들고 이를 배터리에 저장해서 전기모터를 돌리는 식이다.

그럼 어떤 것이 더 나을까? 직렬식 하이브리드는 운행이 단순하고 엔진 효율이 높다. 하지만 배터리가 대규모로 필요해서 가격이 올라간다. 병렬식 하이브리드는 복잡한 시내 주행과 탁 트인 도로 주행이 반반인 운전자에게 유용하다. 도시처럼 배기가스 배출량을 줄여야 하는 곳에서는 배터리 동력으로 달리다가 속도를 높여야 할 때는 내연 엔진으로 전환하면 된다. 배터리팩이 상대적으로 적게 탑재되기 때문에 그만큼 비용은 줄지만 충전의 부담이 있다.

하이브리드 시스템이 꼭 승용차만을 위한 건 아니다. 2016년 중반을 기준으로 1,700대의 하이브리드 이층버스가 런던의 거리를 누비고 있다. 전체 버스의 1/5에 해당한다. 런던 하이브리드 버스는 반은 직렬식이고 반은 병렬식이다. 런던 교통국에 따르면 지금까지 두 가지의 성능 차이는 대동소이하다고 한다. 그런데 직렬식 엔진과 병렬식 엔진의 성능을 혼합한 엔진을 설계하는 것도 가능하다. 이른바 '하이브리드-하이브리드' 시스템이다.

이 시스템은 (효율 증대용) 저속 직렬식 하이브리드이자 (출력 증대용) 고속 병렬식 하이브리드처럼 작동한다. 아직은 개발 초기 단계지만 기존의 하이브리드 시스템 모두를 능가할 잠재력이 있다. 하이브리드카는 대중교통 이외의 영역에서도 성공을 거두고 있다. 세계적 화물 · 우편 운송회사 페덱스FedEx도 전 세계 물류망에 걸쳐 하이브리드 밴의 사용을 확대하고 있고, 헤비듀티heavy-duty 차량 업계에서도 10여 개 제조사가 하이브리드 차량을 출시했다.

이제 이런 질문을 하지 않을 수 없다. 전기차는 정말로 환경친화적인가? 일단 전기차 자체가 배출하는 배기가스는 없거나 적다. 그렇다고 꼭 환경친화적인 걸까? 이렇게 자문해보자. "내 차는 밤에 전원에 꽂아서 충전해야 하는 차다. 그 전기는 어디에서 오며 어떻게 만들어지는가?" 2장에서 말했듯 세상에 똑같은 전력망은 없다. 저마다 전력을 끌어오는 공급원의 종류가 다르고 공급원의 조합이 다르다.

만약 전력을 저탄소 발전소에서 100% 공급받는 나라에 살면서 완전 전기차를 몬다면 당신은 행운아다! 이 경우는 당당히 '친환경'을 말할 수 있다. BMW의 완전 전기차 i3를 예로 들어보자. i3의 배터리를 충전하는 데 얼마나 많은 이산화탄소가 발생할까? 영국의 전국 전력망은 전력을 1킬로와트시 생산할 때마다 500g 상당의 이산화탄소를 생성한다. 그리고 i3의 기술 데이터에 따르면 i3는 1km 주행에 0.129

   도시를 움직이는 모든 것들의 과학

킬로와트시의 배터리 전력을 소비한다. 계산해보면 i3는 1km당 64.5g 의 이산화탄소를 생성한다는 계산이 나온다. 이는 2015년 기준으로 평균적 가솔린/디젤 자동차의 절반 수준이다.

다시 말하지만 이 수준은 영국 전력망에만 해당한다. 영국 전력망은 화석연료부터 재생에너지까지 다양한 발전 방식과 기술로 전력을 공급한다. 인도나 중국처럼 전력 공급을 전적으로 석탄에 의지하는 나라에서 전기차를 모는 것은 가솔린/디젤 자동차를 모는 것보다 이산화탄소를 오히려 더 많이 배출하는 일이 될 수 있다.

전기차 전문가 세넌 맥그래스에 따르면 유럽 대륙의 전반적 상황도 이와 다르지 않다. 맥그래스는 모든 자동차가 전기차로 바뀐다 해도, 지금과 같은 방식으로 전기를 생산한다면 "이산화탄소 배출량에는 변화가 없거나 있어도 미세하게 있을 뿐"이라고 말한다.

전기차의 환경친화성을 논할 때 자주 간과되는 것이 또 있다. 바로 제조와 생산 측면이다. 전기차에는 수많은 부품이 들어간다. 이 부품들의 재료는 화석연료로 전력을 공급받는 공장들에서 생산, 선적, 조립되고 있을 가능성이 농후하다. 특히 리튬 같은 희유원소는 중장비를 동원해 땅속에서 파내야 한다. 전기차의 생산과 사용에 발생하는 탄소량을 정확히 계산할 방법은 없다. 전기차 생산 비용을 전통적 가솔린/디젤 자동차의 생산 비용과 공평하게 비교할 방법도 없다. 다만 우리가 친환경 기술이라고 믿는 것들도 알게 모르게 길고 진한 탄소발자국을 찍고 있다는 점을 기억할 필요가 있다.

요약하면, 전기차 앞의 가장 큰 장애는 역설적이게도 전기차가 플러그를 꽂을 전력망이다. 나라마다 전력망 상황이 달라서 지금으로서는 전기차가 누구에게나 옳은 선택이라고 말하기 어렵다. 다만 현재 세계는 화석연료 발전에서 탈피해 수력, 태양광, 풍력 같은 저탄소 동력원을 지향한다. 이 추세라면 언젠가는 전기차의 입지에도 명백한 변화가 있을 것이다. 그날이 빨리 오기를 바란다.

: 바이오

위키피디아는 바이오 연료를 이렇게 정의한다. '지질학적 최근의 탄소 고정으로 이루어진 에너지를 함유한 연료.' 무슨 말인지 아리송하다. 좀 더 들어가보자.

식물 등의 유기체는 살아 있는 동안 탄소를 이산화탄소 형태로 흡수해서 탄화수소 같은 복합 유기화합물로 바꾼다. 이렇게 식물의 광합성 활동 등에 의해 대기 중 탄소가 유기물로 전환되는 과정을 탄소 고정carbon fixation이라고 한다. 식물은 탄소 고정으로 생장에 필요한 양분, 즉 연료를 만든다. 이 연료는 식물이 죽으면 모아다가 다른 곳에 쓸 수 있다. 그럼 '지질학적 최근'이란 표현은 무슨 뜻일까?

지금 우리가 땅에서 파서 쓰는 석유와 천연가스 같은 화석연료는 한때 지구에 살면서 탄소를 고정하던 생물들의 오래된 유해다. 지각에 묻힌 동식물의 유해가 수백만 년에 걸쳐 화석화하여 만들어진 연료라서 화석연료라고 부른다. 이에 비하면 바이오 연료는 '젊은' 연료다. 엄청나게 젊다. 거의 생성되자마자 수확되는 연료다. 바이오 연료는 살아 있는 유기체뿐 아니라 배설물 등 유기체의 대사활동 부산물까지 포함하는 아직 화석화하지 않은 화석연료라고 할 수 있다. 재료가 지구의 압력솥에서 '익을' 때까지 기다릴 필요가 없기 때문에 화석연료보

　　　　　도시를 움직이는 모든 것들의 과학

다 한결 쉽게 손에 넣을 수 있다. 그렇다고 바이오 연료가 환경에 더 좋다고 할 수 있을까?

바이오 연료를 둘러싼 논쟁이 뜨겁다. 어째서 그런지 말하기 전에 바이오 연료의 현황부터 알고 가자. 브라질은 사탕수수가 주원료인 바이오 에탄올의 세계 최대 생산국이다. 이 산업이 정점에 있던 2010년, 브라질 운전자들의 바이오 에탄올 소비량은 220억 리터에 달했다. 사탕수수로 에탄올을 만드는 과정은 비교적 간단하다. 사탕수수를 대량 재배해서 수확한 다음 당질 액체를 추출한다. 이 액체를 여과하고 발효해서 알코올(이 경우는 에탄올)을 만든다.

에탄올의 화학에너지 함유량은 가솔린보다 낮아서 가솔린을 완전히 대체할 수는 없다. 그래서 다른 연료와 혼합해서 쓴다. 에탄올이 이렇게 쓰인 지 꽤 오래됐다. 가솔린이 귀했던 제2차 세계대전 때, 엔진 성능에 크게 영향을 미치지 않는 선에서 가솔린을 어떻게든 오래 쓰려고 에탄올을 조금씩 섞어 쓴 게 시작이었다. 오늘날 브라질에는 오로지 화석연료로만 달리는 경량수송차량(쉬운 말로 승용차)은 1대도 없다. 혼합 비율의 차이가 있을 뿐 모든 차가 바이오 에탄올 연료로 달린다. 가장 널리 쓰이는 혼합 연료는 E85(에탄올이 85%)다.

여기서 잠깐. 앞서 내가 옥탄가에 대해 설명한 내용을 기억하는 독자라면 이런 의문이 들 거다. '자동차에 아무 연료나 막 넣어서는 안 된다며?' 브라질의 자동차는 대부분 플렉스 차량flex-fuel vehicle, FFV이어서 다양한 종류의 혼합 연료를 사용할 수 있다. 플렉스 차량의 엔진도 일반 가솔린 전용 엔진과 상당히 비슷하다. 다만 연료 탱크가 더 크다. 혼합 연료는 리터당 에너지 함유량이 낮아서 같은 거리를 가도 더 많은 연료를 필요로 하기 때문이다. 그리고 흡입-압축-폭발-배기 주기가 조금 다를 뿐이다.

어쨌든 겉으로 보기에는 플렉스 차량도 모양과 소리가 가솔린 구동 차량과 다르지 않아서 브라질에서 크게 인기를 끌었다. 2011~2014년 정부 입법과 원유가 하락으로 바이오 에탄올 수요가 전반적으로 감소했지만 2015년에는 바이오 에탄올이 도로에서 우선권을 재탈환한 것으로 보인다. 현재 브라질은 자동차 연료에 에탄올을 적어도 27.5% 이상 혼합해야 한다. 그렇게 법으로 정해 놓았다.

자주 언급되는 또 하나의 바이오 연료는 바이오 디젤이다. 바이오 디젤은 해바라기부터 콩까지 다양한 식물에서 추출한 식물성 기름을 원료로 한다. 에탄올 대비 바이오 디젤의 주요 이점은 힘이 더 좋다는 것이다. 바이오 디젤의 단위용량당 에너지양은 일반 디젤과 거의 같다. 에탄올 연료처럼 바이오 디젤도 다양한 품질로 생산이 가능해서, 100% 바이오 디젤은 B100으로, 바이오 디젤을 2% 섞은 혼합 연료는 B2로 부른다. 일반적으로 바이오 디젤 비율이 20% 이하인 혼합 연료가 가장 대중적으로 사용된다. 별다른 기계 변경 없이 표준 디젤엔진에 쓸 수 있기 때문이다.

대표적인 바이오 연료를 두 가지 꼽아봤으니 이제 이들이 과연 얼마나 '친환경적'인지 알아보자. 일단 흔히 하는 오해가 있다. 많은 사람이 '재생 가능'과 '친환경'이 교체 사용해도 무방한 말이라고 생각한다는 것이다. 하지만 그렇지 않다. 바이오 연료는 분명히 재생 가능하다. 식물은 계속 다시 심을 수 있으니까. 하지만 바이오 연료도 연소할 때 온실가스를 생성한다. 따라서 바이오 연료를 가리켜 '친환경

　　　　도시를 움직이는 모든 것들의 과학

적'이라고 할 수는 없다.

바이오 연료의 원료가 되는 식물들은 거저 생기지 않는다. 사람이 심고 재배하고 수확해야 한다. 이 모든 활동에는 에너지가 들고, 환경이 그 대가를 치른다. 배기가스도 고려해야 한다. 바이오 연료 차량은 가솔린 차량보다 유해가스를 적게 배출한다고 알려져 있지만, 세상일이 다 그렇듯 이것도 무 자르듯 말할 수 있는 문제가 아니다. E85는 가솔린보다 일산화탄소는 확실히 적게 배출한다. 하지만 잠재적 발암 물질로 주목받는 아세트알데히드와 오존은 더 많이 생성한다. 이럴 때 어느 것이 더 나은 선택이라고 할 수 있을까?

바이오 연료 생산에 드는 토지까지 고려하면 논쟁의 경사가 제대로 기울기 시작한다. 현재 바이오 연료의 원료는 대부분 옥수수, 밀, 사탕수수, 사탕무, 야자유, 유채씨, 대두 같은 식용 작물이다. 따라서 바이오 연료는 결코 지속가능한 선택이 아니다. 특히 지구적 기아 문제를 생각하면 식량 자원과 경쟁하는 바이오 연료를 마냥 긍정적으로 보기 어렵다. 7장에서 다루겠지만 비옥하고 경작 가능한 땅은 유한 자원이다. 있는 경작지는 식량 생산에 쓰기도 바쁘다. 화석연료에 대한 의존도를 낮추겠다고 농지의 상당부분을 자동차 연료 생산 용도로 떼어주는 것은 해결책이 아니다.

바이오 연료의 나라 브라질에서도 대체 연료 개발 명목으로 경작지와 열대우림이 파괴될 위험에 처하자 이 문제를 둘러싼 정치권의 논쟁이 격해지고 있다. 2014년 유럽연합 집행위원회는 2030년까지 유럽 전력의 1/5을 재생 가능 에너지원으로 충당하겠다는 계획을 밝혔다. 이 계획이 발표되자 당장 바이오 연료가 정치 쟁점으로 떠올랐다.

빈 대학교의 연구가 현실을 대변한다. 만약 '연료용 작물 재배' 접근법을 택하면, 위의 목표 달성에 필요한 총 토지 면적은 70.2메가헥타르에 이른다. 폴란드와 스웨덴을 합친 면적이다. 유럽인들이 과연 바이오 연료를 얻는 대가로 이만큼의 식량을 포기할 수 있을까? 대답은 간단하다. 아니오.

다행히 대안들이 있다. 여러 나라에서 쓰레기를 바이오 연료의 원료로 대체하는 파일럿 프로젝트가 진행 중이다. 런던 교통국의 핀 코일 Finn Coyle은 식품 산업의 부산물인 동물기름과 폐식용유를 대체 연료로 개발해 시내버스의 연료로 활용하는 방안을 검토하고 있다. 앞으로 10년 이내에 옥수수 쓰레기로 만든 에탄올이 가솔린의 실질적 대안이 된다는 주장도 있다.

바이오 연료 이야기는 잠시 후에 이어서 하기로 하고 우선 미래주의 냄새를 가장 많이 풍기는 연료부터 살펴보자.

: 수소

수소는 우주에서 가장 가볍고 가장 작고 가장 흔한 원소다. 거기다 반응성이 매우 커서 우리 주변 어디에나 있다. 물에도 있고, 사람을 포함한 모든 유기물에도 있고, 방금 우리가 논한 탄화수소 연료에도 있다. 하지만 수소는 작고 풍부하고 반응이 빠른 원자 이상의 존재다. 앞서 살펴보았다시피 수소는 미래의 청정 에너지원이자 궁극의 연료로 꼽히며 자동차에서 지금껏 있었던 그 어떤 변화보다 큰 변화를 가져올 것으로 기대를 모은다.

수소 배터리를 흔히 수소 연료전지 또는 그냥 연료전지라고 부른다.

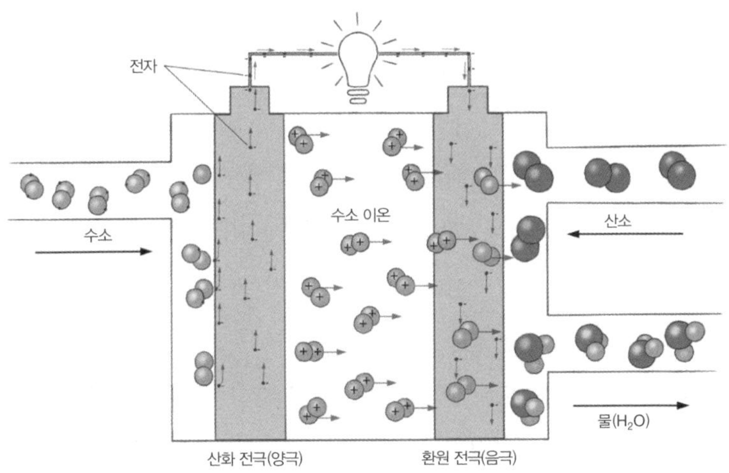

[그림 5.3] 연료전지의 내부. 수소와 산소가 결합해서 전기와 물을 생성한다.

일정량의 전하를 함유한 일반 배터리와 달리 연료전지는 수소H_2 기체와 산소O_2 기체의 흐름을 요한다. 연료전지 내부에서 일어나는 일은 다음과 같다.

수소에서 전자들이 떨어져 나와 양전하를 띠는 입자$H+$가 뒤에 남는다. 구속에서 풀린 전자들이 전지 밖으로 흘러나오며 유전기를 생성하고, 이 유전기가 자동차의 전기모터를 돌린다. 양전하를 띠는 나머지는 산소 기체와 결합해서 물H_2O을 만든다. 이 물의 대부분은 전지 내부에서 재활용되고 일부는 배기관을 통해 수증기로 유실된다. 어쩐지 들어본 설명 같지 않은가? 맞다. 연료전지는 2장에서 다뤘던 전해조의 미니어처 버전이다. 다만 전해조와 반대 방향으로 작용한다. 전해조가 전기를 이용해서 물을 수소 기체와 산소 기체로 분해한다면, 연료전지는 수소와 산소를 결합시켜 전기를 방출한다.

연료전지는 화학반응을 하며 끝없이 수소 원자들에게서 전자를 뜯어내 전기를 생성하고 부산물로 물을 만든다. 이산화탄소CO_2도 질소산화물NO_x도 없다. 그저 물만 생긴다. 이것이 자동차 제조사들과 정부들이 앞 다투어 연료전지 개발을 우선과제로 삼는 이유다.

나는 연료전지 기술에 대해 더 알고 싶었다. 이 분야 개발자들 앞에 남은 과제가 뭔지도 궁금했다. 마침 내 친구 중에 연료전지의 세계적 전문가가 있다. 국립물리연구소의 가레스 하인즈Gareth Hinds 박사가 내 모든 질문에 대답해주기로 했고 우리는 역사적으로 수많은 과학적 담론을 낳은 장소, '가까운 펍'으로 향했다.

첫 번째 소식은, 적어도 이론적으로는 연료전지 자동차의 1회 충전당 주행거리가 일반 전기차보다 훨씬 길다는 것이다. 이미 상용화된 연료전지 시스템의 경우 '탱크'가 가득 찼을 때 최대 500km까지 주행할 수 있고(물론 완벽한 운전 조건을 가정했을 때 얘기다) 재충전 시간도 5분 안팎으로 짧다.

두 번째 놀라운 소식은 자동차 제조사들의 현황이 화제가 되었을 때 나왔다. 가레스는 여러 업체에서 연료전지 기술이 이미 충분히 숙성된 상태라서 "얼마 안 가 그들의 제1호 생산 모델을 도로에서 상시적으로 보게 될 것"이라고 했다. 더욱 놀라운 것은 굵직한 업체들이 수소차(수소 연료전지 자동차) 시장 확대를 위해 아예 대놓고 협업 중이라는 사실이다. 바로 하이파이브 프로젝트HyFive project다. '혁신적 차량을 위한 수소Hydrogen for Innovative Vehicles'의 약자다.

이 프로젝트에는 현대, 도요타, BMW, 혼다, 다임러가 참여한다. 이들은 여러 연구기관과 연대해 연료전지를 개발하고, 유럽 정부들의 지

    도시를 움직이는 모든 것들의 과학

원을 받아 충전 인프라 구축을 추진하고 있다. 수소 충전소가 없으면 연료전지의 보급은 물 건너가기 때문에 이 프로젝트는 두 가지를 함께 노린다. 기쁘게도 그 충전소 중 하나가 내가 과학자로서 행복한 세월을 보냈던 국립물리연구소에 있다.

공공 수소 충전소는 2013년 후반부터 세워지기 시작했다. 2017년 현재 선두주자인 일본과 독일에는 90군데가 넘고, 미국이 2024년까지 캘리포니아에만 100군데를 설치한다는 목표로 그 뒤를 바싹 쫓고 있다. 그런데 수소 기체를 저장하는 것이 쉽지만은 않다. 자동차의 수소 탱크를 최대한 신속히 채우려면, 수소 기체가 350~700바의 엄청나게 높은 압력으로 주입되어야 한다. 우리가 많이 쓰는 에어로졸 캔에 들어 있는 압축가스의 압력보다 최소 100배는 높아야 한다는 뜻이다. 다음번에 데오도란트를 뿌릴 때 한번 상상해보기 바란다.

기체를 압축하는 것은 결국 분자 사이에 작용하는 힘과 싸우는 일이다. 기체 상태에서는 분자들 사이의 거리가 멀고 분자들이 매우 활발하게 움직인다. 이들을 좁은 공간에 꽉꽉 눌러 담으면 분자들은 다시 흩어지려고 한다. 분자들은 밀착될수록 더 강하게 서로를 떠민다. 수소 기체를 압축해서 가둬놓으려면 벽이 매우 튼튼한 저장 탱크가 필요하다. 겁낼 필요는 없다. 우리는 수십 년 전부터 고압가스를 도처에서 다양하게 써왔기 때문에 취급 방법도 다 있다. 그리고 가스 충전소 설치 관련 안전규정은 철두철미하기로 유명하다.

일단 글로벌 수소 충전소 네트워크의 구축이 가능하다고 가정하자. 막상 수소 연료는 어디에서 얻을 것인가? 연료전지의 재료 중 산소를 얻는 건 쉬운 편이다. 공기를 쓰면 된다. 수소는 다른 화합물들에서 추출해야 하는데, 이게 많이 까다롭다. 현재 가장 보편적인 수소 생산 방법은 수증기 변성법steam reforming이다. 수증기를 초고온에서 메탄과 반응시켜 수소를 제조하는 방법이다. 이 접근법은 돈과 에너지 모두에서 비용이 엄청나다. 거기다 결코 청정 공정이라고 할 수 없다.(메탄은 온실가스 중 하나다)

2장에서 설명한 대로 전해조를 이용해 수소를 생산하는 방법도 있다. 풍력터빈에서 얻는 잉여 전기를 전해조에 투입해서 물에서 직접 수소를 추출하는 것이다. 이렇게 재생에너지를 동력원으로 물을 전기 분해해서 수소를 모으는 것이 여러모로 합리적이다. 다행히 이쪽 노력이 결실을 보고 있다. 이제 연료도 있고, 그것을 조달할 방법도 있다. 남은 문제는 연료전지 자체다.

연료전지는 주로 전해질의 종류에 따라 구분되는데, 그중에서 고분자 전해질polymer electrolyte membrane, PEM 연료전지가 현재 가장 빠르게 상용화되고 있다. 개개의 PEM 연료전지는 구조가 샌드위치와 비슷하다. 백금 기반 전극이 양쪽에 있고, 가운데 고체 고분자 전해질이 끼어 있다. 전지 하나가 생산하는 전력량은 매우 적다. 모터를 돌리고 자동차를 구동할 정도의 전압을 얻으려면 전지가 무더기로 있어야 한다.

현재의 고분자 전해질 연료전지는 꽤 효율적이고 비교적 단순하지만 몹시 비싼 게 흠이다. 지금 이 순간에도 세계의 대학들이 대체 재료를 연구하고 있으니 조만간 실적이 있을 것으로 기대한다.

당연한 말이지만 연료전지는 내연 엔진과 달리 탄화수소 같은 공해 물질을 전혀 배출하지 않는다. 그래서 연료전지 버스를 '배기가스 제로 청정 버스'라고 부른다. 나는 런던 교통국의 버스엔지니어링 부장

게리 필베이Gary Filbey를 만났다. 2015년 말 런던은 RV1 노선(런던아이, 테이트모던 미술관 등 관광 명소를 둘러볼 수 있는 버스 노선)에 수소 연료 버스 10대를 가동했고, 이 버스들은 시범 운행 기간 동안 성능이 꾸준히 향상됐다. "런던 연료전지 버스는 전에는 하루 약 8시간만 운행이 가능했지만, 지금은 하루 최대 18시간까지 정상 가동 주기를 꽉꽉 채우고 있고, 연료 재충전은 몇 분이면 충분합니다."

런던 교통국은 런던 북동부의 대규모 버스터미널 안에 연료전지 버스 전용 유지보수 설비와 수소 충전소를 갖추고 밤마다 연료전지 버스들을 거기로 보내 연료 탱크를 재충전하게 한다. 런던만 연료전지 버스의 실현 가능성을 타진하는 것은 아니다. 2015년 초반에 이미 세계 여러 도시에서 22개의 시범 사업이 활발히 진행 중이었다.

지난 1세기 동안 도로와 자동차는 우리의 생활과 도시의 모습을 빚어왔다. 앞으로는 이들에 어떤 일이 일어날지 알아보자.

내일

:

앞으로 20년쯤 뒤에는 하늘을 나는 자동차를 몰고 출근하고, 도착하면 타고 온 차를 착착 접어 서류가방에 넣지 않을까? 실망시켜서 미안하지만 바퀴로 달리는 승용차, 밴, 버스, 트럭은 수십 년 후에도 여전히 도시 풍경의 큰 부분을 차지할 것으로 보인다.

도시 거주자의 상당수가 자가용 없이도 행복하지만 버스가 없으면 당장 힘들어진다. 거기다 인터넷쇼핑 중독자들은 배달용 밴이 누구보다 반갑다. 이 차량들은 앞으로도 여전히 도시를 누비며 물건과 사람을 나를 것이다. 다만, 겉모습은 지금과 별반 다르지 않겠지만 후드 아래는 매연을 토하는 지금의 차량들보다 훨씬 섹시하게 변해 있을 것이다.

자동차의 가장 극적인 변화는 자율성이라는 이름으로 오게 된다. 자동차는 단기적으로는 단지 좀 더 똑똑해지는 쪽으로, 즉 안전성과 연비가 향상되고 경량화하면서 부품의 내구성과 재활용성이 강화되는 쪽으로 변한다. 이와 더불어 전 세계 도로망을 유기적으로 통합하는 교통 시스템이 일어날 것이다. 그러다 장기적으로는 운전자가 필요 없는 완전 자율주행차로 진화하게 된다.

: 바디

곧 만나게 될 변화부터 살펴보자. 모두 재료의 변화다. 미국 정부는 2012년부터 매연 감축을 위해 차량 연비에 새로운 규정을 적용했고, 2013년에는 유럽연합도 그 뒤를 따랐다. 규정이 명시하는 수치들은 각기 다르지만, 미국과 유럽에서 출시되는 신차는 2025년까지 지금보다 적은 연료로 더 먼 거리를 소화해야 한다. 미국은 갤런당 54.5마일이 목표인데, 현재의 하이브리드카도 해내지 못하는 야심찬 목표다. 참고로 2015년 신차의 평균 연비는 갤런당 약 25마일이었다.

극적인 연비 향상 목표는 자동차 엔진만 뜯어고쳐서는 달성하기 힘들다. 5장 초반에 언급했던 추세, 즉 자동차 무게가 늘어나는 추세를 뒤집고 자동차를 다시 가볍게 만들어야 한다. 차체의 무게가 감소하면 연료 소비도 줄어든다. 자동차의 외통(바디)이 전체 무게에서 차지하는 비중이 약 1/3이나 되므로 경량화의 좋은 출발점이 된다.

차에 많이 쓰는 벌크 강철은 차를 튼튼하게 하지만 동시에 무겁게 한다. 최근 독일의 연구진이 얇은 경량 강판을 레이저로 가열해 경화하는 방법을 시도했다. 이렇게 경화 처리한 강판이 지금의 표준 강판보다 충격에 두 배나 강했다. 강철보다 미래적이고 그 자체로 가벼운 대안은 알루미늄이다.

애스턴마틴, 랜드로버, 페라리, 포드, 아우디 모두 최근에 알루미늄 바디 자동차를 출시했다. 재료 하나 바꾼 것뿐인데 무게가 획기적으로 줄었다. 포드 F-150 트럭의 경우는 315kg 줄었다. 하지만 알루미늄을 후드에 쓰는 건 좋아도 모든 곳에 쓰기는 곤란하다. 강철보다 가볍기는 한데 강도가 약해서 충돌에 대비한 안전성이 확 떨어진다.

여기서 재료과학을 한 토막 전수한다. 19세기 물리학자 토머스 영 Thomas Young의 이름을 딴 영률Young's modulus라는 것이 있다. 탄성률의 하나인데 기호로는 E로 표시한다. 영률은 어떤 재료에 힘을 가했을 때 그 재료가 늘어나고 변형되는 정도를 말한다. 고무줄의 영률은 매우 낮다. 별로 힘주지 않아도 쉽게 구부러지고 늘어나고 쪼그라들기 때문이다. 반면 금속은 대체로 영률이 높다. 그만큼 변형이 어렵다. 그런데 알루미늄은 강철을 구부리는 힘의 1/3만으로도 찌그러진다. 하지만 알루미늄에 아연, 마그네슘, 구리 같은 다른 금속을 섞고 열을 가하면, 자동차를 만들기에 딱 좋은 초강력 초경량 알루미늄 합금을 얻을 수 있다.

좀 더 멀리 내다보자. 요즘 꿈의 소재로 주목받는 그래핀이 고강도 고효율 친환경 자동차 구현에도 중요한 역할을 할 것으로 보인다. 유럽의 다국적 연구 프로젝트 iGCAuto가 현재 그래핀 기반 폴리머의 충돌 내구성을 조사하고 있다. 듣기에 따라서는 내가 그래핀을 너무 띄운다고 생각할 수도 있다. 하지만 생각할수록 섹시한 재료라는 생각을 금할 수 없다.

4장에서 설명했듯 그래핀은 극도로 얇고(두께가 0.0000005mm도 되지 않는다) 무진장 가볍다. 그런데도 믿기 힘들 만큼 강하다. 다른 나노 재료들처럼 그래핀의 주요 쟁점은 실용화다. 그래핀 실용화 연구는 아직 초기 단계에 있다. iGCAuto 프로젝트의 선임 과학자 아메드 엘마라크비Ahmed Elmarakbi 교수의 말을 빌리면 그래핀 실용화 문제는 단지 그래핀 기반 소재를 생산하는 것뿐 아니라, 그 소재의 규모를 확장해 자동차에 적용하는 것까지를 포함한다. 여기에 성공해서 충돌사고에도 끄떡없는 그래핀 재료가 생산된다면, 차량 제조 방식에도 일대 변화가 일어날 것이다.

2014년 후반 마즈다는 자동차 외장재로 적합한 식물성 바이오 플라스틱 재료를 개발했다고 발표했다. 화제가 되다가 지금은 좀 잠잠해진 상태지만 기발한 아이디어란 점에는 이론의 여지가 없다. 다른 자동차 제조사들도 이 기술에 주목하고 있다. 다만 현재의 바이오 플라스틱 가격을 생각하면 적용은 고급 사양 모델에만 한정된다. 어쨌든 바이오 플라스틱에 대한 연구보고서가 계속 늘어나고 있고, 결과를 보면 전망은 밝다.

하지만 플라스틱을 만들기 위해 식물을 심고 재배한다? 어쩐지 좀 황당한 소리 같다. 그렇지 않은가? 앞서 바이오 연료를 둘러싼 논쟁을 생각하면 더 그렇다. 다행히 바이오 플라스틱 연구의 대표주자들은 식물을 노리지 않는다. 대신 재활용 고무, 음식물 쓰레기, 물속의 조류 등

　도시를 움직이는 모든 것들의 과학

을 지속가능한 플라스틱의 소재로 개발하고 있다.

이 분야 연구의 파급력은 자동차 산업에만 국한되지 않는다. 현재 우리 주변의 플라스틱은 거의 다 화석연료 산업에서 나온 화학제품이다. 플라스틱을 대체할 친환경 청정 재료가 개발된다면 그에 따른 변화의 폭은 도시 생활의 모든 면을 포함한다. 도시락 통, 휴대전화 케이스, 가로등, 직불카드, 키보드, 엘리베이터 버튼까지 모든 것이 미묘하게, 하지만 극적으로 변한다.

내일의 자동차를 위해서는 가벼우면서도 충돌에 강한 차세대 소재가 필요하다. 궁극적 해법은 재료의 적절한 섞어 쓰기에 있다. 어떤 부분에는 강철과 알루미늄을 선택적으로 쓰고, 다른 부분에는 복합 재료와 바이오 플라스틱을 활용하는 것이다. 이는 동력원의 종류에 상관없이 모든 자동차에 해당된다. 다른 장점이 희생되지 않는 한, 가벼워져서 나쁠 자동차는 없다!

미래의 도시를 달릴 자동차와 버스의 생김새도 궁금하지 않을 수 없다. 다시 말하지만 우리는 무인 자동차로 가득한 미래로 향하고 있다. 그럼 앞으로 자동차에서 핸들이 없어지는 걸까?

: 파워

무인 자동차 이야기에 앞서, 자동차 후드 밑을 좀 더 파보자. 과연 무엇이 내일의 자동차 동력원이 될까? 유감스럽게도 당장 10년 내에 '청정 자동차'로의 대대적이고 급격한 이동이 실현될 것 같지는 않다. 여러 도시에서 전력망이 전에 없던 속도로 탈탄소화하는 것은 맞다. 그러나 화석연료에서 벗어나는 일은, 적어도 초기에는 느리고 꾸준한 거북이 걸음 양상을 띨 것으로 보인다. 이런 거북이 접근법으로는 각국이 야심차게 내건 자동차 배기가스 감소 목표치들을 달성하기 힘들다. 하지만 배터리와 연료전지 생산 비용이 현저하게 감소하기 시작하면, 찔끔찔끔 이어지는 탈탄소 추세가 급물살을 탈 수 있다.

그렇다면 배터리와 연료전지로 차량을 구동하는 데는 무리가 없을까? 앞서 말한 대로 이쪽도 탄탄대로는 아니다. 특히 화물트럭 같은 차량은 넘어야 할 산이 높다. 일단 차량이 대형이고 무거워 움직이는 데 에너지가 많이 든다. 지금으로서는 가장 성능 좋은 배터리도 역부족이다. 그래서 단기적으로 도로의 헤비급 선수들을 위한 임시방편 해법이 등장할 가능성이 크다.

일례로 임페리얼 칼리지 런던의 벤 킹스베리Ben Kingsbury 박사가 새로운 촉매 컨버터를 개발 중이다. 촉매 컨버터는 자동차 배기가스 속의 유해 성분을 다른 성분으로 변환하는 장치다. 킹스베리 박사는 기존 촉매 컨버터를 재설계해서 유해 성분뿐 아니라 연료 소비량까지 줄이는 장치를 고안했다. 컨버터는 홈이 좁아야 좋다. 그래야 배기가스가 컨버터의 촉매 물질과 접촉하며 흐르는 시간이 길어지고, 그래야 유해 성분 정화가 제대로 이루어진다. 하지만 홈이 너무 가늘어도 문제다. 배기가스가 홈을 메워서 엔진에 부하가 걸리고 결과적으로 연료를 더 쓰게 된다.

킹스베리 박사의 해법은 홈의 구조를 복잡하게 만들어 홈의 표면적을 늘리는 것이다. 그의 컨버터는 얼핏 보면 세라믹으로 만든 빨대 다발처럼 생겼다. 하지만 자세히 들여다보면 각각의 '빨대'는 가시 돋친 나뭇가지와 비슷해서 홈 벽에 침이 수없이 돋쳐 있다. 프로토타입을

   도시를 움직이는 모든 것들의 과학

만들어 실험한 결과 값비싼 백금 촉매가 80%까지 절약되는 효과가 있었다. 거기다 적은 양의 촉매로도 표준 컨버터보다 정화 효율이 높았다.

실전에서는 실험 때보다 촉매 사용량이 다소 늘어날 것으로 예상되지만 어쨌든 지금의 컨버터에 비하면 촉매 사용량이 현저히 적다. 내가 킹스베리 박사와 면담하던 당시 그의 팀은 이미 자동차 제조사들과 이 발명의 상용화를 논의 중이었다. 이 '빨대 뭉치'가 조만간 전 세계 자동차와 트럭의 낡은 매연 절감 장치를 대체하게 될지, 눈을 크게 뜨고 지켜보자.

알다시피 내연 엔진은 화석연료 이외의 연료로도 작동한다. 폐식용유 같은 폐기물, 잉여 농산물, 산림 잔여물, 조류 같은 새로운 원료로 개발한 바이오 연료가 줄을 잇고 있다. 심지어 3장에서 소개했듯 똥으로 달리는 버스도 있다. 그중 내가 좋아하는 버스는 영국 브리스톨을 달리는 No.2 버스다. 명칭이 이보다 더 적절할 수는 없다.(영어에서 소변을 넘버 1, 대변을 은어로 넘버 2라고 한다_옮긴이)

이 버스는 인분에서 추출한 메탄가스를 동력원으로 한다. 이 버스를 위한 충전소는 해당 지역의 하수처리장에 있다. 버스의 연료 탱크에 들어간 메탄가스는 액체로 압축되어 다른 연료처럼 엔진으로 분사된다. 이 버스는 바이오 가스 1회 충전으로 300km를 간다. 그리고 1회 충전량은 약 5명이 1년 동안 싸는, 아니 생산하는 인분에 해당한다. 묻기 전에 미리 대답한다. 똥 버스에서는 아무 냄새도 나지 않는다! 이런 프로젝트들은 의미하는 바가 크다. 이렇게 폐기물이나 배설물을 이용하면 바이오 연료 생산이 식량 생산과 경쟁할 필요가 없다. 버리는 것에서 가치 있는 것을 찾는 또 다른 방법이다.

전기차의 미래는 전적으로 동력원의 안정성과 효율성을 끌어올릴 수 있느냐에 달려 있다. 성능 좋은 배터리는 전기차의 실용성만 높이지 않는다. 도시 풍경 자체를 바꾼다. 일례로 전기차의 동력 조달 방식은 현재의 플러그인 방식에서 주행 중 충전 방식으로 진화하고 있다.

어떤 방식이든 고성능 대용량 배터리는 매우 중요하다. 아직은 충전 설비 부족과 과다한 충전 시간이 문제지만, 차령이 올라갈수록 배터리의 성능(충전 후 주행 가능 거리)이 떨어지는 것도 문제로 부상하고 있다. 배터리팩이 너무 비싸고 심심찮게 결함을 일으키는 것도 사용자 불만을 키운다. 다행히 전기차 제조사들도 이제는 이 문제를 대외적으로 인정하는 추세고, 전 세계 연구자들이 문제 해결에 합세하면서 가능성 있는 해법들이 속속 제기되고 있다. 너무 많지만 여기에 아주 약간만 소개한다.

• 독일 프라운호퍼 연구소는 배터리의 리튬 전극 중 하나를 유황과 탄소로 만든 전극으로 교체하는 방안을 내놓았다. 프로토타입 배터리는 표준 리튬 배터리보다 생산비가 낮고 안정적이었다. 아직 연구 단계에 있지만 연구진은 수정과 보완을 거치면 전기차 주행거리를 지금의 두 배로 늘릴 수 있다고 믿는다.

• 그래핀도 미래의 배터리 경쟁에 출사표를 던졌다. 2013년 후반 라이스 대학교의 과학자들이 그래핀 판에 붕소 원자를 더하면 현재 리튬 배터리 전극에 가장 일반적으로 쓰는 재료보다 전하를 두 배 더 저장하는 재료를 만들 수 있다는 이론을 내놓았다. 아직 이 재료를 실제로 생산해낸 사람이 없지만, 만약 성공하면 이 분야의 판세를 뒤집는 발명이 될 것이다.

• 최근에는 캘리포니아 대학교의 한 연구팀이 차세대 자동차 배터리의 소재가 될 종이 형태의 물질을 개발했다. 육안으로는 보이지 않는 실리콘 섬유로 만드는 재료인데, 충·방전 주기를 여러 번 거쳐도 손상이 없다. 실리콘 나노섬유는 생산도 비교적 쉬워서 실제로 제품화될 가능성이 충분하다.

시간을 조금만 앞으로 감아보자. 차세대 전기차의 뒤를 따르는 것이 있다면 그것은 수소 연료전지로 달리는 차다. 몇몇 자동차 제조사들이 이미 생산 모델을 출시했고, 이에 따라 각국 정부들이 수소차에 필요한 인프라 구축에 나서라는 압력을 받고 있다. 독일이 이 방면에서도 앞서 나가고 있다. 독일 정부는 도시의 공공 수소 충전소 수를 2023년까지 400곳으로 늘리기로 공약했다. 순도 높은 수소 가스를 보다 저렴하고 보다 청정하게 생산할 방법들이 개발되면 수소 연료전지의 가격도 떨어질 것이다.

요즘은 촉매제부터 기본설계까지 연료전지의 여러 요건들을 고루 최적화하는 쪽으로 연구 노력이 모아지고 있다. 이 노력이 모여서 연료전지가 지금의 틈새시장을 벗어나 우리의 차고로 들어올 날이 가까워진다. 연료전지 전문가 가레스 하인즈 박사에게 도로 주행 차량의 미래 과제에 대해 물었을 때 그의 답변은 물리학자답게 조심스러웠다.

"전진하는 유일한 길은 종합적 발전밖에 없을 겁니다. 재료 경량화, 지속가능한 전력망 등이 함께 이루어져야 합니다. 분명한 건, 연료전지가 전체 교통 시스템에서 차지하는 비중이 늘어난다는 거죠. 아니면 그게 이상한 거죠."

자동차를 전원에 꽂아서 충전하든, 근처 바이오 연료 충전소나 수소 충전소로 가든, 앞으로는 자동차의 동력이 재생 가능 에너지원에서 오는 세상이 된다. 그리고 그렇게 되어야 비로소 전기차와 수소차가 진정한 무공해 청정 교통수단으로 불릴 수 있다.

: 에너지 줍기

전기 분야에는 아직 꽤 낮은 가지에 쉽게 따먹을 과일들이 남아 있다. 결코 무시할 수 없는 과일들이다. 이 책에서 여러 번 말했듯 에너지를 한 형태에서 다른 형태로 바꾸는 것은 우리 세상을 지배하는 물리법칙에 전혀 위배되지 않을 뿐 아니라 아주 쉽게 일어나는 일이다. 바꿔 말하면 '버려지는' 에너지를 잡아서 얼마든지 다른 유용한 에너지로 바꿔 쓸 수 있다는 뜻이다.

　폐열부터 따져보자. 열에너지가 우리가 원하는 에너지 형태일 때도 많다. 겨울날 썰렁한 집에 돌아와 라디에이터를 켤 때는 열에너지가 최고다. 하지만 자동차를 몰 때는 열기가 우리의 우선순위 명단에서 한참 아래로 떨어진다. 엔진이 내뿜는 열기는 정말로 반갑지 않다. 이 열을 도로 거두는 것, 그것이 내가 국립물리연구소 재직 시절 연구 시간의 대부분을 바쳤던 분야다.

　내가 이 분야에 관심을 갖게 된 건 근거 유무를 알 수 없는 다음과 같은 정보 때문이었다. '가솔린이나 디젤의 화학에너지 중 거의 2/3가 대개 열에너지의 형태로 완전 유실된다.' 이번 주 주유소에서 쓴 돈을 떠올리면서 계속 읽어주기 바란다. 연료 탱크에 들어가는 것의 고작 1/3만이 실제로 자동차를 움직이는 데 쓰인다는 소리다. 나머지 대부분은 버려진다. 달리 말하면 우리가 원치 않는 형태의 에너지로 변

　　　　　　　　　　도시를 움직이는 모든 것들의 과학

한다. 다행히 열을 직접 전기로 전환하는 것이 가능하다. 열전 재료 thermoelectric materials를 이용하면 된다.

열전 재료는 한쪽은 뜨겁고 다른 쪽은 차가울 때 매우 특별한 거동을 보인다. 물질 간 온도 차이로 인한 전자들의 산란 현상에 따라 온도 차가 전위차로 전환되는 열전 현상이 일어나는 것이다. 뜨거운 쪽 전자들은 격렬히 진동한다. 이 운동에너지가 전자 움직임이 느린 쪽으로 이동한다. 온도 차이가 클수록 전자들이 흘려보내는 에너지도 커진다.

하지만 열전 재료가 생산하는 전압은 지극히 낮아서 자동차에는 그다지 쓸모가 없다. 쓸모를 키우기 위해서 과학자들은 양전하 입자들을 잘 전도하는 열전 재료를 개발했다. 이렇게 두 물질 사이의 전기전도율을 높이면 유용한 전압을 얻을 수 있다. 일반 패밀리카의 경우 배기관 내부의 온도가 300℃를 넘는 일이 흔하다. 배기관의 가장 뜨거운 부분에 열전 소자thermoelectric device를 다수 배치하고, 반대쪽을 공기나 물로 냉각하면 열을 수확해서 전기로 바꿀 수 있다.

여기에 찬물을 끼얹는 것이 하나 있다. 우리 시대의 위대한 철학자 호머 심슨Homer J. Simpson(TV 애니메이션 〈심슨 가족The Simpsons〉의 주인공)의 말을 빌려 표현하면 이렇다. "이 집에서는 모두 열역학 법칙에 따른다!" 열전 소자의 성능을 제한하는 것이 다름 아닌 열역학 법칙이다.

열전기는 물체 사이의 온도 차이가 만든다. 그런데 차가운 컵에 뜨거운 커피를 부었을 때를 생각해보라. 컵도 커피처럼 금세 뜨거워진다. 뜨거운 표면 + 차가운 표면 = 따뜻한 표면. 이것이 열역학의 작용이다! 온도 차이가 사라지면 전기 생산도 물 건너간다. 문제는 여기서 끝나지 않는다. 열전 재료(현재 가장 유명한 열전 재료는 이름도 요상한 비스무스 텔루라이드bismith telluride다)는 생산도 까다롭고 비용도 많이 든다.

이런 제약 조건들이 있지만, 자동차와 트럭에 열전 소자를 장착하면 상당한 연료 절약 효과를 기대할 수 있기 때문에 자동차 제조사들이 이 기술에 눈독을 들이고 있다. 2012년 BMW가 X6 1대에 열전 소자를 설치해서 개념 증명 실험에 나섰다. 열전 재료의 한쪽은 뜨겁게 유지하고 다른 쪽은 자동차 라디에이터에서 나오는 물로 식혔다. 이 실험용 X6은 고속도로를 달리면서 약 500와트의 전기를 생산했고, 이 전기는 자동차 내부의 다양한 전기장치(조명, 오디오, 경고등 등)에 쓰여서 결과적으로 연료 소비량을 5% 줄였다.

열이 열전 재료를 따라 흐르는 속도를 낮출 방법을 찾으면 전기를 수확할 시간을 벌 수 있고, 결과적으로 엔진 효율을 높일 수 있다. 이는 자동차 산업뿐 아니라 폐열 활용을 고민하는 모든 분야에 희소식이 될 것이다. 지금은 비스무스 텔루라이드의 경우, '뜨거운' 면이 250℃일 때 열 수확량의 고작 4%만 전기로 바꾸는 형편이다.

가능성 있는 해법 중에 스쿠터루다이트skutterudites라고 불리는(이 물질이 처음 발견된 노르웨이 남부의 스쿠터루드Skutterud 광산에서 이름을 따왔다) 나노 구조 물질을 활용하는 방안도 있다. 이 물질은 새장처럼 생긴 결정 구조 안에 열을 가둔다. 열전기 생산 효율에 있어서는 현재 이 물질이 기록 보유자다. 하지만 이 물질을 산업 규모로 생산할 방법이 지금으로서는 요원하다. 어쨌든 행운을 빌어본다.

앞으로 자동차가 에너지를 따먹을 나무가 열기만은 아니다. 마찰에서도 에너지를 챙길 수 있다. 도로 주행 차량에게 마찰은 매우 중요한 존재다. 빙판길을 운전해보면 평소 당연시하는 그 '찐득한' 힘의 소중함을 알게 된다. 마찰은 자동차와 열차 같은 바퀴 기반 교통수단에게 꼭 필요한 존재인 동시에 에너지가 유실되는 주요 구멍이기도 하다. 미국 에너지부에 따르면 자동차 연료의 에너지 중 5~7%가 타이어와 노면 사이에 발생하는 이른바 주행 저항rolling resistance으로 유실된다. 하지만 문제가 있는 곳에는 문제 해결에 나서는 연구자들도 있기 마련이다.

중국과 미국의 합동 개발팀이 마찰전기 효과를 이용해서 전기를 수확했다. 풍선을 머리카락에 문질러서 벽에 붙여본 적이 있는가? 그렇다면 당신은 이미 마찰전기 전문가다. 마찰전기 발전기는 쉽게 말해 두 가지 물체를 반복적으로 붙였다 뗐다 하는 장치다. 두 물체가 접촉할 때마다 접촉면 사이에서 전자가 이동하며 전압이 생긴다. 이렇게 생긴 전기를 모아서 다른 곳에 동력으로 쓸 수 있다.

이 합동 개발팀은 마찰전기 발전기를 장난감 지프차 타이어에 장착했다. 지프차가 아스팔트 위를 굴러갈 때(아스팔트는 마찰이 있을 때 전자를 주로 빼앗기는 물질이다) 바퀴의 발전기가 마찰전기를 모아서 지프차의 LED 전조등을 밝혔다. 아직 기초적인 단계의 실험이었지만 실물 크기 차량에서는 마찰전기 효과도 커진다는 희망을 주었다. 차의 무게가 늘어나면 타이어와 노면 사이의 마찰도 커지니까! 이들의 성과에 박수를 보내고 응원한다.

여러 형태로 버려지는 에너지를 포집하는 방도를 살폈다. 그렇다면 이렇게 얻는 가외의 전기는 어디에 쓰면 좋을까? 자동차 내장 센서의 동력으로 쓰면 딱 좋다. 그 방법을 따져보는 차원에서, 에너지 포획 수단을 하나 더 말해보자. 그건 바로 4장에 나왔던 압전 재료다. 4장에서는 도로 포장용 석판에 적용했다.

자동차에서는 자가 동력 센서에 적용할 수 있다. 이미 타이어 밸브에 무선 압력 센서를 장착한 자동차들이 많다. 지금은 압력 센서들이 데이터 전송에 배터리를 필요로 한다. 미래에는 얇은 압전 재료 조각이 배터리를 대신할 수 있다. 자동차가 굴러가면서 타이어의 진동이 압전 재료를 구부리면 압전 재료의 전자들이 원래 위치에서 밀려나며 전기를 발생시킨다. 이 전기를 저장해서 센서의 동력으로 쓰는 거다. 이처럼 현재의 연구 동향은 더 싸고 더 튼튼한 재료를 찾아 더 작은 장치를 만드는 것이다.

유실 에너지 포집용 재료들의 성능은 아직 미량의 전기를 찔끔찔끔 줍는 데 그친다. 하지만 센서의 동력으로 쓰기에는 충분하다. 무선 송신기의 경우 수백 마이크로와트면 족하다. 위에서 말한 재료들 모두 이 정도는 제공한다. 자동차 센서들에 동력을 제공할 방법을 알았으니 이제 자동차가 무엇을 감지해야 할지 알아보자.

: 센서

미래의 자동차는 청정에너지를 동력으로 하는 가벼운 자동차여야 한다. 그럼 앱 기반 미래의 동력은 무엇일까? 데이터다. 자동차용 고성능 센서는 과거에는 사치품이었지만 지금은 저렴해져서 어디서나 볼 수 있다. 이미 많은 차가 센서를 장착하고 엔진 온도부터 연료의 화학반응까지 모든 것을 모니터한다. 향후 10년 내에 이 수치는 적어도 두 배로 늘어날 전망이다. 2014년에 이미 세계 자동차 센서 시장의 규모가 202억 7,000만 달러로 추산된 바 있다. 다양한 시장전망 보고서들을

　　　　　　　　도시를 움직이는 모든 것들의 과학

참고하면 영 허풍은 아닌 것 같다.

새롭게 개발되는 자동차용 센서의 대다수는 안전에 초점을 맞춘다. 운전자가 차선을 벗어났을 때 이를 감지해서 바로잡는 비디오카메라와 조종 장치는 이미 많은 차에 기본 사양으로 탑재되고 있다. 미래의 센서들이 어디까지 할 수 있을지를 생각하면 이 정도는 솔직히 싱겁다. 장차 자동차용 센서들은 더 똑똑해져서 우리가 상상하던 사물인터넷Internet of Things의 일부로 진화하게 된다.

사물인터넷은 통신망으로 연결된 기기들이 센서 등으로 수집한 정보를 교환하면서 사람의 개입 없이 스스로 일을 처리하는 기술 환경을 말한다. 부분적으로 소개하면 이렇다. 자동차가 통신망을 통해 서로 데이터를 교환해서 교통사고 유무를 실시간으로 파악하고, 지역을 지정해서 주차 공간이 남았는지도 미리 알 수 있다. 자동차끼리만 소통하는 것이 아니라 자동차와 전력망도 데이터를 교환해서 전기차의 전력 수요를 파악하고, 교통 상황을 감시하고, 교통관리당국에 문제 발생 지역을 알린다.

2013년에 IMB이 소규모로 이 개념의 증명에 나섰다. 시험 운용 장소는 유럽의 교통 중심지 중 하나인 네덜란드 에인트호벤 시였다. 200대의 자동차가 다양한 센서를 장착하고 각자의 위치 데이터와 감속과 가속 데이터를 측정하고 전송했다. 결과는 긍정적이었다. 이렇게 기초적인 수준의 데이터 수집도 교통관리자의 상황대응력을 높여 '교통 혼잡을 줄이고 교통 흐름을 개선하는' 효과가 있었다.

센서처럼 차내에 장착되는 첨단 기술이 도로 교통 최적화에만 기여하는 것은 아니다. 중요도는 좀 떨어져도 더 흥미로운 활용 가능성이 많다. 지금은 선택 사양이지만 앞으로는 표준 사양이 될 첨단 편의 기능들이 끝없이 늘어난다. 오죽하면 첨단 기술이 오히려 운전자에게 방해 요소나 위험 요소가 되지 않을 길을 강구하는 것이 자동차 제조사들의 진짜 과제가 되었다. 새로운 기술이 차에 스며드는 것을 아예 막을 도리는 없다.

휴대전화에 집착하는 사람들은 잘 알겠지만, 현대인은 잠깐이라도 '세상과 단절되면' 격리 불안을 겪는다. 스마트폰 중독 같은 '테크노 중독'에 대한 문제 제기와 연구가 늘어나고 있다. 경영컨설팅 회사 맥킨지의 2014년 연구보고서에 따르면 8명 중 1명이 인터넷 접속이 되지 않는 차는 구매 고려 대상에서 즉각 배제할 의향을 보였다.

미래 앱 기반 자동차의 본령은 운전자의 인지 부하를 줄여주는 것이다. 운전자는 전방 주시를 유지하고 양손은 핸들을 잡고도 온라인 상태를 유지할 수 있게 된다. '스마트 안경' 구글 글라스Google Glass 같은 제품이 떠오르지만, 나는 여기서는 자동차에 내장되는 기술에 집중하고 싶다. 현재 자동차 업체들이 속도와 주행거리 같은 기본 정보를 앞 유리에 띄워주는 기초적 헤드업 디스플레이head-up display 기능을 일부 고급 차종에 적용하고 있다.

앞으로 이 기능이 눈부시게 발전해서 각종 주행 정보와 주변 감지 정보와 길안내 정보 등을 3차원 이미지로, 그리고 운전자에게 가장 효과적인 방법으로 보여주게 된다. 그날이 오면 운전자는 탑건 전투조종사 부럽지 않은 증강현실 계기판을 갖게 된다. 이 디스플레이 기능은 사물을 감지해서 운전자에게 그것과의 거리를 알려주고, GPS 지도를 주행 중인 도로에 겹쳐서 보여주고, 도로 표지를 대신 읽고, 노면 상태

도시를 움직이는 모든 것들의 과학

를 분석한다. 또한 운전자의 활력징후(호흡수, 체온, 심장박동 등)를 관찰하는 센서를 통해 졸음운전을 감지하고 경고한다. 그뿐 아니다. 정비기술자가 원격으로 디스플레이와 소통해서 자동차의 이상 작동을 파악할 수도 있다.

위의 모든 것을 구현하는 데 필요한 기술은 이미 존재한다. 그리고 이제, 비전을 현실로 만들기 위해 기술들이 서서히 융합하기 시작했다. 어쩌면 정말로 감탄할 것은 미래에 올 것보다 지금까지 우리가 이룬 것들이다. 자동차는 처음 탄생했을 때의 모습에서 이미 엄청나게 멀리 벗어나 있다.

자동차는 이제 고속 운송 수단보다 바퀴 달린 데이터 센터에 가깝다. 아직은 자동차에 대한 통제권이 우리, 즉 인간 조종자에게 있다. 아직까지는 그렇다. 하지만 센서들이 우리의 운전 행동을 '배워서' 이미 일부 영역에서 제한적으로나마 자율 운전을 수행하고 있다. 자동주차가 대표적인 예다. 자동차가 더는 운전자를 필요로 하지 않는 날이 오고 있다.

: 무인無人

무인 자동차는 더 이상 허무맹랑한 공상과학적 발상이 아니다. 하지만 무인 자동차를 본격적으로 논하기 전에 다음의 단서를 달고 싶다. 무인 자동차의 잠재 영향을 예측하려는 시도는 부질없는 짓이다. 진지하게 하는 말이다.

우리는 도시 탐험 첫머리에서 엘리베이터에 대해 논했다. 엘리베이터가 있기 전에는 서너 층 이상에서 사는 건 고통이었다. 하지만 엘리베이터 출현 이후 모든 것이 달라졌다. 건물마다 최고층은 펜트하우스나 사장실이 차지했다. 엘리베이터가 개발되지 않았다면 우리가 집과 사무실로 하늘을 긁는(마천, 摩天) 일은 꿈도 꾸지 못했을 거다.

엘리베이터는 우리의 행동 방식만 바꾸지 않았다. 엘리베이터는 도시를 지었고, 그것은 당시에는 아무도 예상하지 못했던 결과였다. 내가 무인 자동차에 대해 갖는 느낌도 이와 다르지 않다. 무인 자동차는 너무나 변혁적이라서 그것이 가져올 미래는 상상을 불허한다. 하지만 최소한 무인 자동차를 이루는 기술은 논할 수 있지 않을까.

자동차 제조사와 소비자 모두에게 자동화의 매력은 지대하다. 우리는 운전 따위 '자동'차에게 맡기고 느긋하게 드라이브를 즐기는 나를 꿈꾼다. 하지만 현란한 광고 공세에 속지 말자. 솔직히 말해 자동차가 이 수준의 자율성을 가지려면 아직 많이 기다려야 한다. 분명히 실현될 일이기는 하다. 하지만 현실적으로 그리고 단기적으로(앞으로 10~15년) 봤을 때 자동차의 자동화는 인간 운전자를 대체하기보다 증강하는, 즉 돕는 쪽으로 전개될 것이다.

이는 2015년 세계 이동통신 박람회에서도 반복적으로 확인된 메시지다. 니산-르노의 최고경영자 카를로스 곤Carlos Ghosn도 로봇 자동차 관련 규정들이 수립되는 데만도 10년은 걸릴 거라고 했다. 다만 인간의 개입 없이 고속도로를 주행하는 자동차는 5년 내에도 실현될 것으로 보인다.

BMW, 메르세데스-벤츠, 니산, 제너럴모터스 모두 특정 상황에서 자율 주행이 가능한 차를 출시했다. 하지만 매스컴의 관심이 증폭된 계기는 2013년 구글의 행보였다. 구글은 도요타, 렉서스, 아우디와 합동으로 세계 최초로 완전 자율주행차를 개발한다는 목표를 발표했다. 그리고 다양한 센서와 하드웨어를 비롯해 '구글 기사Google Chauffeur' 라는 소프트웨어를 여러 종류의 차량에 장착해 시험 주행에 나섰다.

2015년 5월 구글 차들의 운행 기록은 2,700,000km를 넘어섰다. 시험 운용 차량 20여 대의 수동 운전 거리와 자동 운전 거리를 모두 합친 수치다. 놀랍다. 하지만 이 수치 이면에는 조금 다른 현실이 있다. 구글의 시험 운용 차량들은 건물 밀집 지역 같은 도시 환경보다는 주로 사유지 도로와 고속도로를 주행했다. 혼잡하고 변화무쌍한 도시의 거리에서는 뻥 뚫린 고속도로에 비해 운전자가 고려할 사항이 수없이 많다. 주변의 돌발 상황에 항상 경계 태세를 유지해야 하고, 사방에서 갖가지 정보를 흡수해서 시시각각 많은 결정을 내려야 한다. 한마디로 고속도로를 달릴 때보다 할 일이 훨씬 많다.

요즘 컴퓨터의 능력이 놀랍기는 하지만 아직은 컴퓨터가 정말로 '지능적'이지는 않다. 최고 성능의 슈퍼컴퓨터도 인간 프로그래머가 설정한 논리에 따른 결정만 내릴 뿐이다. 예컨대 이런 식이다. '불빛이 빨간색이면 멈춘다.' 따라서 전적으로 낯선 상황에 직면했을 때, 가령 망가진 신호등이나 응급차의 사이렌을 만났을 때 컴퓨터가 항상 정답을 찾으리란 보장이 없다. 자율주행차가 흑백논리에 따른 이분법적 의사결정에서는 인간보다 나을지 몰라도, 도시 생활의 수많은 '회색' 문제들에는 인간의 뇌를 당할 수 없다. 아직까지는 그렇다.

무인 자동차 현실화에 박차를 가하는 진전이 있기는 하다. 2016년 1월 네덜란드의 바헤닝언에서 2대의 저속 자율 주행 버스가 공용도로 6km 구간에서 승객을 '무사히' 실어 날랐다. 다른 도시들도 자율 주행

버스를 시험 운행하면서, 이들을 도시의 대중교통망과 엮을 방안을 타진하고 있다. 그럼 무인 자동차는 어떻게 길을 알아서 갈까?

현재 자율주행차의 핵심 기술로 주목받는 것이 라이더LIDAR다. 레이저와 레이더를 합친 말이기도 하고 레이저 방위 탐지Light Detection And Ranging의 약자이기도 하다. 라이더는 레이저를 이용해서 표적의 거리와 방향을 측정한다. 이 기술은 거리와 속도와 시간 사이의 관계를 이용한다. 셋 중 둘을 알면 나머지 하나도 알 수 있다. 레이저빔의 전진 속도는 이미 알려져 있기 때문에, 레이저빔이 송신기를 떠나 물체에 부딪쳐 되돌아오는 시간을 측정하면 물체까지의 거리를 계산할 수 있다.

이전의 차량용 라이더 시스템은 자동차 범퍼에 설치했고 오직 정속 주행 유지용으로만 쓰였다. 하지만 신세대 라이더는 전적으로 다른 괴물이다. 구글의 자율주행차는 1초에 130만 건의 측정이 가능한 레이저빔 64개를 이용한다. 그리고 범퍼가 아니라 자동차 지붕에 탑재되기 때문에 360도 회전하면서 주변 지역의 3차원 매핑이 가능하다.

그런데 평범한 도시 생활자가 레이저 스캐닝 자동차를 살 수 있을까? 현재 구글의 라이더는 극도로 비싸다. 2015년 가격이 5만 달러를 상회했다. 분석가들은 차세대 버전은 가격이 현저히 떨어질 것으로 전망한다. 또 솔직히 그래야 마땅하다.

무인 자동차에 탑재되어야 할 기술은 이외에도 많다. 초정밀 GPS, 단거리 레이더 센서, 비디오카메라 등 모든 것이 합쳐져야 한다. 더구나 막상 제일 중요한 것은 따로 있다. 바로 무인 자동차의 두뇌 역할을 할 내장 컴퓨터다. 자동차가 도로를 달리는 순간순간 셀 수 없이 많은

　　　　도시를 움직이는 모든 것들의 과학

데이터가 생성되고, 자동차는 이 데이터를 거의 즉각적으로 처리해서 실시간으로 끝없이 결정을 내려야 한다. 평범한 컴퓨터는 이 작업을 수행할 수 없다. 무인 자동차에서 돈이 가장 많이 들어가는 부분이 바로 이거다. 도로 정보를 분석하고 제어 명령을 내릴 내장 컴퓨터.

그러나 무인 자동차 실현의 가장 큰 과제는 어쩌면 기술 영역 밖에 있을지 모른다. 미국 교통연구위원회가 2015년에 '교통의 미래'라는 주제로 일주일간 학술토론회를 열었다. 전 세계에서 모인 전문가들이 연구 성과를 발표하고, 다양한 방안들의 세부 사항과 장단점을 심도 있게 논의했다. 이 토론회에서 한 가지 공통 주제가 부상했다. 무인 자동차의 논리. 다시 말해 이용자의 행동심리를 고려해야 한다.

예를 들어 직접 제어할 수 없는 자동차의 운전석에 앉는 것은 어떤 느낌일까? 마냥 편하고 좋기만 할까? 도로에 구식 차량과 신식 차량이 섞여 있을 때, 그 상황이 인간 운전자의 운전 방식에 어떤 영향을 미칠까? 법적, 도덕적 책임 문제도 대두한다. 무인 자동차가 교통사고에 연루됐을 때 누구의 잘못으로 판단해야 할까? 벽을 들이받느냐 행인을 치느냐의 선택 상황에서 무인 자동차는 어떤 결정을 내릴 것인가? 무인 자동차를 '담을' 인프라도 제대로 갖춰지려면 아직 멀었다. 컴퓨터가 낙서로 뒤덮인 도로표지판을 해독할 수 있을까? 의문은 끝도 없다. 자율주행차의 물리적 구현은 과학과 공학과 기술이면 가능하지만, 이 질문들에 대한 답은 그 영역들 너머에 있다.

무인 자동차 관련 담론에서 자주 생략되는, 하지만 몹시 중요한 사안이 있다. 바로 보안 문제다. 공포 유발자가 되고 싶지는 않지만 경고하지 않을 수 없다. 컴퓨터가 있는 곳에는 항상 해킹 가능성이 따르는 법. 왕립운항협회 회장 로저 맥킨레이Roger McKinlay의 말이 많은 사람의 우려를 대변한다. "나로서는 물샐틈없는 보안 시스템이 확립되기 전에는 무인 자동차에 나와 내가 사랑하는 사람들의 생명을 맡기지 않을 겁니다." 이것을 지나친 걱정이라고 보기는 어렵다.

2015년, 과학기술 잡지 〈와이어드Wired〉의 선임 기자 앤디 그린버그Andy Greenberg가 두 명의 디지털 보안 연구가(해커)와 함께 좀 겁나지만 흥미로운 실험을 수행했다. 그린버그가 세인트루이스 근처의 고속도로를 주행하는 동안 해커들이 이 자동차의 내장 컴퓨터에 접근했다. 일단 시스템이 뚫리자 해커들이 마음대로 자동차의 에어컨과 라디오와 와이퍼를 조작할 수 있었고, 결국에는 엔진을 꺼트려 잠시나마 그린버그의 발을 묶었다.

해커들이 자동차 뒷좌석에 있었던 건 아니다. 그들은 10마일도 더 떨어진 곳에 있었고, 모든 명령을 인터넷을 통해 전송했다. 자동차들이 점점 더 통신망으로 연결되면서 보안에 대한 우려도 점점 더 커질 수밖에 없다. 그러나 겁과 갈팡질팡은 좋은 과학으로 이어지기 어렵다. 그러니 여기서는 그러지 말자.

앞의 2인조 해커는 바로 세계적 '화이트 해커white hacker(정보 시스템의 보안 취약점을 찾아내는 보안 전문가)' 찰리 밀러Charlie Miller와 크리스 발라섹Chris Valasek이었다. 두 사람은 자동차 회사들의 요청으로 일부러 그들의 보안 시스템에 구멍 내는 일을 오래 했다. 최근에는 커넥티드카에 장착할 소프트웨어의 취약점을 캐는 일로 커넥티드카 해킹에 대한 경각심을 일깨우고 있다.

그렇다고 아무나 자동차를 해킹할 수 있다는 말은 아니다. 이들이 해당 자동차 제조사의 기술 데이터에 접근할 수 있었던 것은 수천 시간에 걸친 전문적 코딩 작업 덕분이었다. 오랜 실전 경험도 무시 못한다. 한마디로 아무나 할 수 있는 일은 아니다. 지금으로서는 착한 사람들이 잠재적 '나쁜 놈들'보다 한 수 위에 있다. 그렇지만 자아도취나 안일주의는 금물이다. 보안은 미래 '연결사회connected society'의 최대 쟁점이 될 것이며, 보안 기술은 다른 기술보다 항상 한 걸음 앞서 있어야 한다.

주변을 자동 매핑해서 위험을 감지하는 기능. 수집되는 데이터를 실시간 처리할 내장 컴퓨터. 잠재적 보안 이슈에 대한 이해와 대응. 모두 무인 자동차 실현을 향한 커다란 진전이다. 하지만 운전은 그렇게 간단한 일이 아니다. 우리는 자동차와 여러 방식으로 상호작용한다. 우리는 사이드미러를 확인하고, 페달과 스틱으로 변속하고, 진로 변경 시 방향지시등(깜박이)을 켜고, 핸들을 돌려서 방향을 바꾼다.

무인 자동차의 당연한 귀결을 생각하면 이런 장치들은 더 이상 필요가 없다. 하지만 지금의 프로토타입 무인 자동차들에는 여전히 이런 장치들이 있어서, 인간 운전자가 언제든 원할 때 통제권을 회수할 수 있다. 당분간은 무인 자동차가 이런 형태를 유지할 전망이다. 도로의 마지막 자동차 1대까지 모두 자율주행차가 되는 날까지 아무도 자동차에서 핸들을 없애려 하지 않을 것이다.

사람과 자동차의 관계가 전례 없는 속도로 변하고 있다. 1980년대 어린이 만화가 예고했던 자동차가 붕붕 날아다니는 미래는 아직 멀었다. 하지만 우리는 지금 도로 주행 차량의 역사에서 중요한 전환점에 있고, 이 모든 성과는 전 세계 연구자들의 탁월한 과학적, 공학적 업적에 따른 것이다. 지금처럼 자동차의 미래가 흥미진진해 보인 적도, 예측이 어려웠던 적도 없었다.

CHAPTER 06

열차, 메가시티의 생명선

도시의 땅속 깊이 콘크리트 관들이 거대한 미로를 이루며 뻗어 있다. 몇 분마다 지구의 지적생명체를 가득 실은 금속 상자들이 빠른 속도로 관을 통과하며 규칙적으로 정차해서 내용물을 바꾼다. 도시들마다 이 시스템이 주 7일 하루 24시간 쉬지 않고 달린다.

이 시스템은 도시의 생명선이자 도시 확산의 수훈갑이다. 런던에서는 이것을 튜브the Tube라고 부르고 뉴욕에서는 서브웨이the Subway, 파리와 도쿄에서는 메트로the Metro라고 부른다. 나라마다 부르는 이름은 달라도 지하 철도 시스템은 세계 어디서나 도시가 메가시티로 발돋움하는 필수 요건으로 기능한다.

그런 면에서 이번 장에서는 열차의 세계와 그 세계를 움직이는 인프라에 '깊이' 빠져보기로 한다. 우리 중 상당수는 매일 선로에 오른다. 하지만 지하철 시스템은 지금까지 이 책에서 다룬 어떤 인프라보다도 우리의 눈에서 그리고 마음에서도 멀리 있다. 이제 한 번도 생각해본 적 없었던, 하지만 우리 생활 저변에 깔려 있는 거대한 엔지니어링을 파헤쳐보자. 열차가 어떻게 길을 찾아다니는지, 또는 선로에 떨어진 나뭇잎이 어떻게 교통 대란을 유발하는지 궁금했던 사람들은 여기서 답을 만날 수 있다.

본격적인 설명에 앞서 경고사항이 하나 있다. 이번 장을 위한 조사에 착수하기 전까지 나는 내가 잠재적 열차 광팬이자 터널 마니아라는 것을 알지 못했다. 이 책을 집필하면서 내 안에 도사리고 있던 거대한 괴물이 줄을 풀고 튀어나오고 말았다. 이 책을 읽는 여러분에게도 같은 일이 일어날 수 있다. 이 점에 유념하면서 우선 용어 몇 개부터 정리하고 넘어가자.

오늘

:

나는 레일과 관련된 거라면 무엇이든 사랑하게 됐다. 하지만 나는 순수주의와는 거리가 멀다. 이번 장에서 내가 열차라고 지칭하는 것은 선로를 달리는 모든 것을 포함한다. 거기에는 트램(노면전차), 경전철, 지하철, 중전철 여객열차, 화물열차 등이 모두 들어간다. 모든 열차가 평등하게 창조되지는 않지만 대다수가 비슷한 체제를 공유한다. 이것이 내가 이들을 하나로 묶는 데 대한 변명이다.

가장 먼저 논할 것은 기관차locomotives다. 'loco장소'와 'motivus움직임'라는 라틴어 두 개를 합성해 만든 단어로 기관차는 주로 대형 열차에 쓰인다. 기관차는 간단히 말해서 열차의 맨 앞에서 엔진 역할을 한다. 연료를 기계적 에너지로 바꿔서 선로를 달리며 뒤에 딸려 있는 객차와 화차를 끌고 간다. 차차 설명하겠지만, 기관차가 열차에 동력

　　　　　　　　　　도시를 움직이는 모든 것들의 과학

을 제공하는 유일한 수단은 아니다. 지하철의 경우는 완전히 다른 종류의 엔진으로 달린다. 하지만 기관차의 발명이 없었다면 애초에 열차가 땅속은 고사하고 땅 위를 달릴 일도 없었을 테니, 기관차가 이야기의 시작점이 될 자격이 충분하다고 본다.

: 스팀

증기를 말하지 않고 열차를 논하기는 어렵다. 물건 이동에 증기를 이용한 것은 까마득한 옛날부터지만, 실용적 원동기에 대대적으로 적용된 것은 18세기 산업혁명 때가 최초였다. 증기를 유용하게 만드는 건 압력이다.

물 분자는 기체(수증기)일 때보다 액체일 때 더 촘촘히 모여 있다. 온도를 높이면 물 분자 사이의 결합이 느슨해져 분자들이 넓게 흩어진다. 평소에는 수증기가 물보다 공간을 더 많이 차지한다는 뜻이다. 물 분자들이 맘껏 퍼지게 놔두는 대신 빠져나가지 못하게 단단한 밀폐 용기에 가둔다. 물을 100℃까지 가열하면 밀폐용기 내부의 물 분자에게 엄청난 양의 운동에너지가 생겨 서로를, 그리고 용기 벽을 사납게 들이받으며 요동친다. 이 증기압을 주도면밀하게 배출시켜 수증기 분자의 운동에너지를 동력으로 이용하는 것이 옛날의 증기기관차다.

당시에는 석탄을 때서 열에너지를 만들었다. 이 열로 탱크 안의 물을 끓여 증기를 생산하고, 이 증기를 파이프를 통해 (자동차 엔진에 있는 것과 비슷한) 실린더로 보낸다. 압력 때문에 실린더 내부의 피스톤이 왕복 운동을 해서 크랭크축을 회전시키고, 이어서 크랭크축에 연결된 바퀴를 회전시켜 기관차가 선로를 따라 굴러가게 된다. 증기 열차가 달리며 내는 칙칙폭폭 소리는 이렇게 피스톤이 실린더를 들락대며 움직이는 소리다. 기관차의 숨소리라고 할 수 있다.

최초의 증기기관차는 1804년 영국의 기계기술자 리처드 트레비식Richard Trevithick의 손에 탄생했지만 상용화에 성공한 사람은 조지 스티븐슨George Stephenson이었다. 스티븐슨의 첫 번째 기관차는 오르막길에서 최대 30톤의 화물을 시속 4마일로 견인했다. 지금 들으면 느린 속도지만, 사역용 큰말 열 마리가 끄는 힘보다 컸기 때문에 당시로서는 경이로운 성과였다.

부정적인 면도 있었다. 증기기관은 외연기관이다. 다시 말해서 에너지가 방출되는 곳(보일러)과 그것을 필요로 하는 곳(바퀴)이 떨어져 있다. 앞에서도 이야기했듯 에너지는 어디론가 옮기면 그 과정에서 에너지 유실이 일어난다. 사실상 석탄에 내장된 화학에너지의 단 10%만이 열차 바퀴를 돌리고, 다른 90%는 물을 끓이는 데 이용된다. 연료 낭비가 이만저만이 아니다.

단점은 또 있다. 증기 생산에는 시간이 걸린다. 체내 카페인 함량이 훅 떨어졌을 때 커피포트의 물이 끓기를 기다려본 사람은 잘 알 거다. 연료 효율이 높고 손이 덜 가는 엔진이 절실히 필요했다.

그러다 1940년대에 들어서 열차의 출력 문제를 해결할 놀랄 만큼 진보적인 해법이 등장했다. 디젤과 전기를 결합한 하이브리드 엔진이었다. 디젤-전기 기관차는 디젤엔진이 끊임없이 구동해서 고속으로 발전기를 회전시킨다. 발전기는 열차 바퀴에 연결된 견인 모터에 전기를 보내고, 모터가 돌면서 열차가 움직인다. 하이브리드 기관차는 증기기관에 비해 튼튼하고 안정적이고 훨씬 효율적이다. 탄생한 지 70년

 도시를 움직이는 모든 것들의 과학

이 넘은 지금까지도 교외선 열차와 도시간 열차에 널리 쓰인다.

하이브리드 기관차를 볼 수 없는 곳이 있다면 지하철 터널이다. 이유는 매연 때문이다. 하이브리드 기관차의 동력원은 내부에 탑재한 대형 디젤 탱크다. 디젤이 바퀴를 돌리는 데 직접 이용되지는 않지만, 발전기에 동력을 대기 위해 연소하면서 질소산화물과 이산화탄소를 생성한다. 이 기체들은 대기 중 농도가 높아지면 사람의 건강을 해친다. 따라서 지하철 터널처럼 밀폐된 공간에서 하이브리드 기관차를 사용하는 건 어리석은 짓이다. 지하철에는 뭔가 다른 것이 필요했다.

: 스파크

누가 열차를 가리켜 자동차보다 미래지향적이지 않다고 했던가. 최초의 완전 전기 기관차가 개발된 것이 무려 180년 전이다. 19세기 후반 들어 도시들이 무섭게 팽창하면서 대량 운송 수단들에 대한 니즈가 커졌다. 하지만 이미 번잡해질 대로 번잡해진 도시 환경에 대규모 교통 인프라를 끼워 넣는 건 쉬운 일이 아니었다. 따라서 지하철의 등장은 필연이었다.

런던은 이미 1890년에 전기 기관과 지하 철도라는 두 가지 추세를 전폭적으로 수용했다. 1863년 런던은 세계 최초로 심층 지하 '튜브' 철도를 개통했고, 이 철도로 기관차가 단순한 구조의 객차들을 끌고 다녔다. 그러다 매연 문제가 심각해지자 불과 몇 년 후 이 열차들은 총괄제어 전기 열차electric multiple unit, EMU라는 독창적인 이름을 가진, 기관차 없이 전기로 달리는 자체 추진 여객 열차로 대체됐다.

오늘날 EMU는 파리, 모스크바, 뉴욕, 리우데자네이루, 코펜하겐 등

전 세계 여러 도시들에서 널리 쓰인다. 이유는 분명하다. 전기 철도 차량은 안정성 있고 조용하고 무엇보다 달리면서 매연을 뿜어내지 않는다. 이는 건물이 밀집한 도심과 터널에서는 매우 중요한 장점이다. 거기다 몰라보게 효율적이다. 전기 기관차는 비슷한 무게의 디젤기관차보다 동력을 거의 세 배나 더 생산한다. 하지만 아직 중요한 질문이 하나 더 남아 있다. 전기 열차가 쓰는 전기는 어디에서 올까?

철도망도 전기를 고압 송전선을 통해 전력망에서 공급받는다. 철도망에 도달한 전기를 열차들에 배분하는 방식은 크게 세 가지다.

1. 배터리 같은 내부 탑재 방식 에너지 저장 시스템

2. 공중에 가설해서 열차와 연결하는 가공 전선

3. 항상 직류가 흐르는 송전용 부설 레일

배터리는 승객에게 보이지 않는다. 나머지 두 방법 중 적어도 한 가지는 다들 열차 이용 중에 본 적이 있을 것이다. 가공 전선은 시내 트램과 도시간 열차에 적합하고, 송전용 '제3레일'은 지하 열차에 적합하다. 이 제3레일 또는 도체 레일conductor rail의 역할은 전철에 전기를 상시 공급하는 것이다. 이 목적을 위해 주행 레일 사이에 또는 그 옆에 평행하게 부설된다. 다음에 지하철을 이용할 일이 있을 때 한번 유심히 살펴보기 바란다. 밀라노, 런던, 파리의 일부 구역에는 부설 레일까지 레일이 모두 네 줄이다.

앞서 말했다시피 전기는 항상 고리를 타고 흐른다. 전기는 그냥 보낸다고 보내지지 않는다. 반드시 돌아올 길이 있어야 흐른다. 대개의

 도시를 움직이는 모든 것들의 과학

경우 전류는 제3의 도체 레일을 타고 나가서 주행 레일 중 한 가닥을 타고 돌아온다. 그런데 지하 철도 시스템 초창기에는 돌아오는 전류가 길을 잃는 경우가 많았다. 엔지니어들이 조사에 나선 결과, 귀환 전류가 주행 레일 중 하나를 타지 않고 대신 빅토리아 시대에 터널을 덮는 데 쓰였던 금속 합판이나 주행 레일 옆에 나란히 설치된 철제 수도관을 타고 흐르는 것으로 밝혀졌다.

두 가지 모두 전류를 나르는 용도로 설계되지 않았기 때문에 전류 때문에 손상이 심했다. 이 문제는 네 번째 레일, 이른바 귀선 레일의 설치로 해결됐다. 귀선 레일은 주철 파이프보다 전기전도성이 높은 합금 강으로 만들어져 귀환 전류를 출발 지점으로 가뿐히 데려왔다.

도체 레일의 전압은 가공 전선보다 낮다. 하지만 '낮다'는 것은 상대적인 개념이다. 런던 지하철London Underground 시스템은 600볼트의 직류를 도체 레일에 제공한다. 다분히 치명적인 수준이다. 거기다 도체 레일이 있으면 열차 속도가 시속 약 160km 수준으로 제한된다. 이 속도를 넘으면 금속 접점 블록과 레일의 접촉이 끊겨 순간적인 전력 강하 현상이 일어날 수 있다. 속도가 과하지 않아도 가끔씩 선로 교차점에서 접점 블록이 순간적으로 접촉을 놓치는 경우가 있다. 이따금 제3레일 근처에서 희푸른 불꽃이 튀는 건 이 때문이다. 따라서 고속 열차에게는 가공 전선이 더 나은 선택이다.

: 선로

선로track와 열차train는 바늘과 실 같은 관계다. 그런데 선로의 역사가 기관차의 역사보다 훨씬 길다. 물자 수송에 선로를 이용하는 개념은 약 2,600년 전으로 거슬러 올라간다. 기원전 600년경 그리스에서 석회암 석판에 홈을 파서 선로로 사용했다. 육상에서 배를 옮길 때 동물이 홈을 따라 바퀴달린 수레를 끌어서 옮겼다. 이 방법이 별로 달라진 것 없이 1500년대까지 이어졌다. 독일 광부들이 평행하게 놓은 널빤지 틈으로 바퀴 달린 수레를 굴려 광석을 날랐다.

그러다 산업혁명이 일어나 물자를 싸게 장거리 수송할 방법이 절실해지면서 주철 레일과 연철 레일이 등장했지만 이후 150년 동안 주철과 연철의 사용은 제한적인 수준에 머물렀다. 레일을 실용적으로 만든 것은 강철이었다. 획기적 비용 절감 효과와 생산의 용이성과 역학적 특성 덕분에 강철이 현실적인 해결책으로 부상했다. 심지어 오늘날까지도 레일의 압도적 다수에 강철이 쓰인다.

그럼 석탄 같은 고밀도 물건을 운송할 때 도로보다 철도가 더 적당한 이유는 무엇일까? 부분적으로는 구름마찰rolling friction 때문이다. 앞서 설명했듯 마찰은 방해될 때도 많지만 유용할 때도 많다. 자동차 타이어가 말랑하고 무늬가 패어 있는 건 거칠거칠한 아스팔트 도로에서 접지력을 발휘하기 위해서다. 이와 반대로 열차 바퀴는 매우 딱딱하고 상대적으로 매끈하고 좁고 단단한 강철 레일 위를 굴러간다.

열차 바퀴와 레일 사이에 마찰이 없다는 뜻은 결코 아니다. 물체가 맞닿는데 마찰이 없을 수는 없다. 하지만 이때의 마찰은 타이어와 노면 사이의 마찰에 비해 약하다. 따라서 에너지 비용 측면에서 보면 무거운 물건을 나를 때는 레일이 보다 효율적이고, 따라서 비용이 적게 드는 방법이다. 공학적 과제가 대개 그렇듯 마찰도 타협과 절충의 문제다. 마찰이 너무 강하면 열차가 서서히 정지해버리고, 마찰이 너무 약하면 열차가 아예 움직이질 못한다.

마찰(엄밀히 말해서 마찰 손실)의 부정적 측면을 하나 말해볼까? 내가 이 책을 쓰는 동안 받았던 질문 중에는 이런 것도 있었다. 어떻게 선로 위의 낙엽이 철도 시스템을 멈춰 세우는가?

2013년 영국에서 나뭇잎이 수많은 열차 이용자의 발을 묶는 사태가 발생했다. 나뭇잎이 레일과 바퀴 사이의 마찰 저항을 바꿔놓은 탓이다. 젖은 나뭇잎들이 열차의 무게에 다져지면서 단단하고 미끄러운, 마치 왁스 코팅 같은 막을 형성한다. 이 막이 마찰을 줄여서 열차 바퀴가 접지력을 잃는다. 그렇게 되면 열차가 출발할 수 없거나, 이미 움직이는 중이라면 멈추기가 힘들어진다.

이에 대한 현재의 해결책은 열차에 분출구를 달아서 선로에 물을 세게 분사해 이물질을 치우거나, 선로에 모래를 뿌려 소중한 마찰력을 간신히 보충하는 정도다. 하지만 내일의 해법은 이보다 훨씬 멋지다. 그게 뭔지는 이번 장 후반에 알려주겠다.

열차 선로의 구조와 재료는 지역에 따라 다르다. 두 줄의 레일을 동일 간격으로 침목 위에 고정하는데, 유럽과 미국에서는 주로 목재 침목이나 강화 콘크리트 침목 위에 강철 레일을 놓는다. 철도 레일의 단면은 특유의 형상을 띠고 있다. 세계적으로 가장 널리 보급된 레일은 밑면이 약간 평평하게 퍼진 I자형 레일이다. 이를 '평저flat-bottomed' 레일이라고 부른다. 평저 레일은 침목 위에 안정감 있게 올라앉는다.

침목들rail-sleeper assembly은 두텁게 쌓은 자갈층 위에 판판하게 나란히 깐다. 이 자갈층을 도상ballast이라고 한다. 도상은 레일과 침목을 통해 전달되는 열차의 하중을 지지하고, 레일이 물에 잠기지 않도록

[그림 6.1] 평저 레일

배수를 돕는다. 아시아의 고속열차 선로들은 도상이 아예 없는 경우가 많다. 대신 레일과 침목들을 콘크리트 노반에 직접 체결한다. 어떤 방식이든 목적은 하나다. 열차 주행의 최적화를 위해 선로를 최대한 안정적으로 유지하는 것. 그와 동시에 열차의 하중을 넓고 고르게 확산시키는 것.

열차만으로는 레일 위를 달릴 수 없다. 일단 바퀴가 필요하다. 바퀴는 정말 아름다운 구조물이다. 초창기의 선로 시스템은 거의 예외 없이 바퀴가 경로를 (땅에 파인 홈이든 널빤지 틈새) 따라 굴러가는 형식을 취했다. 하지만 오늘날의 열차는 오히려 레일에 올라탄다. 이게 어떻게 가능해졌을까? 주도면밀한 설계 덕분이다. 트램 레일은 지하철 레일이

도시를 움직이는 모든 것들의 과학

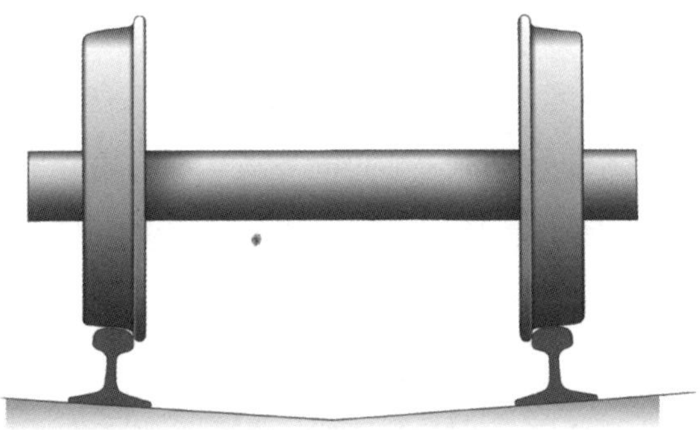

[그림 6.2] 선로는 열차 바퀴가 레일을 '껴안으며' 달리도록 설계된다. 위의 이미지는 이 구조를 다소 과장되게 표현한 것이다.

나 도시간 열차의 레일과 좀 다르게 생겼다. 트램 바퀴는 '그릇처럼 움푹 파인' 레일헤드에 '담겨서' 노면과 동일 높이에서 구른다.

열차의 강철 바퀴를 정면에서 보라. 완전한 원통형이 아니다. 원통형보다는 원뿔대에 가깝다. 바퀴 안쪽 면이 바깥쪽 면보다 약간 넓어서 바퀴가 미끄러지지 않고 레일을 타도록 유도한다. 바퀴 안쪽 면에는 플랜지flange라고 부르는, 지름이 바퀴보다 살짝 큰 원판도 붙어 있다. 플랜지는 열차의 탈선을 막는 최후의 보루가 되는 중요한 안전장치다. 또한 레일을 유심히 보면, 가운데를 향해 조금 안쪽으로 기울어 있다. 바퀴와 레일이 이렇게 생긴 이유는 열차가 커브를 돌 때에도 바퀴가 레일에서 떨어지지 않고 레일헤드와 찰떡처럼 붙어 있게 하기 위해서다.

멕시코시티의 지하철을 포함해 일부 지하철 시스템은 강철 바퀴가 아닌 고무 타이어를 쓴다. 고무 타이어 지하철은 덜컹거림이 적다. 그래서 안정성이 떨어지는 지반 위에 건설된 선로에 주로 쓴다. 어떤 재료로 만들든 열차 바퀴는 마술이 아니다. 따라서 열차는 반드시 제한 속도를 지켜야 한다. 열차가 안전히 커브를 돌 수 있는 최대 속도는 커브의 각도, 열차의 무게, 레일의 형태, 길의 경사에 따라 달라진다. 열차에게 언덕은 무리다. 왜 그런지 아래의 이야기가 말해준다.

: 구르기

때는 1841년 제정 러시아 시대. 니콜라이 1세 앞에서 건설공학자들이 갑론을박을 벌였다. 이들은 벌써 몇 주 동안이나 황제의 인내심을 시험하고 있었다. 상트페테르부르크와 모스크바를 잇는 철도 건설을 향한 황제의 꿈이 물 건너갈 판이었다.

격분한 니콜라이 1세는 다짜고짜 자를 집어들고 제국의 지도 위에다 두 도시를 잇는 직선을 쫘악 그었다. 그런데 냅다 선을 긋다가 황제의 손가락 하나가 그만 펜에 걸리고 말았다. 황제의 말은 곧 법이었기에 건설공학자들은 황제가 지도에 그은 선대로 철도를 건설했다. 중간에 손가락에 걸려 불뚝 튀어나온 부분까지 똑같이. 결국 황제의 손가락 때문에 철도는 베레브예 시 근처에서 반원형으로 굽었고, 무려 2001년까지 그 상태로 남아 있었다.

이 이야기가 사실이었으면 정말 좋겠다. 하지만 상트페테르부르크와 모스크바를 잇는 직선 철도에서 불뚝 튀어나온 부분이 생긴 진짜 이유는 따로 있다. 그리고 진짜 이유는 별로 재미없다. 열차가 가진 견인력의 한계 때문이었다. 당시에는 아무리 성능 좋은 기관차도 언덕을 이기지 못했다.

베레브예에는 650km의 전체 구간에서 가장 가파른 비탈이 있었다.

만약 엔지니어들이 직선을 유지하기 위해 이 언덕 위에 선로를 건설했다면, 모스크바에서 오는 열차들은 오르막 경사를 소화하기 위해 기관차 4대가 필요했을 거고, 상트페테르부르크에서 출발한 열차는 내리막 경사에서 붙은 속도를 이기지 못해 다음 역에 정차하지 못했을 거다. 유일한 해결책은 주변의 야트막한 경사로들을 타고 점진적으로 올라가는 우회 경로를 만드는 것이었다.

어째서 열차들은 이토록 급경사에 약한 걸까? 쇼핑백을 들고 또는 무거운 배낭을 메고 걸을 때를 생각해보자. 평지를 걸을 때도 짐의 무게를 느끼지만, 오르막길을 만나면 걷기가 더 힘들어진다. 기분만 그런 게 아니다. 물리법칙에 따른 엄연한 사실이다. 물건을 들어 올릴 때마다, 또 언덕을 오를 때마다 우리는 인지하지 못하는 사이에 소리 없이 전투를 치르고 또 소리 없이 승리를 거둔다.

평지에서 물건을 끌어당길 때는 마찰만 극복하면 된다. 하지만 경사로에서 물건을 끌어올릴 때는 마찰과 싸우면서 동시에 또 다른 적, 바로 중력과도 싸워야 한다. 중력은 매우 안정적인 힘이다. 오직 한 방향

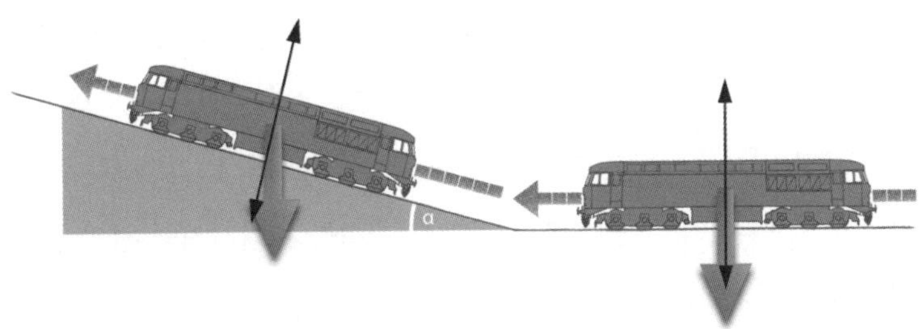

[그림 6.3] 열차가 수평으로 움직일 때는 중력(굵은 화살표)이 열차에 미치는 영향이 별로 없다. 중력이 레일의 반동력(가느다란 화살표)과 균형을 이루고 상쇄되기 때문이다. 하지만 경사로를 오를 때는 두 힘이 더 이상 균형을 이루지 않아 열차가 중력과 싸워야 한다.

으로만, 즉 지구 중심을 향해 아래쪽으로만 작용한다.

물체가 지표면을 따라 움직일 때는, 예컨대 열차가 선로를 달릴 때는 중력이 열차의 운동에 별다른 영향을 미치지 않는다. 그저 기관차가 행복하게 열차를 밀고 가거나 끌고 갈 뿐이다. 하지만 움직이는 물체가 수평면을 벗어나는 순간 중력이 고개를 든다. 경사를 올라가는 것은 중력을 거슬러 가는 것이고, 경사가 급할수록 더 많은 힘을 써야 중력을 이길 수 있다.

경사를 정의하는 방법은 여러 가지지만, 나는 각도를 좋아하므로 각도로 말하겠다. 앞의 그림 6.3에서 언덕의 경사를 a로 지칭한다. $a = 0$도는 수평면을 뜻한다. 0도 이상은 무조건 경사면이다. $a = 90$도는 수직으로 깎아지른 절벽이다.

오늘날의 열차가 감당할 수 있는 최대 경사는 얼마일까. 30도? 아니면 40도? 미안하지만 여러분의 짐작은 엄청나게 빗나갔다. 마찰 기반 열차가 감당할 수 있는 최대 경사는 고작 4도다. 그것도 경사로가 짧을 때나 가능하다. 열차에 작용하는 마찰력의 변화 때문이다.

평소 열차가 선로를 따라 무사히 움직이는 것은 마찰이라는 고마운 접착력 덕분이다. 하지만 경사가 급해질수록 이 접착력이 약해져 더는 바퀴가 레일과 접촉을 유지하기 힘들어진다. 그러면 열차가 통제력을 잃고 도로 미끄러져 내려간다. 미미한 경사도 열차의 견인력에 커다란 차이를 만든다. 300톤 열차의 경우 1도 경사를 올라가려면 평지를 달릴 때보다 두 배의 힘을 써야 한다.

경사면을 내려갈 때는 상황이 반전된다. 내리막 경사가 급할수록 중력의 영향으로 열차의 속도가 올라간다. 얼핏 들으면 이때는 중력이

    도시를 움직이는 모든 것들의 과학

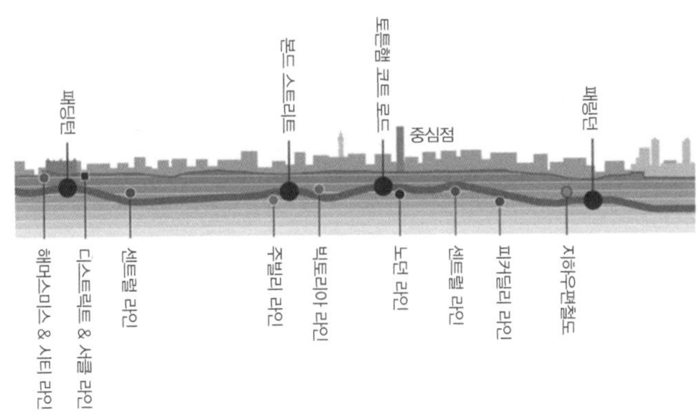

[그림 6.4] 크로스레일 패딩턴–패링던 구간 터널 단면도

유용해 보이지만 사실 열차에게는 내리막 급경사가 더한 골칫거리다. '폭주 열차'라는 표현이 괜히 있는 게 아니다.

황제의 손가락 시대 이후 기관차의 힘은 많이 강해졌다. 현대의 기술공학이 결국 베레브예의 곡선 주로를 제거하는 데 성공했다. 열차의 힘이 베레브예 언덕을 오를 수 있을 만큼 강해진 덕분이다. 하지만 중력은 변함없이 마찰 기반 열차의 성능을 제한해왔고, 앞으로도 그럴 것이다. 하지만 공학적 난제가 항상 그렇듯, 오늘의 장애물은 곧 내일의 해법이 될 가능성이 크다. 경사라는 장애물도 마찬가지다.

나는 크로스레일Crossrail 관계자들을 만났다. 크로스레일은 유럽 최대의 인프라 건설 프로젝트로, 런던의 땅속에 42km의 광역 도시 철도 구간을 새로 더하는 공사다. 그림 6.4의 패딩턴-패링던 구간의 터널 단면도를 보라. 선로의 경사가 오르락내리락한다. 우연히 그렇게 된 것이 아니다. 기존 열차역들의 위치와 지반 유형 때문에 그렇게 된 것만은 아니다. 일부러 그렇게 만든 거다. 해당 구간의 모든 역들에 공통으로 적용된 흥미로운 룰이 하나 있다.

그림에서는 비율이 엉망이라 잘 드러나지 않지만, 자세히 보면 역과 역 사이가 역이 있는 곳보다 낮다. 일부러 그렇게 설계했다. 왜 그랬을까?

토튼햄 코트 로드 역을 향해 동쪽으로 달리는 열차의 거동을 생각해보자. 열차가 역에 진입해서 승강장에 닿으려면 작은 경사를 올라야 한다. 반대로 승강장을 벗어날 때는 작은 경사를 내려간다. 크로스레일은 이렇게 중력을 이용해서 열차의 속도를 줄이거나 높인다.

자세히 설명하면 이렇다. 승강장에 진입할 때는 오르막길을 배치해서 열차의 속도를 줄이고, 승강장을 떠날 때는 내리막길을 배치해서 열차의 속도를 높인다. 다른 도시 철도 시스템들도 이런 방법을 쓴다. 이렇게 하면 승차감이 좋아질 뿐 아니라 제동 시에 에너지를 많이 아낄 수 있다.

: 멈추기

지하철을 자주 이용하는 사람은 열차 운행에서 정지와 출발이 얼마나 많은 부분을 차지하는지 잘 안다. 달리는 열차는 엄청난 운동에너지를 갖는다. 열차를 멈추려면 이 운동에너지를 제거해야 한다. 하지만 다시 말하지만, 에너지는 그저 없애버릴 수 있는 것이 아니다. 우리는 다만 에너지의 형태를 바꿀 수 있을 뿐이다.

초창기 기관차는 상대적으로 출력이 낮아서 단순한 수동 제어장치로도 열차의 속도를 줄일 수 있었다. 하지만 엔진이 점점 강력해지면서 제동도 그만큼 힘들어져 다른 대안이 필요해졌고, 이에 따라 선두의 기관차뿐 아니라 열차 전체를 일시에 감속할 시스템들이 개발되었다. 20세기 초에 에어브레이크air brake(공기 제동기)가 열차 제동의 정석으로 자리 잡았고, 오늘날까지도 전 세계적으로 널리 이용된다.

에어브레이크는 압축공기의 압력을 이용해 열차 바퀴들에 브레이크 패드를 급속히 밀착시켜서 이때 발생하는 마찰력으로 열차를 감속한다. 열차가 제동할 때 들리는 쉭쉭 소리는 바로 에어브레이크 소리다. 제동장치가 내부 압력을 평준화하기 위해 압축공기를 훅 내뿜는 소리다. 여담이지만 브레이크에서 발생하는 열이 주변 공기를 데우기 때문에 터널 환기 시스템을 설계할 때 이 점을 고려해야 한다.

마찰 브레이크도 훌륭히 작동하지만 나름의 한계가 있다. 전속력으로 달리는 열차를 완전 정지 상태까지 제동할 때 마찰 브레이크를 쓰면 브레이크 패드가 금방 마모된다. 그래서 마찰 브레이크는 열차가 역에 도착할 때처럼 제동의 마지막 단계에서만 쓴다. 완전 정지가 아닌 감속에는 5장에 나왔던 전기차의 경우처럼 회생제동을 쓴다. 로스앤젤레스, 오클랜드, 부에노스아이레스 등 여러 도시에서 지하철에 회생제동을 적용했다.

열차가 '브레이크를 밟으면' 평상시 바퀴를 돌리던 모터가 발전기로 전환된다. 그렇게 운동에너지를 전기에너지로 회수하는 방법으로 바퀴의 회전을 줄여 감속한다. 이때 회수한 전기는 도체 레일을 통해 전력선으로 돌려보내 다른 수요처에서 사용할 수 있다. 어디에 어떻게 사용될지는 그 도시의 사정에 따라 달라진다.

해당 지하철 노선이 열차가 많이 다니고 배차 간격이 짧은 노선이면 회생 전기가 뒤따라오는 열차의 동력으로 쓰인다. 한가한 노선이면 회생 전기를 열차에 탑재된 배터리에 저장한다. 전기 브레이크가 직류를 쓸 때는 열차를 시속 약 8km까지 감속할 수 있고, 교류를 쓸 때는 열차를 완전히 멈춰 세울 수도 있다.

이로써 열차가 어떻게 움직이고, 경사를 오르고, 멈추는지 파악했다. 그럼 열차의 위치 파악과 일정한 배차 간격 유지는 어떻게 하는 걸까? 첫 번째는 상당히 쉽다. 흔히 레일에 전기회로를 설치해서 열차의 유무를 감지한다. 해당 구간에 열차가 있으면 스위치가 꺼지고, 열차가 없으면 스위치가 켜져 있다.

차축 검지기axle counters를 이용하는 방법도 있다. 차축 검지기는 이름이 말하듯 열차의 차축(바퀴 한 쌍)이 레일을 지나갈 때마다 이를 인지해서 차축 수를 세는 장치다. 이 장치를 두 개씩 레일에 일정 간격으로 설치해서 검지한 데이터에 약간의 계산을 거치면 열차의 방향, 길이, 속도를 측정할 수 있다. 열차의 운행 위치 파악은 열차 검지 시스템이 하는 일의 일부에 지나지 않는다. 열차 승강장이 항상 붐비고 노선마다 많은 열차가 운행하는 도심지에서는 열차 제어가 관건이다. 그리고 제어에는 신호 체계가 필요하다.

열차가 '신호 이상 문제'로 잠시 정차하거나 출발이 지연되는 경우가 비일비재하다. 하지만 신호 이상이 발생하는 이유를 아는 사람은 몇이나 될까? 전통적 신호 체계는 열차가 서로 안전거리를 유지하면 추돌이 일어나지 않을 거라는 단순한 논리에 기초한다.

열차들의 간격 유지를 위해서 철도는 '폐색block'이라고 부르는 구간들로 분리되어 있다. 폐색 안에는 1대의 열차만 운행할 수 있다. 각 폐색의 끝에는 도로의 삼색 신호등 같은 신호기가 있어서, 진행 신호

     도시를 움직이는 모든 것들의 과학

가 떨어져야 기관사는 '다음 폐색으로 진행'할 수 있다. 폐색이 신호 제어의 단위인 셈이다. 폐색의 길이는 해당 경로를 이용하는 열차가 얼마나 많은지에 따라 수백 미터에서 수십 킬로미터까지 다양하다.

도시 철도 시스템의 모든 것이 다 그렇듯 신호 체계도 전기에 의존한다. 전력 공급에 문제가 생기면 신호기가 작동하지 않고, 기관사는 신호기를 통과할 수 없다. 완전 자동 열차라 해도 신호기 고장 앞에서 발이 묶이는 것은 마찬가지다. 그러니 신호를 생명처럼 지켜야 하는 철도 기관사들을 너무 원망하지 말자.

이 경우 단기적 해결책은 '과전압 보호기surge-protection'를 설치해서 전력 공급의 단속斷續을 막는 것이다. 장기적 해법도 있다. 이 해법은 '고정 폐색fixed block' 방식이 갖는 다른 이슈, 즉 속도 제한 문제까지 해결한다.

오늘날의 열차는 폐색이 처음 설계되던 때보다 월등히 빨라지고 철도망도 상당히 복잡해졌다. 주행 속도가 높아지면 그만큼 제동 거리가 늘어난다. 이 점이 폐색의 길이에 제대로 반영되어 있지 않다. 요즘의 날랜 열차들에 비하면 폐색의 길이가 너무 짧다. 이 때문에 분주한 시내 노선을 다니는 열차들은 제동에 많은 시간을 쓸 수밖에 없다.

이런 상황에서 작은 지체라도 발생하면 그 영향이 전체 노선에 일파만파 누적된다. 도로의 교통체증 유발 파동, 곧 재미톤을 떠올리면 쉽게 이해할 수 있다. 폐색은 철도 인프라에 고정된 물리적 부분이라서 해당 구간을 동시에 이용할 수 있는 열차의 수도 제한된다. 이에 대한 장기적 해법에 대해서는 잠시 후에 말하기로 하고, 우선은 지하 탐험에 나서보자.

: 파기

우리는 열차를 만들었고 선로를 깔았다. 도시가 팽창하면서 지금도 이 작업은 부단히 이어진다. 그러나 대개의 도시에서 열차는 사람들의 시야에서 벗어나 있다. 열차를 숨기려면 땅을 파야 한다. 지질학과 굴착 공학이 자연스럽게 다음 차례로 등장한다. 다시 말하지만 나는 터널 마니아다. 과도하게 티를 내지 않겠다는 약속을 드리지만 내가 나를 자제하지 못할 수도 있다는 점, 미리 양해를 구한다.

터널을 파는 방법은 여러 가지지만 모두 암반 유형에 대한 심도 있고 면밀한 지식을 요한다. 도시마다 지반 구성이 다르다. 단단히 다져진 모래층부터 화산암까지 다양하다. 따라서 터널 경로가 확정되기 한참 전부터 지질학자들이 대거 동원되어 상세 지반도(지반을 구성하는 지층과 층상을 나타내는 도면)를 작성한다. 지질 조사는 복잡한 작업이다. 대규모 공공 건설 프로젝트의 경우, 일반적으로 지표 투과 레이더ground-penetrating radar를 이용해 땅속에 묻혀 있는 설비는 없는지 확인하는 작업부터 한다.

지질학자 앨런 백스터Alan Baxter 박사는 이렇게 말한다. "지질공학적 검토도 병행합니다. 절리와 단층을 조사해 불연속면을 파악합니다." 다음 단계는 시추공을 뚫어 암석 표본을 두루 수집해서 암석의 성분 구성과 수분 함량을 자세히 알아내는 것이다. 예상 굴착 지역에 대한 상세 지반도가 완성된 후에도, 터널 공사는 여전히 놀라움으로 가득한 예측 불허의 작업이다.

멕시코시티 메트로의 건설 초기 단계에 인부들이 아즈텍 문명의 피라미드를 발굴했고, 런던에서는 크로스레일 건설 당시 선사 시대 부싯

돌부터 로마 시대 머리핀까지 온갖 것이 다 출토됐다. LA 메트로 터널 공사 때는 1,650만 년 전으로 거슬러 올라가는 화석이 발견됐다. 이스탄불에서는 지하철 공사 도중 거대한 항만 유적이 모습을 드러냈다. 고대 비잔틴 제국 시대의 항구가 고스란히 발굴된 것이다. 유적 중에는 일시에 가라앉은 것으로 보이는 여러 척의 침몰선도 있었다.

그렇다. 도시 밑으로 터널을 파는 것은 곧 시간을 파는 것이다. 실제로 한때 우리와 같은 자리에 존재했던 것들을 얼핏이나마 엿볼 기회를 제공하기도 한다. 요즘은 도시 터널 공사에 항상 노련한 고고학자들이 동참해서 실제로 땅을 파는 사람들과 긴밀히 협력한다.

오늘날 터널을 굴착하는 방법은 크게 두 가지다. 개착방식cut-and-cover과 굴진방식deep bore이다. 각각 장단점이 있지만, 어떤 방식을 쓰느냐의 결정은 근본적으로 세 가지 고려사항에 따른다. 지질 상태, 공사 예산, 터널의 기능.

개착방식은 지표면에서 땅을 파 들어간 뒤 터널 구조물을 설치하고 다시 흙을 덮는 공법이다. 뉴욕 시 지하철 공사에 이 공법이 광범위하게 적용됐다. 나는 운 좋게 세계적 종합건설사 벡텔의 철도 건설 부문 엔지니어 에일리 맥아담Ailie MacAdam을 만났다. 맥아담은 보스턴의 도심과 외곽을 지하 고속화 도로로 연결하는 '빅딕Big Dig' 프로젝트를 포함해 여러 역사적인 대형 건설 사업에 참여했다. "개착방식은 지하에 박스를 만드는 것과 비슷합니다. 벽들을 평행하게 세우는 거죠."

보스턴에서는 '하향식' 접근법을 썼다. 먼저 지하연속벽diaphragm wall으로 불리는 두꺼운 콘크리트 패널들을 터널 경로를 따라 땅속에 박아 넣는다. 이 패널들이 박스형 터널의 벽체가 된다. 다음에는 벽체

사이에 있는 흙이며 바위를 모두 제거해서 참호 형태로 판다. 벽은 혼자 서 있지 못한다. 개착방식으로 터널을 팔 때는 거대한 임시 버팀목으로 벽을 받쳐 놓는다. 다음에는 콘크리트 평판을 참호 바닥에 깔고 참호 위도 덮는다. 여기까지 완료되면 지상은 원래 상태로 돌아가고 지하에서만 공사가 진행된다.

보스턴의 빅딕은 터널을 한 줄만 파면 끝나는 수준의 공사가 아니었다. 지하에 보스턴을 가로지르는 8차선의 고속화 도로망을 까는 일이었다. 박스형 터널을 선택한 덕분에, 같은 경로를 달리던 지상의 기존 고가도로를 폐쇄할 필요 없이 교통 장애를 최소화하며 공사를 진행할 수 있었다. 〈워싱턴포스트〉는 이 공사 과정을 가리켜 "환자가 마라톤을 하는 중에 심장 절개 수술을 수행하는 것과 같다"고 표현했다. 엔지니어링의 세계는 정말 팔수록 놀랍다.

두 번째 터널 굴착 방식으로 넘어가기 전에 한 가지 짚고 넘어갈 것이 있다. 4장에서 살펴본 다리 공사처럼, 터널 공사도 결국 관건은 힘의 균형이다. 다만 터널의 경우는 구조물이 자신의 무게는 물론, 자신을 둘러싼 흙과 암반과 물도 지탱해야 하고 지상에 있는 기존 인프라까지 지탱해야 한다. 거기다 터널은 인장력(잡아당기는 힘)과 압축력(밀어붙이는 힘) 외에 전단력shearing(미끄러지는 힘)과 비틀림torsion도 상대해야 한다. 터널 공사에 강철과 콘크리트 같은 강성 재료를 쓰는 것은 이 외력들에 맞서기 위해서다.

터널의 형태에 따라 이 외력들을 상대하는 것이 좀 더 쉬워지기도 한다. 개착방식 터널은 옆면이 평평하고 모서리가 뾰족한 박스 형태다. 따라서 터널을 둘러싼 흙의 무게가 균등하게 배분되지 않는다. 어

          도시를 움직이는 모든 것들의 과학

떤 사람이 슬리퍼를 신고 내 발을 밟았을 때와 하이힐을 신고 밟았을 때를 상상해보라. 어느 경우가 더 아플까?

두 경우 모두 밟은 사람의 몸무게는 같다. 달라진 것은 무게가 분포하는 면적이다. 뾰족한 하이힐은 납작한 슬리퍼보다 상대적으로 적은 면적에 몸무게를 집중시키고, 결과적으로 밟힌 사람에게 훨씬 날카로운 통증을 유발한다. 마찬가지로 박스형 터널의 모서리는 벽체로부터 남다른 힘을 받는다. 터널이 오래오래 구조적 안정성을 유지하려면 이 차이를 어떻게 극복해야 할까? 엔지니어들은 17세기부터 터널을 파왔다. 그들은 방법을 알고 있다.

: 뚫기

런던 지하철은 '튜브'라고 부른다. 이 명칭으로 알 수 있듯 지하 터널이 모두 박스형인 것은 아니다. 둥그런 튜브형 터널도 꽤 많다. 튜브형 터널은 굴진방식으로 판다.

굴진방식의 장점 중 하나는, 건설 장비가 지하로 왕래하는 지점만 빼면 터널 공사 과정이 전적으로 지하에서 이루어진다는 것이다. 교통 장애가 최소화되므로 인구 밀도가 높은 도심지에서는 엄청난 장점이다. 굴진방식 터널의 또 다른 이점은 횡단면이 원형이라서 주변 암반에서 터널에 미치는 모든 힘이 균등하게 배분된다는 것이다. 즉 하중을 못 이겨 굽을 수 있는 평면이 애초에 존재하지 않는다.

이렇게 터널을 원통형으로 파려면 터널 보링 머신Tunnel Boring Machine, TBM을 투입해야 한다. '두더지'라는 별명으로 불리는 이 원통형 기계가 어떤 종류의 암반도 우적우적 먹어치우며 땅속을 전진한다.

덩치도 어마어마해서 세계 최대 TBM의 경우 지름이 17.5m에 달한다. 이층버스 넉 대를 쌓아놓은 것과 같은 높이다. 솔직히 나는 TBM에 가장 어울리는 동물이 두더지라고 생각하지 않는다. 그보다는 대형 지렁이에 가깝다. 지렁이는 흙을 먹으며 굴을 파고 먹은 흙을 도로 배출한다. TBM이 기본적으로 하는 일도 이 세 가지다.

TBM의 둥근 앞면은 탄화텅스텐으로 만든 초강력 회전 이빨로 덮여 있다. 이 커터헤드가 회전하면서 앞을 막아선 암석을 분쇄한다. 깨진 흙과 돌은 앞면의 구멍(입이라고 불러도 무방하다)으로 삼켜진 후 TBM의 기다란 몸통 속 컨베이어벨트에 실려 이동한다. 이동하는 과정에서 포유동물이 삼킨 음식이 타액, 위산과 섞이듯 다양한 첨가제와 섞여 결과적으로 치약처럼 걸쭉한 물질로 바뀐다. 이렇게 찐득하게 소화 과정을 거친 물질은 TBM의 꽁무니로 배출되고, 다시 컨베이어벨트에 실려 지상의 처리 시설로 간다. 거기서 여과와 가공 과정을 거친 뒤 대개는 다른 건설 공사에 재이용된다.

TBM은 자기 모양대로 둥근 터널 벽을 만들기 때문에 터널 내벽 공사 비용을 상당히 줄여준다. 최첨단 TBM의 경우, 맨 앞에서는 커터헤드가 돌아가며 암반을 뚫고, 그 멀찌감치 뒤에서는 이렉터erector라는 거대한 로봇 팔이 콘크리트 원호들을 집어다 굴 벽에 착착 붙여서, 터널 내부를 두르는 콘크리트 링을 만든다. TBM이 굴진함에 따라 이런 링들이 계속 늘어나 결국 터널의 내벽이 완성된다.

위의 내용은 모두 크로스레일의 엔지니어들에게 직접 들은 것이다. 듣기만 한 게 아니라 그들을 졸라서 TBM 터널의 일부 구간에 직접 들어가 보기까지 했다. 나는 공사 규모의 방대함에 입이 떡 벌어졌다. 솔

도시를 움직이는 모든 것들의 과학

직히 말하면, 야광 작업복을 입고 돌아다니며 토목기술자들과 함께 인프라 프로젝트를 논할 기회를 얻는 것, 이것이 내가 이 책을 쓰고 싶었던 진짜 이유다.

크로스레일 터널의 지름은 런던 지하철 터널의 거의 두 배인 6.2m다. 이 공사를 위해 특별히 설계된 TBM 8대로 팠다. 각각의 무게가 1,000톤에 달한다. 크로스레일 터널들은 사실상 거대한 원통형 직소 퍼즐이다. 20만 개가 넘는 콘크리트 조각들이 합체해서 터널의 내벽을 이룬다. TBM은 이 굴착과 조립 작업을 일주일에 100m라는 놀라운 작업 속도로 수행한다. 그게 왜 놀라운 속도냐고?

물론 자동차 속도에 비하면 굼벵이 걸음이다. 하지만 터널의 역사를 조금만 돌이켜봐도 상황이 파악된다. 19세기 중반 마크 브루넬Marc I. Brunel이 와핑과 로더히스를 잇는 길이 406m의 템스 터널을 팔 때는 장장 16년이 걸렸다. 이에 비해 크로스레일에 속한 플럼스테드와 노스울위치 사이의 새 템스 터널은 단 8개월 만에 팠다.

터널을 만들려면 엄청난 양의 흙과 바위를 파내야 한다. 그거야 누구나 안다. 하지만 엔지니어 스티브 보일Steve Boyle의 말을 듣기 전까지는 그 양에 대해 상상해본 적도, 상상할 길도 없었다. 보일은 나에게 입이 딱 벌어지는 수치를 댔다. "이 프로젝트에서 굴착 공사가 한창일 때는 매일 터널에서 트럭 120~140대분의 굴착토가 나왔습니다."

그렇다고 TBM 공법에 애로사항이 없는 것은 아니다. 젠가 게임을 생각해보라. 다만 밑에 있는 나무토막을 빼내는 대신 지상에 즐비하게 늘어선 빌딩들 밑에서 수백, 수천 톤의 돌과 흙을 파낸다고 생각해야 한다. 어떻게 될까?

콘크리트 링들이 조립되는 동안 TBM이 제 몸으로 터널을 받치며 작업한다. 하지만 굴착 진동 때문에 주변 지반이 약화될 수 있다. 자칫하면 터널 위에 있는 지상 구조물이 주저앉으면서 회복할 수 없는 손상을 입거나 심하면 비극적 사고가 일어난다. 땅속에서 막대한 양의 흙과 바위를 들어낼 때 건물 붕괴의 위험을 최소화하기 위해 쓰는 것이 바로 보강 그라우팅compensation grouting이라는 기술이다.

건설 팀은 공사 계획 단계에서 터널 경로에 위치한 건물을 모두 파악해서 건물마다 센서를 잔뜩 붙인다. 이 센서들이 공사 기간 내내 건물들의 상태를 끊임없이 모니터한다. 만약 어느 한 건물에서 아주 미세하게라도, 가령 1mm의 수천 분의 1이라도 움직임이 감지되면 관제 센터에 경보가 울린다. 경보가 울리면, 터널 공사의 숨은 영웅 그라우팅 팀이 출동한다.

이들은 그라우트 섀프트grout shaft라고 부르는 몇 미터 너비의 수직 터널로 들어가 거기서 주변 지반에 좁은 너비의 파이프들을 분산 설치한다. 다음에는 이 파이프들에 시멘트 혼합물을 채워 넣어 지반 침하 위험이 있는 건물의 지반을 보강한다.

그라우팅은 진동 피해가 예상되는 지역을 단단히 다지고, 토사 유실을 보충해서 혹시 모를 지반 함몰 사고를 예방한다. 어찌 보면 도시의 주름진 얼굴에 필러 시술을 하는 것과 비슷하다. 이 기술이 도시 지역 터널 공사에 세계적으로 널리 쓰인다. 이 기술이 없었으면 수많은 역사적 건물들이 발전의 이름으로 사라졌을지도 모른다. 찬사를 보내지 않을 수 없다.

　도시를 움직이는 모든 것들의 과학

내일

:

내가 열차를 사랑하기는 하지만, 냉정히 평가해서 열차가 몹시 미래지향적인 축에는 들지 못한다. 그보다는 도시의 거대 인프라처럼 오랜 시간에 걸쳐 서서히 진화해왔다. 열차는 현대의 기술을 뛰어넘기보다 꾸준히 따라왔다고 보는 편이 맞다. 어쩌면 우리가 열차에게 원하는 것이 딱 그만큼이었기 때문은 아니었을까. 그저 말썽 없이 달려주는 것.

호버카와 우주 엘리베이터를 약속하는 블루스카이 과학은 언제나 섹시하다. 하지만 아무리 섹시해도 항상 고장을 일으킨다면 그걸로 득 볼 것이 없다. 지하 교통망은 다른 무엇보다 믿을 만하고, 튼튼하고, 수리가 가능해야 한다. 그런데 세계 곳곳의 철도 전문가들과 대화한 결과, 느리게나마 사고의 전환이 이루어지고 있음을 알 수 있었다. 이제 오래 안정적으로 작동할 시스템을 구축하는 것만으로는 충분하지 않은 시대가 온 것이다.

지금의 레일 엔지니어들은 틀을 깨는 참신한 아이디어들을 적극 모색하는 한편, 그 과정에서 전체 시스템의 효율을 높일 방법을 추구한다.

: 운행

미래 기술의 선두타자는 자기부상magnetic levitation이다. 자기부상 자체는 미래 기술이라고 하기 어렵다. 이미 사용되고 있으니까. 하지만 차세대 자기부상 열차는 거의 공상과학 수준이다. 아시아를 여행한 사람은 이미 자기부상 열차를 경험했을 가능성이 높다. 현재 중국과 일본이 자기부상 열차를 상용화해서 운행 중이다.

자기부상 열차는 최고 속도가 시속 600km에 육박하는, 세계에서 가장 빠른 열차다. 빠른 속도의 주된 비결은 마찰과 싸울 필요가 없다는 데 있다. 보통의 열차와 달리 자기부상 열차는 어떤 것과도 접촉하지 않는다. 자기력으로 선로에서 붕 떠서 바퀴 없이 달린다.

자기력을 이용해 무언가를 공중으로 띄우는 일에는 복잡한 공정이 따른다. 물체를 땅에 붙들어 두려는 중력에 자기력으로 맞서는 것이 기본 원리다. 중력이 전자기력보다 약하다는 근거 없는 오랜 믿음이 있는데, 그건 원자처럼 작은 물체의 경우에만 해당되는 얘기다. 행성 수준에서는 중력이 지배적인 힘이다. 전자기는 행성 운동을 정의하는 공식에 끼지도 못한다. 근본적으로, 중력과 전자기력을 절대적으로 직접 비교할 방법은 없다. 대상과 경우에 따라 두 힘 사이의 비율은 항상 변한다. 공중 부양이 다가 아니다. 자기부상 열차라는 명함을 내밀려면 열차를 띄우는 일뿐 아니라 발진하고 멈추는 일도 자석으로 해야한다. 어떻게 자석이 열차를 움직이는 걸까?

어릴 때 자석 두 개를 가지고 놀던 때를 떠올려보자. 아무리 힘을 주어 자석을 붙이려 해도 자석이 끝끝내 서로를 밀어내지 않았는가? 이것이 자기부상의 원시적 형태다. 그런데 이 힘은 매우 불안정하다. 자석들이 서로의 척력에 밀려 옆으로 미끄러지거나 휙 뒤집어진다. 이런 일이 열차에 생기면 큰일이다.

안정성과 속도라는 두 마리 토끼를 잡기 위해 자기부상 시스템은 여러 가지 자석을 조합해서 쓴다. 일부는 열차를 공중에 띄우고 나머지는 열차를 발진시킨다. 자기부상 열차의 버전에 따라 자석 부착 방식도 다르다. 자석이 열차 밑에서 내려와 강철 레일을 감싸는 모양으로

　　　　　　　　　　도시를 움직이는 모든 것들의 과학

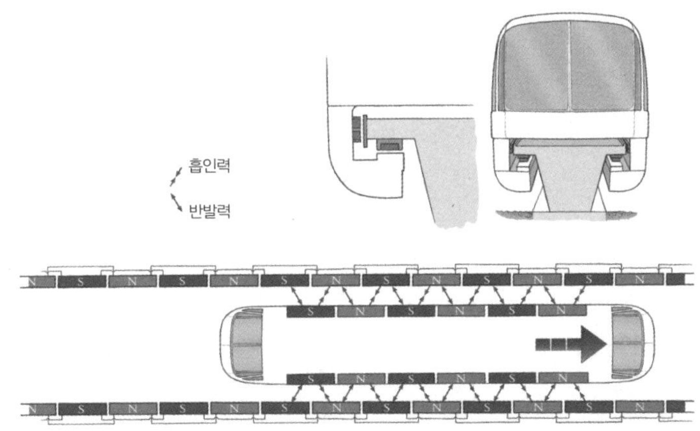

[그림 6.5] 일부 자기부상 열차는 모노레일처럼 열차 몸체에 자석이 붙어 있다. 레일에 있는 자석은 방향 조정을 도울 뿐이다(위). 하지만 보다 앞선 자기부상 열차는 교번 자기장(alternating magnetic fields)을 이용해 가속, 감소, 정지한다(아래).

달려 있기도 하고, 자석이 열차와 레일 모두에 부착되기도 한다. 어떤 방식이든 열차는 레일에 전혀 닿지 않은 상태에서 공기쿠션에 얹혀 선로를 따라 앞으로 나아간다. 자기장의 반발력과 흡인력이 열차를 위로 밀어내고 앞으로 당기는 것이다.

자기부상 열차는 떠서 가기 때문에 일반 열차들은 꿈도 못 꿀 속도에 이를 수 있다. 하지만 그러려면 공기 저항을 뚫어야 한다. 일본의 자기부상 열차처럼 앞면을 기다란 코처럼 만들면 어느 정도 효과는 있지만 속도를 올리는 데 제한적이다. 속도가 높아질수록 공기 저항을 이기는 것이 점점 더 힘들어진다. 공기 저항을 이기는 데 드는 힘은 속도의 세제곱으로 늘어난다. 가령 시속 160km에서 480km로 주행 속도를 세 배 높이려면 27(3×3×3)배의 힘이 필요하다!

질문이 쏟아지는 소리가 들린다. "그럼 비행기는 어떻게 그렇게 빠르게 날아다니는 건데?” 음, 무엇보다 비행기의 순항 고도에서는 공기 밀도가 지상보다 낮고, 따라서 공기 저항도 낮다. 그래서 비행기는 상당히 수월하게 공기를 헤치고 나간다. 지상은 공기 분자가 훨씬 조밀하다. 공기 밀도가 높으면 공기 저항이 강하고, 진동도 강해진다. 진동이 강하면 열차 승객 입장에서 쾌적한 여행이 되지 못한다. 쾌적한 승차감은커녕 초고속 운행에 따른 멀미를 피하기 힘들다. 공기를 치고 나가야 하는 문제는 하이브리드 열차, 전기 열차, 자기부상 열차를 가리지 않고 모든 열차에 해당된다.

자기부상 기술을 핵심 기술로 삼아 등장한 차세대 이동수단 개념이 있으니 바로 하이퍼루프Hyperloop다. 하이퍼루프는 공기를 거의 제거한 튜브형 진공 터널이다. 터널에 공기 입자가 극히 적기 때문에 자기력으로 발진한 물체가 이곳을 통과할 때 받는 공기 저항도 극히 적어서 소량의 힘으로도 가공할 속도를 낼 수 있다.

진공 열차vacuum train 개념은 수십 년 전부터 있었다. 그러다 마침내 2013년, 전기차 제조업체 테슬라 모터스와 민간 우주개발업체 스페이스X의 창업자인 일런 머스크가 하이퍼루프로 쏘아 보내는 초고속 여객 운송 캡슐을 제안했고, 이를 계기로 하이퍼루프 프로젝트에 투자자들이 나서고 있다. 미래 도시의 교통수단으로 기억해둘 만하다.

자기력을 이용한 미래형 대중교통 수단으로 최근 매스컴의 관심을 모은 것이 또 있다. 스카이트랜SkyTran, 일명 ‘하늘 택시’는 공중에 설치한 자기부상 모노레일에 달려 움직이는 소형 차량이다. 원리는 자기부상 열차와 매우 비슷하다. 레일이 공중에 높이 매달려 있고, 승객들이 타는 공간이 택시처럼 아담하다는 것만 다르다. 매스컴이 스카이트

도시를 움직이는 모든 것들의 과학

랜을 주목하는 주요 이유는 NASA의 에임스 연구센터가 개발에 참여했기 때문이다.

내 생각을 말하자면 택시처럼 필요할 때 불러 타는 자율주행차라는 아이디어는 맘에 들지만, 어쩐지 이 아이디어가 가까운 미래에 상용화되어 여러 도시에서 널리 쓰일 것 같지는 않다. 개발 비용이 엄두도 못 낼 정도로 높아서, 대중화가 극도로 빠르게 이루어지지 않고서는 도시가 개발 경제성을 확보하기 어렵다.

하지만 이스라엘 텔아비브의 한 과학기술 단지에서 시험 운행에 들어갔다. 안정적 운행에 성공할 경우 다른 도시들에도 확대 적용될 가능성이 있다. 공학과 과학 측면에서는 이 아이디어에 크게 잘못된 점이 없다. 하지만 실질적 성공을 거두기까지는 아직 갈 길이 멀어 보인다. 내 생각이 틀렸다는 것이 얼른 증명되었으면 좋겠다!

이들 자기부상 시스템들이 '끝내주는 아이디어' 단계를 넘어서지 못하더라도(솔직히 비용이 최대 장벽으로 작용할 것 같다) 실망하지 말자. 우리가 바라볼 미래지향적인 열차 기술은 이밖에도 많다. 현재 전 세계 철도 산업이 탄소 기반 연료의 대안을 찾고 있다. 전기는 아직 충분한 대안이 되지 못한다. 지금은 열차들 대부분 전기를 동력으로 쓴다지만 그 전기는 여전히 화석연료를 태우는 방법으로 생산되고 있다.

5장에 나왔던 수소 연료전지 자동차 기억나는가? 수소 연료전지 열차가 철도 전문가들의 관심을 끌고 있다. 수소 연료전지는 결국 차량에 탑재된 발전기다. 이 발전기가 전자를 방출하고 전자의 흐름으로 수소와 산소가 반응해 부산물로 물이 만들어진다. 도시 철도 시스템 대다수가 전기로 구동된다는 점을 고려하면, 전기를 자체 생산하는 열차가 개발된다면 당장 인기를 끌 것이 분명하다.

수소를 구동 에너지로 사용하는 철도 시스템, 이른바 하이드레일 Hydrail이 실현된다면, 전기 열차의 장점을 비로소 온전히 누릴 수 있게 된다. 그러면 철도가 진정한 친환경 운송수단으로 거듭날 뿐 아니라 열차가 전기를 공급받는 방식도 한결 간편해진다. 거추장스러운 가공 전선도 필요 없고, 옆에 전기를 나를 레일을 운동로 깔 필요도 없다.

하이드레일 개발을 위한 연구들이 대대적으로 진행되고 있고, 2015년 두 도시가 하이드레일 시범 프로젝트에 들어갔다. 수소를 연료로 하는 수소 트램이 중국 동부의 칭다오와 두바이의 부르즈 할리파에 설치된 것이다. 아직은 개발 초기 단계지만 자동차 산업에서 일어난 수소 바람이 이제 철도 산업에서도 눈에 띄게 불고 있다.

: 제어

지금까지 내일의 열차들이 움직이는 방식을 살폈다. 이들을 제어하는 방식은 어떻게 달라질까? 반갑게도 선로변 고정 신호기가 조만간 없어질 것 같다. 야호! 이 추세의 수훈갑은 정보통신기술이다. 앞으로는 열차와 선로, 열차와 열차 간의 정보 교환을 통한 제어 시스템이 등장할 전망이다.

이 시스템 내에서 열차들은 각각 '움직이는 폐색'으로 작동하게 된다. 안전 운행을 위해 신호기에 의지하는 대신, 자체 탑재 센서를 통해 스스로 '안전지대'를 규정한다. 이 센서들이 끊임없이 해당 열차의 위치, 속도, 방향, 제동거리를 정밀히 측정해서 이를 선로의 데이터 수신기로 전송한다. 선로는 무선 송신기를 통해 수집된 데이터를 같은 구간의 다른 열차들에게 보낸다.

이런 제어 시스템이 구축되면 무인 자율 운행 열차의 확대 적용이 가능해진다. 적어도 지하철에는 그렇다. 다만, 가능성을 논하기 전에 '무인'의 의미에 대한 합의가 필요하다. 다행히 열차 운행 '자동화 등급'이라는 공식 분류 체계가 있어서 도움이 된다.

이 체계는 경로 탐색과 출입문 작동, 선로 모니터링, 돌발 상황 대처 등을 포함한 상시 자동 운행이 가능한 경우를 4등급 시스템으로 규정한다. 4등급은 그야말로 최첨단이다. 최근 집계에 따르면 4등급 자동화 시스템을 보유한 도시는 약 40곳이다. 바르셀로나, 쿠알라룸푸르, 시애틀, 타이완 등이다. 하지만 이들 대부분 여전히 열차에 승무원을 배치해서 전통적 운전자의 역할을 일부 수행하게 한다. 이 방면에서 코펜하겐이 대표적이다.

코펜하겐 지하철은 컴퓨터가 실시간으로 테라바이트급 데이터를 분석하고 이에 근거해 결정을 내리는 완전 자동 시스템으로 작동한다. 고정 폐색과 이동 폐색을 조합한 교통관리 방식을 쓰는데 모든 것이 컴퓨터로 제어된다. 도시교통 관제센터의 지하철 관리팀에는 고작 네 명만 일한다. 시스템 기술지원과 모니터링을 위한 인력이다.

벡텔의 총괄 부사장 시브 밤라Siv Bhamra는 이렇게 말한다. "철도에서는 자동화 시스템이 가장 안전한 시스템입니다. 도시가 광역시로 성장할수록, 그래서 철도망이 복잡해질수록 이 사실이 강화됩니다. 여러 신호 지역을 운행하는 것은(도시에서는 매우 흔한 일이다) 여러 가지 언어를 하루에 백 번씩 바꿔 사용하는 것과 같습니다. 열차에 자율성이 없다면 불가능한 일이죠."

자율 운행 체제를 도시간 열차에 적용하는 것은 지하철에 비해 어렵다. 주된 이유는 도시간 열차의 높은 속도다. 그렇다고 도시간 열차의 미래를 추진하는 기술이 없는 건 아니다. 대표적인 것이 디지털 신호 체제다. 현재 유럽 열차 제어 시스템European Train Control System, ETCS 이 단계적으로 도입 중이다. 유럽 전역에 통일적으로 적용 가능한 시스템을 목적으로 한다.

앞으로 유럽연합 내에 새로 구축되는 도시간 열차는 모두 이 ETCS 와 호환 가능해야 한다. BBC는 ETCS 구축 사업을 일컬어 "100년 묵은 철도 기술이 마침내 현대의 항공 교통 관제 시스템을 따라잡는 사건"이라고 했다.

ETCS 내에서 열차 기관사는 선로와 역에 관한 모든 정보를 '계기판'으로 직접 전달받는다. 아직은 시행 초기 단계지만, 이 시스템이 결국에는 유럽 전역의 전통적 신호기들을 대체하고 철도망의 효율과 성능을 동시에 강화할 것으로 기대된다.

완전 무인 열차라고 해서 신호 대기 정차가 없어지는 건 아니다. 미래에는 신호기가 없어진다는 뜻이 아니라 열차에 붙박이로 내장된다는 뜻이다. 앞으로도 열차 여행에 멈춤 신호는 계속 존재한다. 다만 데이터의 활용으로 빨간불의 빈도는 엄청나게 줄어들 것으로 보인다.

밤라가 이끄는 팀은 데이터 교환으로 열차가 어디까지 '똑똑해질 수 있는지' 연구 중에 있다. 이들의 트레인제로train zero는 차세대 열차를 컴퓨터상에 구현한 가상 열차다. 일종의 철도게임train-sim 첨단 버전이다. 앞으로 이 목적으로 특별히 설립한 연구실에서 트레인제로 제어용 정보통신 시스템의 구성 요소를 하나하나 프로토타입으로 만들어 한계치까지 시험하게 된다.

여러 전자회사와 과학자와 엔지니어와 협력 체제를 구축한 밤라 팀은 이 제휴 프로젝트에서 나올 결과물이 세계를 선도할 것으로 확신한다. "우리의 트레인 시뮬레이션이 철도 역사에 큰 획을 그을 겁니다. 철도 부문에서 이런 규모로 컴퓨터 모델과 실존 전자 기술을 결합하는 시도는 이제껏 없었던 일입니다. 이런 것이 진정한 연구죠. 우리의 연구 결과에 우리마저 놀랄 것으로 희망하고 기대합니다!"

그럼 미래에는 도시들이 완전 자율 운행 열차들로 넘쳐나게 될까? 어쩌면 그럴지도 모른다. 열차가 점점 똑똑해지고 있는 건 사실이다. 하지만 도시 철도망 구축 같은 대단위 인프라 사업은 계획하고 시행하는 데 수십 년씩 걸린다. 천문학적 비용 때문이다. 보수적으로 들릴지 모르지만 우리가 도시 철도에서 보게 될 것은 대변혁보다 점진적인 변화가 될 것 같다.

: 접지

앞서 하다 만 낙엽 이야기로 돌아가 보자. 그렇다. '선로 위의 낙엽'을 제거하는 데에도 미래지향적 해법이 있다. 바로 레이저다! 영국 엔지니어 말콤 히긴스Malcolm Higgins가 발명한 레이저가 현재 네덜란드 델프트 공과대학에서 상용화 단계를 밟고 있다.

이 레이저 장치를 열차 앞바퀴 바로 앞에 부착한다. 이 장치가 고도 집중 적외선을 생성해서, 열차가 가는 길에 있는 물체를 급속히 가열한다. 레일에 더께처럼 앉은 낙엽을 5,000℃ 이상으로 가열해서 순식간에 증발시켜버리는 것이다. 이 장치가 만드는 레이저광의 파장은 레일에 닿으면 반사되기 때문에 레일은 아무런 손상도 입지 않는다. 오히려 낙엽을 제거하면서 레일을 건조시켜 녹을 방지한다.

테스트 결과 이 레이저 장치는 이동 속도 시속 80km까지 소화하며 소기의 목표를 달성하는 것으로 나타났다. 현재 시험 운영에 들어갔지만 아직 해결되지 않은 문제들이 남아 있다. 델프트 공과대학의 롤프 돌레보엣Rolf Dollevoet 교수가 말한다. "문제는 레이저 세척 후 레일이 얼마나 오래 깨끗한 상태로 유지되느냐입니다. 또한 비오고, 가랑비 날리고, 안개나 서리가 끼고, 눈이 내리는 상황에서 시간에 따른 마찰의 변화도 측정해봐야 합니다."

선로의 활용도 다각화하는 추세다. 우선 전기를 도시 전력망으로 되돌려 보내는 통로로 이용할 수 있다. 앞서 말했듯 회생제동이 이미 널리 쓰인다. 미국 필라델피아 시가 회생제동 시스템을 새로운 수준으로 끌어올렸다. 열차들이 제동 에너지를 회수해 자기 동력으로 쓰는 대신, 여유 전력을 중앙의 리튬이온 배터리 뱅크에 모아서 도시 철도망 전체에 재배급하는 것이다. 이렇게 전기를 저장해서 도시 전력망에 팔면, 전력 수요가 절정일 때 도시에 힘을 보태는 동시에 철도회사는 철도회사대로 부수입을 올릴 수 있다.

다른 도시들도 이 기술을 도입하기 시작했다. 일례로 네덜란드 아펠도른 시가 열차의 제동장치가 생성한 전기를 도시의 전기버스 충전소로 보내는 방안을 추진 중이다. 훌륭한 발상이 아닐 수 없다.

프랑스 파리 7대학 수학자들이 파리 지하철 효율성 향상을 위한 색다른 방법을 제안했다. 이들의 발상은 '수요와 공급 맞추기'에 기초한다. 필라델피아와 달리 지하철에 제동 에너지를 저장할 배터리 뱅크가

 도시를 움직이는 모든 것들의 과학

없는 경우, 제동으로 회생되는 에너지는 마침 가속 중인 다른 열차들에게만 도움을 줄 수 있다. 수학자들은 논문에서, 열차 운행 시간표를 조금만 수정하면, 다시 말해 열차의 제동과 다른 열차의 가속을 동기화하면 지하철 시스템의 에너지 소비를 최대 10%까지 줄일 수 있다고 말한다.

영국 버밍엄 대학교도 최근 수학을 이용해서 열차 제동 효율을 높이는 방안을 연구 중이다. 자동차경주 선수에게 승리의 관건은 코스에서 언제 어떻게 제동하고 가속하느냐다. 여기에 착안한 연구진은 수학을 동원해서 열차를 충분히 감속하는 동시에 열차의 모터-발전기에서 에너지를 최대한 수확하는 이상적인 제동 방식을 개발했다.

일본의 철도는 회생제동에서 얻는 에너지를 다른 어느 나라보다 요긴하게 쓰고 있다. 2011년의 후쿠시마 원전 참사 이후 일본 정부는 전국의 원자로를 모두 폐쇄했고 그 결과 전력망에 엄청난 구멍이 뚫렸다. 하지만 회생제동 활용으로 에너지 낭비를 줄여 백업 전력 공급원을 마련해 위기의 순간을 모면했다.

유실될 전기를 유효적절히 사용하는 것은 거대 트렌드의 일부에 해당한다. 바야흐로 세계는 일원화된 중앙 집중 전력망 체제에서 점차 벗어나 다각적 에너지 저장 해법을 강구하고 있다. 이 트렌드에 따라 앞으로 우리의 열차들이 동력을 얻는 방식에도 커다란 변화가 일 것이다.

: 굴착

실험을 하나 해보자. 좁은 구멍으로 연필을 조심스럽게 통과시킨다.

구멍의 폭은 연필 굵기보다 살짝 넓을 뿐이다. 둘의 간격은 겨우 칫솔모 몇 개 두께에 불과하다. 연필을 구멍에 통과시킬 때, 연필이 구멍 벽에 닿아서는 안 된다. 거기다 눈을 감은 채로 해야 한다. 할 수 있겠는가? 이제 실험의 규모를 천 배로 늘리고, 통근자로 가득한 지하철 역사를 하나 추가해보자. 크로스레일 굴착 담당 엔지니어들의 고충을 조금은 이해할 수 있을 것이다.

하루 15만 명 이상이 런던의 토튼햄 코트 로드 역을 이용한다. 이 인원이 지상에서 승강장으로 내려가는 기다란 에스컬레이터를 이용한다. 하지만 2014년의 어느 평범한 평일, 이 에스컬레이터 바로 밑에서 대규모 굴착 작업이 진행 중이라는 것을 아는 사람은 별로 없었다. 엔지니어들이 에스컬레이터와 승강장 터널 사이로 너비 7.1m의 TBM을 통과시키고 있었다. 이 괴물 기계가 에스컬레이터 토대에서 불과 35cm 아래, 승강장 터널 꼭대기에서 불과 80cm 위를 지나갔다. 그런데도 역을 폐쇄하지 않고 공사를 진행할 수 있었다.

이 묘기 같은 공사의 비결은 TBM의 현 위치와 진행 지점을 실시간으로 정밀하게 파악하는 능력이었다. 말이 쉽지 특히 지하에서는 몹시 까다로운 일이다. 위치 파악과 경로 탐색에 주로 쓰는 GPS가 지하에서는 작동하지 않기 때문이다(왜 그런지는 7장에서 논한다). 설사 GPS가 작동해도 TBM 유도에 쓰기에는 데이터 정확도가 떨어진다.

터널 경로 탐색은 공사의 첫 삽을 뜨기 몇 년 전부터 시작된다. 상세 지반 조사로 전체 경로를 정의한 다음에도 측량사들이 다시 경로를 잘게 쪼개고 경로를 이루는 수천 개 지점들의 위치를 측정해서 각각의 방향과 지표로부터의 깊이를 특정한다. 다음에는 일련의 공식을 적용해 이 점들을 하나의 매끈한 곡선으로 연결한다. 이 결과물이 TBM이 따라갈 정밀 경로도가 된다.

하지만 경로 탐색 작업은 모두 지상에서 이루어진다. 지하에는 사람 없이 TBM이 경로를 따라 원격으로 유도된다. 원격 유도가 아니면 눈 감고 운전하는 것과 마찬가지다. 터널 엔지니어들은 레이저 트래킹laser-based tracking이라는 시스템으로 시시각각 바뀌는 TBM의 위치를 측정한다.

이 시스템은 크게 레이저와 탐지기와 제어장치로 이루어진다. 세오돌라이트theodolite라고 부르는 레이저 측량기는 엄밀히 말해 레이저를 장착한 이동식 망원경이다. 이 장치는 터널 벽에 부착된다. 탐지기는 일종의 고성능 디지털카메라다. 이건 TBM의 꽁무니에 설치된다. 제어장치는 작업의 두뇌 역할을 한다. 측량 데이터를 몽땅 저장하고, 세오돌라이트와 센서로 들어오는 모든 것을 수집하고 분석한다.

TBM 유도 시스템 개발사인 ZED 터널 가이던스ZED Tunnel Guidance의 믹 로위Mick Lowe에 따르면 "탐지기에 잡히는 레이저빔의 위치로 놀랄 만큼 많은 정보를 얻을 수 있다"고 한다. 가령 TBM이 기준점에서 너무 왼쪽 또는 오른쪽으로 치우치지는 않았는지, TBM이 잘못된 각도로 틀지는 않았는지, 또는 TBM의 커터헤드가 중심에서 벗어나지는 않았는지 등등.

레이저와 탐지기는 무선 링크를 통해 이 정보를 제어장치로 보내고, 제어장치는 이 정보를 실시간 분석해서 TBM 조종자에게 보여준다. 이런 실시간 정보 업데이트 덕분에 TBM은 경로를 칼같이 유지하고, 조종자는 아무리 미세한 조정도 필요한 순간에 칼같이 할 수 있다.

TBM이 이렇게 굴진하는 동안, 세오돌라이트는 탐지기를 놓치지 않으려고 신중하게 다음 위치로 이동한다. 세오돌라이트가 이동하면 역반사기retroreflector가 막 지나온 위치에 설치된다. 역반사기는 이름 그대로 레이저빔을 온 곳으로 돌려보낸다. 반사 경로가 입사 경로와 평행하기 때문에 측량사가 계획된 경로 대비 TBM의 실제 위치를 확인하는 데 쓰인다.

터널 엔지니어들은 정밀성을 생명으로 아는 사람들이다. 내가 들은 이야기인데, 최근 프랑스의 한 터널 공사에서 2대의 TBM이 몇 킬로미터 길이의 터널 양끝에서 각각 출발했다고 한다. 경로 한중간에서 만났을 때 둘은 5mm 틀어져 있었다. TBM이 터널을 1m 굴진할 때마다 경로 탐색이 종이 한 장의 두께만큼 틀어졌다는 계산이 나온다. 어쨌든 담당 엔지니어들 모두 슬픔을 가눌 수 없었고 몇몇은 눈물을 쏟았다고 한다. 터널 공사에서 이 정도 오차는 허용 범위에 들어가지만 어쨌거나 엔지니어들은 슬펐다.

레이저 세오돌라이트를 비롯한 센서들이 하는 일은 또 있다. 터널 공사 내내 주변 인프라의 움직임을 지속적으로 감시하는 역할이다. 토튼햄 코트 로드 역의 경우, 1,000톤의 TBM이 불과 80cm 위를 지나가는데도 원래 있던 지하철 터널의 움직임은 3mm도 되지 않았다. 프로젝트 매니저 린다 밀러Linda Miller는 이렇게 말한다. "우리가 첫 삽을 뜨기 수년 전 런던 전역에 동작 인식 센서를 수만 개 설치했습니다. 그 센서들이 앞으로도 오랫동안 거기 그대로 남아서 구조물들의 건전성을 쉬지 않고 분석할 겁니다."

도시는 원래 건물이 빼곡하게 들어찬 곳이다. 밀집 배치가 도시의 정의이기도 하다. 이런 레이저 기반 시스템들이 없었다면 터널을 파는데 얼마나 애를 먹을지 상상하기조차 싫다. 애먹는 정도가 아니라 터널 공사 자체가 불가능했을지 모른다. 메가시티로 팽창하는 오늘날의 도시들에서, 이미 있는 건물과 인프라를 피해 '바늘에 실을 꿰는' 능력은 날이 갈수록 중요해진다. 다음에 거리를 걸을 때 빌딩 모서리에서 이 센서들을 한 번 찾아보기 바란다. 잘 보면 어디에 터널이 있는지 알 수 있을 것이다.

물론 세상에는 '거대한 지렁이 로봇'과 레이저로 만든 반짝반짝한 새 터널만 있는 건 아니다. 낙후 터널도 거론하고 넘어가지 않을 수 없다. 한번 만든 터널은 어디 가지 않기 때문이다!

오래된 터널들은 솔직히 말해서 벽돌과 쇠와 강철과 콘크리트로 누덕누덕 기운 패치워크 같다. 수백 년의 세월 동안 시대에 따라 여러 가지 건축 방식으로 계속 건설, 부설, 수리되며 짜깁기된 결과다. 따라서 터널의 최초 설계도를 손에 넣는다 해도 현재 상태를 말해주는 건 아무것도 없을 가능성이 높다.

이런 터널을 해체하는 것이 얼마나 어려울지, 또 얼마나 오래 걸릴지 상상이 가는가? 현실적으로 말해서 노후 도로와 철도 터널을 교체하는 것은 전적으로 비경제적이다. 이들을 제거할 수 없다면 어떻게든 유지해야 한다.

: 점검

"철도 터널 검사는 지금도 막대기로 합니다. 빅토리아 시대의 구조물은 빅토리아 시대의 방법으로 검사하는 수밖에요."

[그림 6.6] 거짓말이 아니다. 실제 터널 점검용 막대기다.

예상치 못한 대답이었다. 요즘은 터널 유지 보수에도 최첨단 시스템이 적용될 것으로 기대했던 내가 무안해지는 순간이었다. 국립물리연구소의 닉 맥코믹Nick McCormick 박사의 말이 농담은 아니었다.

영국을 비롯한 많은 나라에서 터널 검사는 거의 전적으로 촉각 검사와 육안 검사 방법에 의존한다. 모두가 잠든 한밤중, 막대기와 손전등으로 무장한 조사관들이 터널 안을 걸으며 수상쩍은 틈새와 돌출부를 찾고 이상해 보이는 곳마다 막대기로 두들겨본다. 당장 해결이 어려운 문제들은 위치와 상태를 기록하고, 12개월 후에 같은 터널을 다시 걸으며 변화 여부와 정도를 살핀다.

오해 없기를 바란다. 이들이 고도로 숙련되고 경험이 풍부한 전문가라는 점에는 의심의 여지가 없으며, 실제로 긴급한 안전상의 이슈를 짚어내는 데 상당한 성공률을 보이고 있다. 하지만 이분들이 결함과 고장의 전조인 사소하고 미세한 변화까지 낱낱이 감지해내기란 인간적으로 불가능하다.

　　　　　　　　　　　　도시를 움직이는 모든 것들의 과학

이 방법에서 벗어나기 위해 국립물리연구소의 맥코믹 박사와 동료들은 다른 기관 두 곳과 제휴해서 철도 터널 내부 검사에 특화한 DIFCAM digital imaging for condition asset management(자산 상태 관리를 위한 디지털 화상) 시스템을 개발했다. 레일을 타고 굴러가는 사륜구동 차량에 설치해서 쓰는 시스템이다.

본체는 11개의 디지털 SLR(일안반사) 카메라와 사방을 비추는 4개의 플래시로 구성된다. 카메라 10개는 터널을, 1개는 선로를 찍는다. 차량 앞에는 1초에 200번 회전하는 레이저 스캐너가 달려 있다. 이 시스템의 역할은 터널을 연속적으로 정밀 촬영해서 점진적으로 터널의 3차원 도면을 작성하는 것이다.

DIFCAM 차량이 1m 이동할 때마다 11개 카메라가 환히 밝혀진 터널 내부 모습을 기록한다. 이 영상을 레이저 스캔과 합치면 터널 전체를 디지털 세계에 고해상도로 재현할 수 있다. 차량의 위치도 정밀히 추적되므로 몇 달 후, 몇 년 후에도 같은 곳을 판박이처럼 똑같이 측정할 수 있다. 이를 위해 국립물리연구소 팀은 전용 주행기록계를 고안했다. 자동차에 있는 주행거리계와 비슷한데, 차량의 바퀴둘레를 이용해 거리를 측정한다. 원리가 간단하면서도 꽤 정확해서 오차범위가 500m당 20mm 이내다.

DIFCAM은 새로 찍은 이미지를 지난번 이미지와 비교해서 터널 벽 외관상의 어떤 변화도 자동으로 감지한다. 예를 들어 12개월 사이에 금이 얼마나 커졌는지 정확히 알 수 있다. 여기에 터널 조사관들이 자신의 전문지식과 판단력을 더해 해당 결함에 대한 결정을 내린다. 수리를 요하는 사항인지, 만약 그렇다면 얼마나 빨리 조치해야 할지 결정한다. 이 시스템은 터널 조사관의 직업을 뺏기는커녕 오히려 그들에게 더 많은 정보를 제공해서 그들이 가장 효과적으로 기량을 발휘하게 해준다.

또 다른 고려사항은 터널의 피스톤 효과다. 나는 런던에 살기 시작한 첫 주에 이 현상을 뼈아프게 경험했다. 클래펌 사우스 지하철역 승강장에 막 들어섰을 때 거대한 돌풍에 스카프가 날아가고 원피스 치마가 머리 위로 치솟았다. 그날의 당혹감은 지금까지도 극복이 안 된다. 대체 무엇이 이런 '열차풍'을 일으키는 걸까?

야외에서는 공기 분자들이 달리는 열차에 부딪히면 사방으로 흩어진다. 하지만 터널에서는 공기가 갇혀 있기 때문에 쉽게 길을 비켜주지 못한다. 터널이 열차 몸통보다 클까 말까한 경우에는 더 그렇다. 이 경우는 열차가 실린더 속 피스톤처럼 공기를 밀어내며 전진한다. 따라서 열차가 지하 터널을 통과할 때 열차 앞에 공기 분자의 벽이 쌓이며 고압부가 형성되고, 열차 뒤에는 반대로 저압부가 형성되어 진공처럼 바람을 빨아들인다. 이런 급격한 공기 이동에 따른 돌풍이 역 내에 있는 사람들은 물론, 거리의 지하철 통풍구를 지나는 사람들까지 욕보이기 쉽다.

그런데 열차풍이 백해무익한 것만은 아니어서, 역 내의 자연 환기 효과를 내기도 한다. 사실 열차풍이 전철역의 유일한 환기 수단일 때도 많다. 환풍기와 공기펌프로 이루어진 이른바 강제 환기 시스템을 갖춘 역들이 늘어나고 있지만 이 설비는 금전적으로나 전력 소비로나 비용이 많이 든다. 그렇지만 대도시마다 역내 공기 오염도에 대한 우려가 갈수록 높아져서 다른 해결책 없이 무작정 손 놓고 있을 수도 없

  도시를 움직이는 모든 것들의 과학

는 형편이다.

　이런 때 바르셀로나에서 놀라운 연구 결과가 나왔다. 대형 역들을 대상으로 조사한 결과, 강제 환기 시스템을 끄자 오히려 승강장의 공기 질이 좋아진 것이다. 물론 모든 도시의 모든 역에 해당되는 내용은 아니다. 하지만 이 조사는 주도면밀한 역 설계를 통해서 에너지 과다 소비 환기 시스템을 과거의 유물로 만들 수 있다는 가능성을 제시했다.

: 소재

미래의 열차와 선로와 터널은 재료의 사용에서도 지금보다 기발해진다. 1장에서 이미 콘크리트를 다룬 바 있지만, 나는 앤디 앨더Andy Alder를 비롯한 여러 터널 엔지니어들과 면담하면서 이 회색 건자재에 대해 더 많이 배웠다. 콘크리트를 분사하는 로봇이 있다는 사실도 새로 알게 됐다. 숙련된 전문가가 조이스틱과 흡사한 장치를 휘두르며 분사 로봇을 원격 조종하고, 로봇은 조종에 따라 미리 혼합한 콘크리트를 터널 면에 직접 분사한다.

　이렇게 콘크리트를 벽에 '바르면' 터널에 구조적 지지대를 신속히 마련해주는 효과가 있다. 또한 이 공정에는 막강한 비밀 병기가 숨어 있다. 콘크리트 반죽에 섞여 있는 작은 유리섬유와 강섬유 조각들이 각각 중요한 역할을 수행하는 것이다. 강섬유는 미세 철근 역할을 한다. 강섬유 조각들이 콘크리트 전체에 섞이고 퍼져서 일종의 철망을 형성해 콘크리트에 기계적 강도를 더한다. 동시에 콘크리트의 연성을 높여서 압력에 부러지는 대신 휘거나 늘어나게 한다.

　터널 벽에 바르는 콘크리트에 유리섬유가 추가되는 것은 더 눈여겨

볼 만하다. 여기서 유리섬유는 내화 기능을 하기 때문이다. 유리섬유는 불에 타지 않는다. 온도가 올라갈 때 유리섬유가 보이는 거동은 녹는 것뿐이다. 온도가 600℃에 달해도 특유의 강성을 어느 정도 유지해서 터널 화재 시 소중한 시간을 몇 초라도 벌어줄 수 있다.

안타깝지만 아직도 가끔 터널 참사가 일어나고 있다. 2000년 오스트리아 잘츠부르크 주의 산악 터널에서 일어난 화재로 155명이 숨졌고, 2002년 카이로 외곽의 철도터널에서도 화재가 발생해 383명이 목숨을 잃었다.

터널 화재는 생각하기도 싫은 악몽이지만 이를 항상 염두에 두고 일하는 것은 터널 엔지니어들의 엄연한 책무다. 터널이 구조적 건전성을 유지하는 것이 이들의 최상위 목표다. 그리고 작은 유리섬유 조각들이 큰 차이를 만들 수 있다. 도시의 밀집도가 점점 높아지는 상황에서는 지하 공간의 개발과 이용이 계속 늘어날 수밖에 없다. 스프레이 콘크리트 같은 재료들이 터널 안전 시공의 차세대 조력자로 활약하게 된다.

1장에서 말했듯 표준 콘크리트는 골재(자갈)와 포틀랜드 시멘트(골재를 뭉치게 하는 결합용 가루)의 혼합물이다. 시멘트는 오랫동안 건축 자재계의 '필요악'이었다. 시멘트 산업이 환경에 주는 부담은 지대하다. 앞에서도 보았듯이 전 세계 이산화탄소 배출량의 5%가 시멘트 제조에서 비롯된다는 보고도 있다.

그런데 최근 영국의 한 업체가 시멘트가 전혀 들어가지 않은 콘크리트를 개발했다. 이 콘크리트는 시멘트 대신 철강 산업 폐기물, 자세히 말하면 제철 용광로에서 나오는 고로 슬래그blast furnace slag를 빻은

가루를 주요 결합재로 사용한다. 건설업계 관계자 대부분은 이 재료에 대해 회의적이다. 이들은 시멘트 없이 콘크리트를 만드는 것은 '밀가루 없이 케이크를 굽는 것'과 같다고 말한다.

하지만 여러 적용 실험에서 이 신종 시멘트의 성능이 기존 콘크리트에 못지않은 것으로 나타났고, 양생 과정에서 소비되는 물의 양도 더 적었다. 어쩐지 느낌이 좋다. 플라워리스 초콜릿 케이크를 좋아하는 입장에서 나는 시멘트 없는 콘크리트에 낙관적이다.

열차 자체에도 앞으로는 더 강력한 소재가 쓰일 전망이다. 현재는 열차의 무게를 최소화하는 데 섬유유리에 크게 의존한다. 2014년 말, 독일 프라운호퍼 연구소가 매우 색다른 열차차량 프로토타입을 선보였다. 강하고 가벼운 메탈폼metal foam(다공성 금속 구조물)으로 만들었는데, 충돌 검사에서 섬유유리와 판금을 모두 능가했다. 이 메탈폼은 마그네슘, 실리콘, 구리의 합성물을 두 장의 알루미늄 판 사이에 끼워 넣은 것으로 두께가 25mm다.

메탈폼 자체는 새로운 것이 아니다. 1986년에 처음 개발됐지만 제조가 까다롭고 돈이 많이 들었다. 이번에 선보인 합성 메탈폼은 완전히 새로운 품종이다. 기존 메탈폼에 비해 저비용으로 안정적 생산이 가능하다. 이 책을 쓰는 현재 더 진전된 프로토타입이 설계되고 있다는 소식이 들린다. 신소재 메탈폼으로 만든 열차가 유럽 철도에 등장할 날이 멀지 않은 것 같다.

철도 산업 종사자들과 이야기를 나누면서 나는 철도 산업이 아직 보수적인 분야인 것은 맞지만, 이제 멀리 앞을 내다보기 시작했으며 그 어느 때보다 열성적으로 혁신적이고 과학적인 접근법을 찾고 있다는 것을 확인할 수 있었다. 가까운 미래에 하늘을 나는 초음속 열차를 보게 될 가능성은 희박하지만, 거대한 변화들이 선로를 따라 다가오고 있는 것은 분명한 사실이다. 교통 인프라가 해결할 최대 과제가 무엇인지는 아직 뚜렷하지 않다. 그것을 이해하려면 이 책이 소개한 가능성의 점들을 연결하기 시작해야 한다.

CHAPTER 07

네트워크, 보이지 않는 연결망

SCIENCE AND THE CITY

이제 거의 다 왔다. 우리는 현기증 나는 높이까지 마천루를 올렸고, 안전모를 쓰고 철도 터널을 팠다. 우리가 쓰는 전기와 물이 어디에서 오고 우리가 배출한 오물과 오수가 어디로 가는지 파악했다. 온갖 종류의 차량을 몰고 탁 트인 도로로 나갔고, 기하학적인 아름다움을 뽐내는 다리들이 선사하는 전망을 즐겼다. 그 과정에서 도시의 미래를 내다보았고, 새롭게 부상하는 기술과 시스템들이 세상을 어떻게 바꿀지 전망했다.

하지만 우리가 아직 짚어보지 못한 몇 가지 요소가 있다. 존재하지만 눈에는 보이지 않거나, 너무 중요해서 오히려 당연시되는 네트워크들. 도시 생활과 풍경을 조형하는 돈과 통상의 역할. 도시민에게 먹을 것을 공급하고 배급하는 문제. 모두 우리가 아직 논하지 않은 것들이다. 그리고 물리적 물체들만 도시를 흘러 다니는 건 아니다. 정보야말로 초고속 통신망을 타고 빛의 속도로 수송되고 있다.

도시는 복잡다단하게 얽히고 설킨 그물망이다. 길을 잃지 않고 경로를 찾기가 쉽지 않다. 하지만 도시를 이해하기 위해서는 우리를 한데 묶는 끈들과 도시를 결속하는 접점들을 탐색해볼 필요가 있다.

오늘

:

언뜻 보면 우리의 도시는 지금이나 50년 전이나 별반 달라진 게 없는 것 같다. 도시들이 전보다 높아지고 미끈해지고 번쩍이는 건 사실이지만, 도시를 이룬 빌딩들은 결국 그때의 그 빌딩들이다. 하지만 땅을 조금만 파보면 도시의 DNA가 그사이 미묘하게, 하지만 돌이킬 수 없이 변했다는 것을 알게 된다.

변화의 주된 동력은 정보에 대한 우리의 열정이었다. 디지털 정보는 오늘날 세계의 도시들을 잇는 진정하고 유일한 국제통화가 되었다. 숨은 네트워크들이 없었다면 데이터는 케케묵은 케이크 위에 새로 뿌린 아이싱 이상은 되지 못했을 거다.

0과 1을 조합하는 전기신호가 발명되기 아주 오래 전부터 정보는 물자와 더불어 지구를 바둑판처럼 엮는 항로망을 통해 세상을 누볐다. 물론 속도는 매우 느렸다. 하지만 세상을 하루하루 좁히며 세계화의 씨앗을 최초로 뿌린 것은 바로 해상 운송이었다. 그리고 그 모든 것의 출발점은 도시였다.

: 해운

주식시장은 잠시 잊자. 역사를 통틀어 도시 경제의 진정한 중추는 그곳의 항구였다. 인류는 수천 년 동안 배로 교역했고, 상하이와 뉴욕을

 도시를 움직이는 모든 것들의 과학

포함한 세계 주요 도시 상당수는 항구의 성공 덕분에 오늘날의 위상을 얻었다. 오늘날은 항구도시라도 항만을 중심으로 도심이 발달한 경우가 드물지만 항만과 도시의 연계는 여전히 강력하게 남아 있다.

배와 항구 이야기는 구닥다리 같지만, 심지어 오늘날도 세계 무역량의 80~90%가 해로로 움직인다. 전 세계 항구들에서 매일매일 수천 톤의 수입품이 거대한 상선에서 트럭과 열차로 옮겨지고, 반대 방향으로는 수출품이 똑같이 이동한다. 여객 운송은 대개 비행기가 맡지만, 화물 운송은 아직도 화물선이 도맡고 있어서 국제 운송 항로들은 역사상 어느 때보다 붐빈다.

감으로 이렇게 말하는 게 아니다. 시간 나면 재미삼아 마린트래픽 Marine Traffic 웹사이트에 접속해서 쌍방향 해상 교통량 지도를 구경해보기 바란다. 마린트래픽은 세계 어느 바다에 떠 있는 선박이든, 트랜스폰더 transponder(송신기 transmitter와 수신기 responder의 합성어)를 장착한 모든 선박의 위치를 실시간으로 추적해서 보여주는 지도다.

트랜스폰더는 GPS를 이용해서 선박의 위치, 이동 경로, 속도를 파악한다. 이 운행 정보가 선박 자체에 대한 상세 정보와 함께 전파를 타고 주변 지역의 모든 선박에게 전송된다. 승무원의 어떤 입력도 필요 없다. 배들이 서로서로 자동 신호등으로 기능하며 "나 여기 있어. 내가 네 쪽으로 가고 있어"라고 말한다.

모든 대형 화물선과 여객선은 트랜스폰더를 달고 다닌다. 원래는 안전상의 이유로 개발됐지만 지금은 데이터가 전 세계적으로 선박 자동 식별 장치라고 명명된 시스템을 통해 취합되고 배급된다. 마린트래픽이 이를 활용해 근사한 해상 교통량 지도를 만들어 사이트 접속자들에게 보여준다.

2014년 말, 프랑스 국립해양연구소의 해양학자 장 투르나드르Jean Tournadre가 해운 정보의 이용 가치를 완전히 새로운 차원으로 끌어올리는 논문을 발표했다. 그는 20년간 수집된 인공위성 데이터를 근거로 1992년부터 2012년까지 해상의 선박 수가 네 배로 늘었음을 보여주었다. 변화는 주로 국제 운송 항로에서 일어났다. 흥미로운 것은, 투르나드르가 이용한 위성측고법satellite altimetry 데이터가 원래 이 목적으로 고안된 것이 아니라는 점이다.

위성측고법은 원래 인공위성에서 마이크로파의 파동을 해수면으로 쏘아서 해수면 고도를 측정하는 방법이다. 파동이 인공위성의 고도계를 떠난 시간과 반사되어 돌아온 시간의 간격을 정밀하게 측정해서 인공위성과 해수면 사이의 거리를 계산한다. 오렌지를 벽에다 집어던지면 동그랗던 모양이 뭉개지듯이, 마이크로파의 파동도 수면에 부딪히는 순간 형태가 변한다. 이 변형을 통해 바다가 거친지 잔잔한지도 파악할 수 있어서 위성측고법 정보는 해류를 이미지화하는 데 쓰인다.

진짜는 이제부터다. 투르나드르는 같은 데이터를 이용해서 해수면에 돌출해 있는 반사체, 이를테면 화물선을 정확히 짚어낼 방법을 구상했다. 그는 일곱 개의 서로 다른 인공위성에서 특정 마이크로파의 파장을 관찰하는 방법으로 해수면과 화물선 갑판의 고도 차이를 계측해냈다. 우주에서 지구 바다에 떠 있는 화물선의 크기를 잰 것이다! 사람의 팔뚝 길이를 20km 밖에서 재는 것과 맞먹는 일이다.

투르나드르의 분석에 따르면, 국제 금융 위기가 있었던 2008~2009년을 제외하고 2002년부터 국제 해상 교통량이 연평균 10% 넘게 증가했고, 대형 화물선의 증가가 이 추세를 주도했다.

화물선들이 세계의 항구도시들을 거점으로 삼아 우리의 상점 매대를 가득 채울 상품들을 나른다. 선적과 출항지는 각기 달라도 이들에게는 하나의 공통점이 있다. 폭이 2.44m인 물체. 내구성 강한 주름 철판으로 만든 직사각형 박스. 바로 해운 컨테이너다. 이 수수한 철제 박스에는 의외로 교묘하고 천재적인 전략이 숨어 있다.

각양각색의 화물을 담을 국제 규격의 컨테이너가 있으면, 각종 운송 수단과 호환되어 기계화가 쉽고 따라서 화물 선적부터 육상 운반과 하역까지 물류의 전 과정이 물 흐르듯 이어진다. 컨테이너 운반용 크레인도 한 가지 종류만 있으면 된다. 무엇보다 컨테이너를 깔끔하게 쌓고 포갤 수 있기 때문에 화물선의 적재 공간을 최대한 활용할 수 있다. 최근에는 절반 길이의 컨테이너나 키가 큰 컨테이너도 많이 쓰이지만 폭만큼은 항상 일정하다.

마크 레빈슨Marc Levinson은 그의 명저《더 박스The Box》에서 해운업을 오늘날 우리가 아는 규모로 거대하게 일으켜 물자 수송 비용을 대폭 절감시킨 것은 다름 아닌 컨테이너의 광범위한 적용이었다고 말한다.

세계 최대의 선박이자 컨테이너선은 머스크 트리플 EMaersk Triple-E로 길이가 400m, 폭이 59m, 높이가 73m에 달한다. 머스크 트리플 E는 길이 6.1m의 표준 컨테이너 18,000개를 한 번에 운반한다. 이 컨테이너들을 한 줄로 늘어놓으면 영국의 유서 깊은 두 대학도시 옥스퍼드와 케임브리지를 이을 수 있다. 무려 110km에 이른다는 뜻이다. 이 거대한 선박을 건사하는 선원은 몇이나 될까? 고작 20명이다. 선적 과정이 대부분 자동화되어 있기 때문이다. 그리고 이 추세가 더욱 심화될 전망이다. 그 이야기는 잠시 후에 하기로 하자.

: 냉장

각자 오늘 먹은 것을 생각해보자. 그중 내가 사는 지역에서 생산된 먹을거리는 얼마나 될까? 차(인도) 또는 커피(브라질) 한 잔으로 하루를 시작했고, 견과 뮤즐리(다양한 나라)를 먹고 집을 나선다. 점심은 토마토(스페인)와 아보카도(멕시코) 샐러드로 때운다. 나 같은 탄수화물 팬이라면 쌀(중국)이나 빵(영국)을 먹었을 거다. 참, 오후에 간식으로 먹은 키위(뉴질랜드), 바나나(코스타리카), 초콜릿(에콰도르) 바도 잊지 말자. 죄책감을 느끼자는 것이 아니다. 지구 행성 전역에서 모인 음식을 먹는 것이 우리에게 얼마나 일상이 되었는지를 말하려는 거다.

우리는 일 년 내내 이렇게 먹는다. 12월의 런던에서 노랑 피망을 먹고 싶다면 그저 집 근처 슈퍼마켓에 가면 된다. 해당 지역 해당 계절에

[그림 7.1] 세계 최대의 선박 머스크 트리플 E

 도시를 움직이는 모든 것들의 과학

나는 먹을거리만 소비하던 시대는 지났다. 지금의 도시민에게는 제철 음식이란 개념 자체가 없어졌다. 정확히 무엇이 '토속 음식local food'인지, 그 정의에 대해서도 국제적으로 합의된 바가 없다.

우리 식탁에 올라오는 음식은 대부분 먼 길을 여행한 것들이다. 긴 유통 경로가 의미하는 바나 식품 생산 뒤에 숨겨진 과학을 논하기에 앞서, 어떻게 상파울루의 오렌지가 여전히 신선하고 맛좋은 상태로 베를린에 도착할 수 있는지부터 알아보자. 모든 것은 콜드체인cold chain(저온 유통)이라는 개념으로 귀결된다.

식료품은 시간이 가면 질이 떨어진다. 과일이 수확되는 동시에, 즉 원래의 양분 공급원(과일나무)과 분리되는 순간부터 일련의 화학반응이 발동 걸리듯 시작된다. 그 화학반응의 끝은 과일의 죽음이다. 신선 식품이 장거리 여행에서 살아남는 비결은 이 화학반응의 속도를 최대한 늦추는 것이다. 식료를 차갑게 유지하는 것이 한 방법이다. 하지만 온도만 낮춘다고 다가 아니다. 습기, 빛, 공기 같은 요인들도 문제가 된다. 따라서 신선 식품 수출업자의 목표는 식료와 이 요인들과의 접촉을 최소화하는 것이다.

공기 중 미생물이 식료에 들러붙어 습기를 연료 삼아 식료의 화학 결합을 깨고 서서히 먹어치운다. 이때 온도를 떨어뜨리면 효소 작용 비활성화로 인해 미생물의 '닥치는 대로 먹어치우기 대잔치'의 속도도 떨어진다. 우리가 식품을 웬만하면 냉장고에 보관하는 건 이런 까닭이다. 식품에 따라서는 햇빛을 받으면 바깥층의 비타민과 지방이 분해되어 풍미와 외관이 변한다. 이 때문에 감자칩과 맥주 같은 것들은 불투명 용기나 검은색 용기에 보관한다.

식료를 밀폐해서 저온 보관하는 것이 꼭 현대의 발상은 아니다. 고대 페르시아가 최초로 얼음 창고를 만들어 썼고, 1800년대에 이미 생선, 육류, 유제품의 저온 보관이 널리 퍼졌다. 세계 최초로 식품 냉동 운송에 성공한 화물선은 1882년 고기와 버터를 가득 싣고 뉴질랜드 샤머스 항을 출발한 더니든Dunedin 호였다. 98일의 항해 후 런던에 입항했을 때도 화물은 그대로 얼어 있었다.

더니든 호의 식품 냉각 시스템의 동력은 석탄이었다. 석탄을 태워 냉각한다니 어쩐지 어울리지 않는다. 밀폐 용기에 주입한 압축 공기를 식료에 방출해서 갑작스런 압력 변화로 공기를 냉각하는 방식이었다.

자전거 타이어에 바람을 넣을 때를 생각해보자. 힘이 꽤 든다. 자리를 넓게 차지하고 흩어져 있는 공기 분자들을 좁은 타이어 안에 욱여넣으려면 에너지가 들 수밖에 없다. 우리의 에너지를 공기 입자에게 전달하는 셈이다. 흩어져 있던 공기 분자들이 촘촘히 모이면서 서로 반발해 공기 분자들의 운동 속도가 증가하고 열이 발생한다. 온도란 사실상 분자들이 까부는 정도이기 때문에 공기를 압축하면 공기 온도가 올라간다.

그러다 갑자기 타이어에서 펌프를 분리하면 공기가 폭발하듯 뿜어져 나오며 열에너지가 삽시간에 멀리 흩어지면서 주변 공기가 차가워진다. 데오도란트를 분사할 때도 같은 열 강하 효과가 일어난다.

더니든 호 이후 냉동 운송 기술은 계속 발전했다. 오늘날의 냉동 컨테이너(보통 리퍼reefer라는 별칭으로 불린다)는 온도 제어 기술의 결정체다. 리퍼는 우리 시대 식량 공급망의 생명인 '중단 없는 콜드체인'의 중요

          도시를 움직이는 모든 것들의 과학

연결고리다. 리퍼 덕분에 수확에서 제품화를 거쳐 유통과 소비에 이르기까지 신선 식품에 대한 일정한 저온 유지가 가능하다.

온도도 운송 품목에 따라 달라진다. 가령 오렌지를 대하는 온도 다르고 바나나를 대하는 온도 다르다. 육류와 해산물 같은 식품은 영하 30~영하 16℃로 꽁꽁 얼려서 운반하고, 채소와 신선육은 2~4℃로 차게 만들어 운반한다. 리퍼는 냉동칸과 냉장칸으로 나누어져 있는 냉장고와 같다. 다만 거대한 냉장고다.

이 냉장고를 화물선의 전원에 연결하고, 육상에서는 열차와 트럭의 전원에 연결해서 최종 소비지로 운송한다. 이 과정 내내 센서들이 리퍼 내부의 온도, 습도, 공기 질을 부단히 측정한다. 이 데이터는 인공위성 통신 경로로 수출업자에게 전달되고, 수출업자는 자신의 화물이 최고의 컨디션에 있는지 실시간 확인한다.

상추와 딸기류처럼 예민한 식품은 더 빠른 경로가 필요하다. 항공 운송이 방법이다. 톤수로 따져서 LA 국제공항을 통해 나가는 최대 수출품은 식품이다. 특히 채소, 과일, 견과가 공항으로 나가는 전체 화물 중량의 15% 이상을 차지한다. 프랑크푸르트 공항에는 아예 음식물센터가 따로 있다. 신선 식품 온도 제어에 바쳐진 럭비경기장 규모의 최첨단 신전이다.

하지만 물품이 일단 항공기에 적재된 다음부터는 온도 제어 방식이 갑자기 구식이 된다. 컴퓨터 시스템 대신 고체 이산화탄소(흔히 드라이아이스라고 부른다)를 담은 절연 박스에 의지한다. 이산화탄소는 좀 야릇한 물질이다. 온도가 높아지면 고체에서 액체를 거쳐 기체가 되는 게 아니라 승화(고체 증발 현상) 과정을 통해 고체에서 기체로 직진한다. 그것도 영하 78.5℃로 승화하기 때문에 냉장에 자주 쓰인다. 고체 이산화탄소 한 덩어리가 승화하기까지 몇 시간이나 걸린다. 즙이 많은 캘리포니아 라즈베리 한 상자를 LA에서 모스크바까지 운송하기에 충분한 시간이다.

저온 운송이 놀라운 공학적 성과인 건 맞다. 그야말로 세계를 연결하는 기술이다. 하지만 장거리 유통에는 분명히 부정적 측면이 있다. 해상 운송 덕분에 내가 오렌지를 사시사철 중독에 가깝게 소비할 수 있게 되었고, 또 오렌지 공급망을 구성하는 모두에게 이윤이 가면서도 오렌지가 상대적으로 싼 값에 내 손에 떨어질 수 있다는 점은 아무리 생각해도 놀랍다.

하지만 환경을 생각하면 장거리 유통은 좋지 않다. 식료와 음료를 가까운 지역에서 조달받는 것이 이론의 여지 없이 바람직하다. 화석연료를 쓰는 컨테이너선과 비행기와 열차와 트럭에다 식품을 싣고 생산지에서 소비지까지 먼 거리를 오가는 것은 사실 굉장한 낭비다. 도시들이 밀도를 더해가면서 도시민에게 신선 식품을 공급하는 일도 점점 버거운 일이 되어간다. 앞으로 냉동 컨테이너만으로는 충분하지 않을 수 있다.

: 식량

오늘날의 도시들에게 결코 무시할 수 없는 문제가 식량 생산 문제다. 농업과 도시화 사이에는 길고 복잡한 관계가 있다. 지금의 대도시 상당수는 원래 거기 비옥한 땅과 깨끗한 물이 있었기 때문에 생겨났다. 그런데 이제는 원래 농지였던 곳들에 집들만 들어차 있다. 도시의 팽

                    도시를 움직이는 모든 것들의 과학

창과 더불어 식량을 대는 농장들은 도시 중심에서 멀리 밀려났지만 아직도 도시와 불가분의 관계로 묶여 있다.

세계 인구에서 도시 인구가 차지하는 비중이 풍선처럼 불어나면서 식량 안보는 더 이상 몇몇 낙후 지역만의 문제가 아니게 되었다. 식량 문제는 이제 도시 문제의 핵심으로, 도시 관련 논제들의 최상위로 진입했다.

알다시피 지속가능한 식량 공급은 거저 얻어지지 않는다. 3장에서도 논했지만, 식품 생산에 따른 물 비용은 식품 종류에 따라 많은 차이를 보인다. 물 비용도 문제지만 탄소 비용carbon cost이 더 심각하다. 2013년 유엔 식량농업기구가 축산업으로 인한 온실가스 배출량을 조사했는데 소고기가 이 부문 1위를 차지했다. 단백질 1kg당 이산화탄소 배출량이 300kg이다. 그 뒤를 우유, 닭고기, 돼지고기가 잇는다. 각각 식용 단백질 1kg당 100kg 가까운 양의 이산화탄소를 배출한다.(이 조사는 토지 이용부터 가공과 운송에 이르기까지 생산 사슬 전체를 대상으로 했다. '이산화탄소 배출량'이라는 미터법 단위는 2007년 유엔 산하의 국제 협의기구 '기후 변화에 관한 정부 간 협의체'가 도입한 지표로, 다양한 온실가스의 배출량을 비교하기 위한 국제 표준 방식으로 인정받았다)

온실가스를 내뿜는 것이 가축만은 아니다. 곡물 농업에서는 합성 비료의 사용 증가가 온실가스 배출 급증의 주범이다. 유엔 식량농업기구 보고서에 따르면, 비료가 2011년 한 해 동안 전 세계적으로 배출한 이산화탄소의 양이 그전 10년 동안 배출한 양과 맞먹었다. 간단히 말해 식량 수요를 따라잡기 위해서 우리는 과거 어느 때보다 많은 양의 비료를 만들어 땅에 퍼붓고 있다.

또 다른 의문은 이거다. 도시 거주민은 과연 바른 식품을 먹고 있을까? 식품의 영양 성분 표시를 챙겨보는 사람이 늘어나고 있다. 칼로리와 염분 함량은 물론, 영양 정보를 꼼꼼히 뜯어본다. 그럼 확실히 우리는 전보다 나은 선택을 하고 있을까? 그게 그렇게 간단하지가 않다.

국제환경개발연구소에 따르면 도시민 수억 명이 영양실조에 시달린다. 도시 빈민층은 영양가 있는 음식보다 단지 배를 채울 음식을 선택하고 있다. 도넛 같은 고칼로리 음식은 칼로리는 많이 제공하는 반면 영양가는 극히 낮다. 문제는 이런 음식이 신선육이나 채소 같은 고영양분 식품에 비해 상당히 저렴하다는 것이다. 많은 도시에서 빈곤 지도가 질병 지도 및 비만 지도와 겹친다. 그리고 그것은 우연의 일치가 아니다.

이쪽은 내 분야와 거리가 멀기 때문에 영국 하퍼애덤스 대학교의 도시 식량 안보 전문가 루이즈 매닝Louise Manning 박사에게 도움을 구했다. "지구적으로 따져서 칼로리 생산량 자체는 충분합니다. 문제는 그것이 도시가 있는 곳에서 생산되지 않는다는 것, 그리고 모든 지역에 고르게 분배되지 않는다는 것이죠."

매닝 박사에 따르면 이 현상은 다음 세대의 생존 문제로 이어진다. 메가시티의 식량 수요가 주변 지역의 공급 능력을 칼로리와 영양분의 두 가지 기준 모두에서 크게 초과하게 된다면? 그때는 어떻게 도시 인구를 먹일 것인가? 도시의 식량 조달 문제는 단지 환경 비용과 토지 확보와 식품 생산량으로만 따질 문제가 아니다. 영양학적 품질과 식품 다양성도 함께 고려해야 한다.

식량 자원 다양성을 논할 때 지나칠 수 없는 이름이 하나 있다. 바로 러시아 식물학자 니콜라이 바빌로프Nikolai Vavilov, 1887~1943다. 주장컨 대 바빌로프는 여러분이 한 번도 들어보지 못한 과학자 중 가장 중요 한 인물이다. 바빌로프의 업적은 유전학의 아버지라 불리는 오스트리 아 학자 그레고르 멘델Gregor Mendel, 1822~1884의 연구를 실용적으로 재해석한 데 있다.

멘델은 교배 실험을 통해서 식물종의 바람직한 형질을 의도적으로 다음 세대에 전달할 수 있음을 입증했다. 바빌로프는 멘델의 유전 법 칙을 식용 작물 배양에 적용한 최초의 학자 중 한 명이었다. 그는 특정 품종들을 이종 교배해서 보다 튼튼하고 생산성 높고 오래 사는 곡물 종자를 발굴하는 데 힘썼다.

인류가 농경을 처음 시작했을 때부터 농자들은 가장 질이 좋은 작물 의 씨앗만 골라 다시 뿌렸다. 원시적 형태의 유전자 조작이라고 할 수 있다. 하지만 같은 품종의 특정 개체들이 다른 개체들을 능가하는 이 유에 대한 이해가 거의 없었던 때라 품종 개량은 과학보다는 일종의 요령이나 비법이었다. 바빌로프와 그의 동시대 학자들이 이를 과학으 로 만들었다. 오늘날 우리가 유지하고 누리는 농작물 다양성은 대체로 그들 덕분이다.

바빌로프와 그의 제자들은 20년 동안 전 세계를 누비며 무려 25만 종 이상의 작물 표본을 수집했다. 식물 다양성 보존을 위한 이들의 눈 물겨운 노력은 거기서 끝나지 않았다. 1941년 900일에 걸친 독일군의 레닌그라드 포위 기간 중에도 바빌로프의 동료와 제자들은 식물 씨앗 이 보관된 바빌로프 연구소를 교대로 지켰고, 굶주림에 죽어가면서도 소중한 작물과 씨앗에 손을 대지 않았다.

이들이 목숨과 맞바꾸며 지켜낸 바빌로프 씨앗은행은 현재 세계 각국의 씨앗은행의 모태가 되었다. 특히 북극에서 1,300km 떨어진 섬에 있는 노르웨이의 스발바르 국제종자저장고는 인류에게 환경재해나 핵전쟁 같은 대재앙이 닥쳤을 때를 대비한, 명실공히 세계의 식량 자원 백업 시스템이다. 최대 450만 종의 식용 작물을 보관할 수 있고, 지진이나 핵폭발에도 견딜 만큼 견고하고, 시설을 두텁게 둘러싼 영구동토층이 유사 시 전기 공급 없이도 씨앗의 냉동 보관 상태를 안전하게 유지한다.

종자 저장이 왜 중요할까? 대답은 스발바르 팀에게 직접 들어보자. "씨앗은행은 세계 식량 공급을 위한 궁극적 보험입니다. 미래 세대가 기후 변화와 인구 증가에 따른 식량 위기를 타개할 최소한의 발판을 마련해주는 겁니다." 씨앗은행들은 작물 다양성을 보존하는 방법이 될 뿐 아니라, 질병이나 재앙으로 종자가 유실되는 경우 해당 지역에 농업을 재개할 기회를 준다.

우리가 먹는 식료 중 상당수는 타 지역에서 유래한 것들이다. 감자 하면 내 조국 아일랜드가 떠오르지만 감자의 원산지는 남아메리카다. 지중해 사람들이 주식으로 먹는 토마토의 유전적 고향은 멕시코다. 양고기 하면 뉴질랜드가 세계 제일로 꼽히지만, 사실 양을 최초로 가축화한 곳은 카자흐스탄이다. 이런 다양성은 오래전부터 이어온 대륙간, 국가간 통상의 결과다.

지금까지 우리는 식료와 식료 운반을 위한 물류 이야기만 했다. 막상 이 모든 것을 가능하게 하는 핵심 요소가 빠졌다. 바로 돈이다.

     도시를 움직이는 모든 것들의 과학

: 주식

미국 소설가 아인 랜드Ayn Rand는 돈을 '교환의 도구'로 표현했다. 태생부터 거래를 표준화하고 재화와 서비스와 시간에 가치를 배정하는 수단으로 진화했기 때문이다. 돈은 도시간 연결망의 핵심 고리로 기능했다. 그런데 현대에 들어와 돈 자체가 거래 대상이 되었다. 돈은 재화와 달리 내재 가치가 없는데도 말이다.(엄밀히 말해 동전에는 어느 정도 내재 가치가 있다. 금속은 다른 용도로도 쓰이기 때문이다. 2015년 아일랜드 중앙은행은 주화 생산에 드는 비용이 주화 자체의 가치를 넘었다는 이유로 자국 소액 주화에 대한 단계적 폐지를 공고했다. 가령 1센트짜리 동전 하나를 만드는 데 1.65센트가 든다)

돈의 무용론을 말하는 것이 아니다. 당연히 돈은 유용하다. 다만 돈이 증권, 옵션, 주식 같은 이름들로 거론되기 시작하면 갑자기 가치 개념에 혼란이 온다. 처음부터 이렇게 복잡했던 건 아니다. 옛날 옛적에는 금을 기준으로 가치를 매겼다.

금의 가치는 크게 두 가지 면에서 나온다. 금은 절대 녹슬지 않는다. 또한 장신구 제작부터 원자간력 현미경atomic force microscope의 미세 탐침 제조에 이르기까지 용도가 수없이 많다. 이에 반해 은행권(지폐)의 가치는 재료 자체의 가치가 아니라 거기 인쇄된 숫자에 기반한다. 요즘에는 금융거래가 주요 도시 간 돈의 흐름을 주도한다. 의외겠지만 금융거래 뒤에도 엄청난 과학과 공학이 숨어 있다.

친구들에게 '월스트리트'라는 말에 무엇이 떠오르는지 물었다. 중론은 스트레스, 거들먹, 올백머리였다. 그런데 요즘 들어 뉴욕의 금융 심장이 전과는 다른 리듬으로 뛰는 것 같다. 바야흐로 퀀트quants로 불리는 사람들이 세계 금융의 심장부에서 맹활약 중이다. 이들은 수학과 공학과 컴퓨터공학의 박사 학위로 무장하고 월스트리트에 입성했다. 정량분석가, 이른바 '퀀트'는 고도의 수학적 분석 방법을 활용해 거래 리스크를 평가하고 예측하는 금융 분석가를 말한다.

이들의 접근법도 과학자들이 유구한 옛날부터 따랐던 방법론과 별로 다르지 않다. 데이터의 측정과 관찰을 큰 그림을 이해하는 방편과 밑천으로 삼는 것. 하지만 중요한 차이가 있다. 금융시장은 엄격하게 통제되는 실험장이 아니다. 금융시장은 어떤 것에도 반응하고 변한다. CEO의 사임 소문, 신제품 출시 발표, 특정 국가의 전쟁 위기감 확산 등 어느 것도 변수가 될 수 있다.

금융시장은 격변과 소동의 도가니다. 여기서 퀀트가 하는 일은 이 소음을 꿰뚫어보는 것이다. 이들은 날이 갈수록 강력해지는 컴퓨터의 도움을 받아 데이터에서 과거 트렌드를 추출하고, 수리적 모델링을 통해 가능성 있는 미래 트렌드를 제시한다. 어쩐지 도박처럼 들린다. 사실 로디드 다이스loaded dice(특정 숫자가 다른 숫자들보다 자주 나오도록 무게중심을 변조한 주사위)로 게임을 하는 것과 비슷하다. 어떤 수리 모델도 무슨 일이 일어날지 완벽히 예측하지 못한다. 아니라고 하는 사람이 있다면 거짓말이거나 농담이다. 다만 개중 괜찮은 예측 모델들이 있어서 특정 결과가 나올 가능성에 대한 척도를 제공할 뿐이다.

금융시장에서 매수나 매도 결정은 결국 가능성의 크기에 달려 있다. 가령 예측 모델이 주가 상승 가능성을 58%로 제시하면, 위험을 감수하고 투자할 가치가 있다고 할 수 있다. 예측 모델은 도구에 지나지 않는다. 드릴이나 끌 같은 연장이다. 연장을 다룰 때와 마찬가지로 최대한 활용하려면 판단력과 기술이 필요하다. 그리고 언제나 위험이 따른

     도시를 움직이는 모든 것들의 과학

다. 예측에 적용한 수학 원리가 공고하고 컴퓨터가 세계 최고의 성능을 자랑해도 예측이 벗어날 위험은 항상 존재한다.

퀀트들이 사용하는 수학적 도구 중 일부는 다소 의외의 분야에서 왔다. 1905년은 현대 물리학에서 기적의 해로 통한다. 이 해에 알베르트 아인슈타인은 특수상대성 이론으로 시공 개념을 바꿨고, 광전효과 이론으로 오늘날 태양광 발전의 근간을 마련했다. 또한 브라운 운동을 분석해서 원자와 분자의 물리적 실재를 증명했다.

그는 액체나 기체 중에 떠 있는 입자들이 부단히 무작위하게 움직이는 것(브라운 운동)은 주위의 물 분자나 공기 분자와 끊임없이 충돌하기 때문이라고 했다. 아인슈타인이 분자의 실재를 입증하고 분자 운동을 추정하는 데 쓴 통계적 방법을 훗날 경제학자들이 금융시장의 지속적 가격 변동을 분석하는 수리 모델 개발에 응용했다.

금융시장에 진출한 물리학 법칙 중에는 열역학 법칙도 있다. 물리학에서 시간 경과에 따른 열 이동과 온도 변화를 설명하는 방정식들이 금융계로 넘어와 블랙-숄즈-머튼 가격 결정 모델이 되어 선물先物 가격을 예측하는 데 쓰이고, 플라스마 물리학에서 가져온 포커-플랑크 방정식은 경제학에서 부의 분배와 인구 분포 분석에 쓰인다. 이밖에도 수학과 경제학의 융합 사례는 수없이 많다.

그런데 여기에도 부작용이 있다. 초단타 매매라는 것이 최근 몇 년 전부터 심심찮게 뉴스 헤드라인을 장식하고 있다. 칭찬 받을 이유로 등장하는 일은 거의 없다. 초단타 매매는 고성능 컴퓨터를 이용해 초고속으로, 인간의 상상을 초월하는 속도로 주식 거래를 행하는 알고리즘 매매를 말한다. 여기서는 컴퓨터와 자동거래가 왕이다.

컴퓨터의 실용화 이후 금융거래도 빨라졌다. 빨라져도 너무 빨라졌다. 지금 말하는 알고리즘 매매는 1/1,000,000초인 마이크로초 단위로 이루어진다. 시간차가 워낙 짧다 보니 심지어 컴퓨터 사이의 광섬유 케이블의 길이도 영향을 미칠 정도다!

초단타 매매는 특히 뉴욕과 런던의 주식시장에서 인기리에 사용된다. 안 그래도 복잡한 시장에서 주가 변동성과 불안정성을 키우고, 일반 투자자들에게 불이익을 안기는 약탈적 방법이라는 비난을 받고 있지만, 빠른 시일 내에 사라질 것 같지는 않다. 이렇게 분초를 다투는 시스템에는 최고 성능의 시계가 따라붙어야 한다.

: 시간

표준시간대는 이 도시 저 도시 다르다. 달력도 문화권마다 다르다. 따라서 사람들이 시간을 임의적인 것으로 여기는 것도 무리는 아니다. 하지만 시간도 도시 네트워크의 핵심 연결고리다. 우리는 시간에 눌려 산다. 우리는 시간을 들이고, 시간을 내고, 시간을 같이하고, 시간을 벌고, 때로는 시간을 죽인다.

영어에서 가장 사용 빈도가 높은 명사 세 개가 시간 관련 단어다. 시간time 자체가 1등이고, 해year가 3등, 날day이 5등이다. 도시 생활의 짜임과 논리도 평일과 휴일의 정의부터 영수증의 타임스탬프time stamp(데이터가 특정 시점에 존재했음을 증명하는 시간 표시)까지 전적으로 시간에 묶여 있다.

도시가 기능하는 데 시간이 결정적 역할을 한다면, 그렇게 중요한 시간을 허투루 잴 수는 없는 일이다. 시간은 어떻게 측정되고 있을까?

국립물리연구소의 패트릭 길Patrick Gill 박사가 말하길, 시간을 재려면 세 가지가 필요하다. "먼저 뭔가 규칙적으로 똑딱이는 것이 필요합니다. 다음에는 그 똑딱임을 셀 수 있어야 하고, 다음에는 똑딱임이 1초에 몇 번 일어나는지 알아내야 합니다."

손목시계에 주로 쓰는 똑딱이는 쿼츠quartz, 즉 석영SiO_2 조각이다. 쿼츠는 시계 배터리가 공급하는 소량의 전력을 동력 삼아 매초 약 32,768회 진동한다(똑딱인다). 쿼츠 시계는 꽤 정확해서 1년 동안 겨우 몇 초의 오차만 낼 뿐이다. 이 정도 오차야 사는 데 불편하지 않다.

하지만 시간의 정밀성이 생명인 기술과 분야도 많다. 그런 일에는 쿼츠 시계가 결코 적합하지 않다. 1955년, 국립물리연구소의 두 과학자가 최초로 진정한 '시간의 제왕time-lords'으로 등극했다. 이들이 개발한 원자시계atomic clock는 300년 동안 1초만 누락될 '예정이어서' 쿼츠 시계보다 수백 배 정확하다.

앞서 2장에서 말한 원자의 모습을 떠올려보자. 원자핵을 중심으로 전자들이 엄청난 속도로 윙윙대며 돌고 있다. 전자들은 특정 에너지준위energy level를 갖는데, 이 준위는 외부의 영향에 따라 변한다. 계단을 생각하면 이해하기 쉽다. 예를 들어 원자가 레이저 등에서 에너지를 흡수할 때마다 그 원자에 속한 전자들은 다음 단계로 뛰어오른다. 전자들이 낮은 단계로 떨어질 때는 에너지를 보통 빛의 형태로 방출한다. 원자의 이런 '스텝 점프' 과정을 전이transition이라고 한다.

전이는 극도로 정밀하게 일어난다. 즉 전자 하나가 한 단계에서 다른 단계로 전이할 때마다 정확히 같은 양의 에너지가 방출되거나 흡수되고, 전이의 폭이 클수록 교환되는 에너지 양도 커진다. 따라서 이 에너지의 진동수(원자의 똑딱임)를 측정하면 이것으로 시간을 잴 수 있다. 옛날 괘종시계의 원자 버전이라고 생각하면 된다. 시계추가 오가는 주기가 원자의 진동주기가 되는 셈이다. 차이가 있다면 원자시계가 괘종시계보다 10만 배 더 정확하다는 것이다.

국립물리연구소의 최신 원자시계는 세슘 원자를 이용한다. 면밀히 제어되는 장치 안에서 세슘 원자들을 운동량이 거의 없을 때까지 냉각했다가 마이크로파를 쏘아서 원자의 가장 바깥쪽 전자가 에너지 준위를 두 단계 전이하게 한다. 이를 반복해서 세슘 원자의 초당 진동수를 알아낸다. 쿼츠 결정체와 달리 전자는 모두 동일하고, 진동주기가 항상 일정하다. 따라서 시간을 측정하는 매우 안정적인 기준이 된다.

우리가 원자시계의 존재를 알든 모르든, 원자의 진동주기는 이미 지구에서 그리고 지구 밖에서 시간 측정의 도구로 쓰이고 있다. 세계는 세슘 원자가 9,192,631,770회 진동하는 시간을 1초로 정의한다. 영국 국립물리연구소와 미국 국립표준기술연구소를 비롯한 세계 20여 개 연구소들이 지금도 원자시계의 정확성을 더욱 높이기 위해 노력 중이다. 누구의 시계가 가장 정확한지를 놓고 첨예하게 겨루는 동시에, 억겁의 세월이 흘러도 오차가 1초에 불과한 시계를 개발하는 데 주력한다.

여러분의 항의가 들린다. 전자의 뜀뛰기 횟수를 세는 것이 도시 생활과 무슨 상관이란 말인가? 단언컨대 상관있다. 우선 금융 시스템과 데이터베이스는 정확한 타임스탬프가 생명이다. 컴퓨터 발전으로 거래 속도가 높아지면서 시간 인지 장치의 고도화가 필요했고, 이에 따라 금융기관마다 원자시간을 채용했다. 전기 배급 사업도 시간 측정의 정밀도에 깊이 의존한다. 제너럴 일렉트릭 디지털에너지 사업부의 리치 헌트Rich Hunt의 표현에 따르면, "오늘날의 전력망에게는 타이밍이 전부다. 타이밍 기술 없이는 계전기가 자빠지고, 송전선이 꺼진다".

무엇보다 인터넷과 연결된 모든 것은 현재 협정세계시Coordinated Universal Time, UTC로 돌아가고, 이 협정세계시는 지구 곳곳에 있는 세슘 원자시계들에 연동한다. 원자시계가 지구에만 있는 건 아니다. 우주에도 원자시계가 많이 나가 있다. 지구 둘레를 도는 GPS 위성들은 예외 없이 모두 원자시계를 탑재하고 있다. 다시 말해 내비게이션 서비스를 가능하게 하는 것도 원자시계다.

범지구적 GPS 네트워크를 완성하려면 24개의 인공위성이 필요하다. 6개의 궤도에 인공위성이 4개씩 분포하도록 설계되어 있어서, 지상의 어느 지점 어느 시점에서도 적어도 4개의 인공위성이 감지된다. 이 위성들이 GPS 수신기에 계속 신호를 쏜다. 우리의 스마트폰에도 GPS 수신기가 있어서 우리에게 시간과 위치를 알려준다.

하지만 GPS 수신기가 자기 위치를 '그냥 아는' 것은 아니다. 알아내야 한다. 각각의 인공위성은 전파의 파동을 이용해 신호를 전송한다. 파동의 속도(초속 약 300,000km)는 이미 알려져 있으므로 시간만 정확히 측정하면 거리를 알 수 있다(거리 = 속도 × 시간). 위성들은 삼변 측량trilateration이라는 기법을 써서 우리의 위치를 정확히 파악한다. 삼변 측량을 설명하려면 지도가 필요하다.

아일랜드에서 길을 잃었다고 치자. 지나가는 사람에게 방향을 물었지만 "여기는 더블린에서 187km 떨어진 곳이에요"라는 대답만 돌아왔다. 이것은 인공위성이 하나 있는 것과 같다. 없는 것보다는 낫지만

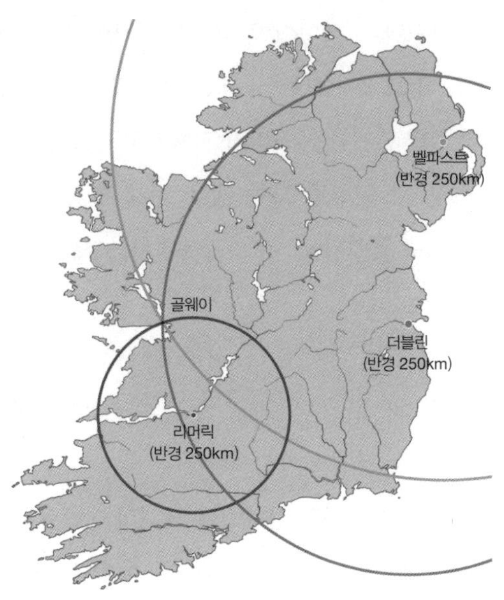

[그림 7.2] 삼변 측량

방향을 일러주지는 않는다. 그래서 다른 사람에게 또 물었다. 이 사람은 그곳이 벨파스트에서 250km 떨어진 곳이라고 답했다. 이제 참조점이 두 개로 늘었다. 세 번째 사람은 거기가 리머릭에서 74km 떨어진 곳이라고 알려줬다. 이제 알았다. 우리가 있는 곳은 골웨이다!

GPS 위성들도 같은 방식으로 위치를 찾는다. 다만 나처럼 지도에 원을 그리는 대신 위성들은 우주에 구체를 그린다. 엄밀히 말해서 위치 파악에는 인공위성 세 개로도 충분하다. 하지만 정확도를 높이기 위해서 인공위성 네 개가 동원된다. GPS에는 시간 측정 기술이 핵심이라서 중력, 온도, 습도 등의 영향에서 자유로운 원자시계가 꼭 필요하다. 원자시계 없이는 GPS 인프라가 무너진다.

     도시를 움직이는 모든 것들의 과학

알고 보면 GPS는 정통 물리학에 깊이 의지한다. 첫째, 우주에서 빠르게 지구를 도는 위성의 시계는 지구의 시계보다 느리게 가지만(특수상대성이론), 지구에서 보면 위성의 시계가 빠르게 가는 것으로 보인다(일반상대성이론). 둘째, 전자의 전이를 이용해서 측정한 시간을 쓰기 때문에 GPS 위성도 어쩔 수 없이 원자를 지배하는 물리법칙들의 영향을 받는다. 인공위성과 지상 사이에 어긋나는 시간은 상대성이론과 해당 물리법칙들을 적용해 보정한다.

여기서 또 하나의 질문이 대두한다. 자동차가 지하주차장이나 터널에 들어가면 어째서 계기판 GPS가 오락가락하는 걸까? 짧게 설명하자면, GPS 신호가 자동차 수신기에 도착할 즈음에는 약해져 있어서 단단한 물체들을 쉽사리 뚫지 못하기 때문이다. GPS가 실내에서 자주 버벅대는 것도 같은 이유에서다. 고층건물이 밀집한 지역을 운전할 때도 GPS 신호가 내게 도달하는 데 애를 먹는다. 하늘에서 보면 도심 속의 나는 가파른 골짜기 밑바닥에 있는 것과 같다. 하지만 전반적으로 GPS는 칭찬받아 마땅하다. GPS가 하는 일이 위치 추적과 경로 탐색만이 아니다!

: 채팅

최근 우리의 의사소통 방식이 몰라보게 달라졌다. 그 핵심에도 인공위성이 있다. 2015년 중반만 해도 지구궤도를 도는 데이터 송수신용 능동위성이 1,300개가 넘었다. 이중 절반가량이 통신위성communications satellite이었다. 통신위성은 지구상에 흩어져 있는 다양한 송신기에서 정보를 받는다. 그리고 이 신호를 증폭시켜 지구 전역의 수신기에 도로 뿌려준다. 이것이 우리가 디지털 TV와 전화와 무선 신호를 전송하는 방법이다. 신호를 통신위성 군단을 통해 '팅겨서' 전 세계로 중계하는 것이다.

궤도운동을 하는 위성을 이용해 TV 프로그램을 방송한다고 치자. 고담 시가 배트맨을 부를 때 사용하는 배트 시그널Bat-signal을 떠올리면 이해하기 쉽다. 위성을 따라잡으려면 계속해서 배트 시그널을 움직여야 한다. 하지만 위성이 수평선 너머로 사라지는 순간 모두 끝나버린다. 방송을 꼭 봐야 하는 사람들에게는 화나는 일이다.

만약 위성이 하늘의 같은 자리에 머물러 있다면 얼마나 좋을까. 정보를 편하게 계속 흘려보낼 수 있을 테니 말이다. 1928년 크로아티아 출신 로켓 개발자 헤르만 포토츄닉Herman Potočnik이 통신을 위한 정지궤도를 처음 고안했다. 그리고 1940년대에 수학자이자 SF 작가인 아서 C. 클라크Arthur C. Clarke가 정지궤도의 유용성을 논하면서 일반에게도 알려졌다.

전직 우주과학자로서 말하자면 궤도란 참으로 야릇한 것이다. 들판에서 공을 던져보라. 공은 금세 중력과의 싸움에 져서 땅에 떨어진다. 같은 공을 대포로 날리면 먼젓번보다 훨씬 멀리 날아가다가 땅에 떨어진다. 이렇게 계속 발사 속도를 높여가면, 그리고 공기 저항과 빌딩 같은 방해 요소가 없다고 치면 공이 땅으로 추락할 때까지 비행거리를 수백, 수천 킬로미터까지 늘릴 수 있다.

위성을 지구궤도에 올리는 것도 같은 아이디어에 기반한다. 지구 대기권을 벗어나면 공기 저항도, 마천루 모양을 한 장애물도 사라진다. 공인공위성을 무서운 속도로 대기권 밖까지 추진하는 데 쓰는 것이 로

도시를 움직이는 모든 것들의 과학

켓이다. 인공위성을 지구궤도에 올려놓으면, 지구의 인력과 위성의 원심력이 평형을 이루어서 위성이 떨어지거나 날아가지 않고 지구 둘레를 돌게 된다.

정밀한 궤도 계산과 로켓 제어로 위성을 적도 위의 원형 궤도에 올릴 수 있다. 이 궤도를 정지궤도라고 한다. 정지궤도 통신위성은 지구의 자전 속도와 같은 속도로 지구를 공전하기 때문에, 지상에서 보면 하늘의 한 지점에 정지해 있는 것처럼 보인다. 따라서 지상의 송신기들이 하루 24시간 내내 직접 신호를 송출할 수 있다. 한곳에 머물러 있지 않고 지면에 가깝게 붙어서 도는 통신위성도 있다. 이런 통신위성들은 사용하기는 복잡하지만 신호가 더 강하다는 장점이 있다.

그럼 이 인공위성들은 정확히 무엇을 전송하는 걸까? 이에 대한 설명은 와이파이Wifi나 전파수신범위 같은 용어들까지 설명하는 기회가 될 것 같다. 도시 사람들은 거의 부지불식간에, 서로 간에, 끊임없이 전파를 껐다 켰다 한다. 전파는 빛의 일종이다. 빛 파장의 범위를 전자기파 스펙트럼이라고 한다. 이 스펙트럼이 30cm 자라면 우리 눈에 보이는 가시광선은 8~9cm 구간에 위치한다. 나머지는 사람 눈에 보이지 않지만, 다른 방법들로 감지 가능하다.

우리가 통신에 쓰는 마이크로파와 라디오파(전파)는 15~23cm 구간에 널찍하게 포진한다. 덕분에 GPS부터 무선 인터넷 신호까지 온갖 것을 다 욱여넣을 수 있다. 통신 기술 매체들은 신호 간섭을 피하기 위해서 저마다 이 구간의 특정 부분을 배당받아 쓴다. 그것을 주파수대 frequency band라고 한다.

스마트폰은 30cm 자로 치면 16~18cm 사이에 있는 '극초단파ultrahigh frequency waves'라는 주파수대를 이용하고, 통신사는 송신탑 망을 이용해 신호를 증폭해서 통신위성들과 데이터를 주고받는다. 와이파이는 위성이 필요 없다. 라우터router라는 소형 송신기를 이용해 유선 인터넷을 무선 인터넷으로 전환한다. 즉 와이파이는 커피숍 안 같은 일정 거리 내에서만 무선 인터넷이 가능한 근거리 통신망이다.

이 기술들이 모두 집약된 스마트폰은 도시에 가장 '만연한' 통신기기다. '상시 접속 상태'를 유지하려는 현대인의 욕망이 사회에 어떤 영향을 끼칠지에 대해서는 논란이 분분하다. 하지만 여기서는 논쟁에 가담하는 대신 '연결사회'를 실현하는 시스템들에 집중하기로 하자.

물리학자 미치오 카쿠Michio Kaku는 그의 저서《미래의 물리학》에서 "오늘날 우리 손에 있는 휴대전화의 컴퓨터 파워는 인류를 처음 달에 보낸 1969년 당시 NASA가 보유했던 컴퓨터 파워를 모두 합친 것보다 강하다"고 말했다. 이 말은 과장이 아니다.

일반 스마트폰에 내장된 중앙처리장치는 매초 수백만 건의 계산을 수행한다. 아폴로 시대 NASA의 메인 프레임 컴퓨터보다 열 배나 빠른 성능이다. 우주비행사들의 건강과 우주선 내부 환경을 모니터하던 복잡한 컴퓨터 프로그램도 지금의 1기가바이트 메모리키 안에 들어간다. 그것도 167번 들어간다. 무엇이 달라진 걸까?

크기와 비용이 달라진 덕분이다. 1960년대 후반 이후 전자제품들은 계속해서 작아지고 좋아지고 싸졌다. 반도체 기술과 재료과학의 발달로 고용량 하드 드라이브와 극도로 얇은 노트북컴퓨터와 기술집약적 스마트폰이 우리 손에 들어왔다. 전자 부품의 소형화와 저렴화 추세는 지금도 멈출 기미를 보이지 않는다. 이른바 '사물인터넷'의 시대가 코

앞에 왔다.

사물인터넷 기반 스마트 시티를 논하기 전에 케이블 인터넷cabled internet부터 짚고 넘어가자. 도시에서 와이파이 가용 지역이 날로 확대되면서 사람들은 인터넷 전용선이 이제 퇴장 수순을 밟고 있다고 생각한다. 그렇게 생각했다면 착각이다. 거대 통신회사 NEC에 따르면 국제 데이터의 99%가 아직도 케이블로 전송되고, 그중 대부분이 해저 케이블이다.

대륙과 대륙, 섬과 섬을 잇는 해저 케이블망은 다 합치면 길이가 장장 885,000km에 달한다. 적도를 22회나 감을 수 있는 길이다. 이 괴물도 시작은 수수했다.

1858년 8월 16일, 아일랜드와 북미 뉴펀들랜드 사이의 해저에 막 부설된 세계 최초 대서양 횡단 전신 케이블을 따라 한 통의 메시지가 전송됐다. 이 전보는 아일랜드를 출발한 지 17시간 40분 만에 도착지에 당도했다. 지금으로서는 도저히 빠르다고 봐줄 수 없지만 배로 보낸 우편물을 가뿐히 앞질렀다. 전신 케이블이 없던 시절에는 우편물을 배로 보내는 것밖에 다른 방법이 없었다.

지금은 데이터가 같은 거리를 그야말로 순식간에 날아간다. 유리로 만든 해저 광케이블 덕분이다. 실처럼 가늘고 유연한 광섬유optical fiber는 데이터를 가공할 속도로 전송한다. 속도가 광속의 70%에 해당한다. 태양광이 지구에 도착하는 데 약 8분 20초 걸린다(초속 300,000km). 빛이 유리를 통과할 때는 조금 느려진다(초속 200,000km). 느려져도 여전히 전광석화 같은 속도다.

빛은 직진하지만 투명한 유리 표면에 직각으로 닿으면 유리를 통과하지 못하고 도로 구부러진다. 이런 전반사 원리를 이용해 섬유를 교묘히 설계하면 빛이 밖으로 나오지 못하고 섬유 속에 갇히게 된다. 섬유 속에 갇힌 빛이 할 수 있는 것은 내부에서 계속 반사되며(꺾어져 가며) 섬유를 따라 이동하는 것뿐이다. 이 광파에 실린 정보도 빛과 함께 광섬유를 통과하고, 이로써 우리가 정보를 빛의 속도로 주고받게 된다.

아직은 정보를 케이블로 전송하는 것이 통신위성 기반 전송보다 많이 싸고, 빠르고, 안정적이다. 이것이 우리가 와이파이 신호가 사방에서 잡히는 도시 환경에 살면서도 여전히 발밑에 묻혀 있는 광섬유 케이블에 의지하는 이유다. 광섬유 케이블 덕분에 가정과 업장에서 눈 깜박할 사이에 인터넷으로 정보를 주고받는다. 눈을 깜박하는 데 약 0.4초 걸리는데 그동안 광섬유 케이블 속의 빛은 80,000km를 진행한다.

도시 생활자 대다수에게 인터넷 접속은 이제 일상의 필수 요소가 되었다. 인터넷이 우리가 도시와 상호작용하는 방식도 바꿔놓았다. 우리는 개인적으로 가공할 양의 데이터를 소비하고, 집단적으로 가공할 크기의 네트워크를 형성한다. 데이터에 대한 욕망이 어디까지 이를지는 더 두고 볼 일이다. 분명한 것은 그 욕망이 우리의 미래를 조형하는 데 결정적 역할을 할 것이라는 점이다.

내일

:

모두 알다시피 미래 예측은 딱히 권장할 만한 일은 아니다. 내가 이 책에서 도시의 앞날을 전망할 때 되도록 과학적으로 믿을 법하고 기술적으로 그럴 법한 것들에 집중한 것은 나중에 민망해질 일을 줄이기 위

　　　　　　　　　　　　　　도시를 움직이는 모든 것들의 과학

해서다. 미래 예측은 언제나 뒤가 찜찜하지만, 그중에서도 몇 년 후 내 얼굴을 뜨겁게 만들 가능성이 특히나 짙은 예측을 꼽으라면 바로 지금부터 할 예측이다.

다리와 터널과 빌딩, 전력망과 상하수도도 눈에 띄게 변했지만 그래도 그것들은 오랜 기간 자잘한 개선들이 수없이 쌓여 이루어진 점진적 진화였다. 그에 비해 데이터 흐름, 돈줄, 통신, 물류와 같은 보이지 않는 흐름들의 변화는 대단히 빠르게 그리고 몹시 심오하게 일어났다. 덕분에 몹시 흥미롭지만, 한 사람의 식견으로 판도를 뒤집을 기술들을 꼬집어 내는 것은 거의 불가능하다.

물론 거대하고 분명한 추세는 있다. 연결성에 대한 사람들의 욕망, 거기에 따라붙는 저렴하고 안정적인 전자제품에 대한 수요. 이 욕구가 이른바 정보 세대를 낳았다. 현대인은 언제 어디서나 어떠한 정보에도 접근할 수 있고, 이미 거기에 익숙해져 있다. 다른 한편으로는 인구 증가와 기후 변화 때문에 식량 안보가 위협받고 있다. 가까운 미래에 지구적 위기 상황이 닥칠 수도 있다.

이 문제들과 관련해 어떤 과학과 기술이 어떻게 모습을 드러내 보일지는 아직 미지수다. 현재 연구가 방대하고 다각적으로 이루어지고 있고, 그중에는 놀라운 진전도 많다. 내게 주어진 지면으로는 충분히 소개하기조차 어렵다. 짧막한 맛보기로 만족하자.

: 스마트 팜

데이터를 향한 욕망이 식료 생산에까지 미치고 있다. 토양 상태 감시 시스템부터 GPS 기반 잡초 지도까지, 빅데이터 분석을 농업과 결합한 정밀 농업이 미래의 식량 조달 해법으로 부상 중이다. 아직은 상대적으로 초기 단계에 있지만 이미 장래성을 인정받고 있다.

콜로라도 주립대학교의 라지브 코슬라Rajiv Khosla 교수가 이끄는 연구팀이 인도 북부의 거칠고 기복이 심한 밀밭 지대를 대상으로 토지 수분 함량을 모니터하는 프로젝트를 진행했다. 수집된 데이터는 사람의 개입을 최소화하면서 농지를 고르는 작업에 이용됐다. 그 결과 농업용수를 반만 쓰고도 다음번 밀 수확량이 17% 증가했다. 이렇게 식량 생산 자원의 효율을 높이는 것이야말로 미래 식량 대책의 관건이다.

전체 식량 생산량 중 매년 1/3가량이 유실되거나 낭비되는 것으로 추산된다. 식량 낭비는 곧바로 자원 낭비로 이어진다. 특히 물과 수송 수단과 전기의 낭비다. 생산 품목에 따라 차이는 있지만 식량 생산은 자원 집약적 산업이다. 거기다 도시민의 상당수가 이미 영양 결핍을 겪고 있다는 점을 감안하면 공급되는 식품의 유형과 품질도 고민하지 않을 수 없다. 늘어나는 도시 인구 증가에 따른 식량 증산만으로는 문제가 해결되지 않는다. 식료 공급 사슬의 전 영역에서 생산성을 높일 묘수들을 찾아야 한다.

식량 문제를 둘러싸고 많은 유사과학이 판친다. 나는 물리학자로서 어느 정도 면역이 되어 있다고 믿지만, 그래도 혹시 몰라 스코틀랜드 농업과학자문의 존 커John Kerr 박사에게 물었다. 박사는 식량 조달의 심각성을 이렇게 요약했다.

"20년 후에도 모두를 먹일 수 있으려면 가능한 모든 방법을 동원해야 합니다. 있는 기술 없는 기술 가리지 않고 대책을 강구하지 않으면 지구 생태계를 모조리 없애버리고 땅이란 땅을 모두 식량 생산에 바쳐도 모자랍니다.”

이 위기 상황에 중요한 역할을 할 것으로 기대되는 기술 중 하나가 농작물 유전자 변형genetic modification, GM이다. 다만 전제조건이 있다. 차세대 유전자 변형 기술은 1990년대에 논란을 일으킨 ‘프랑켄푸드Frankenfood(유전자 조작 식품)’에서 진일보한 새로운 개념의 기술이어야 한다는 것이다.

배경 설명부터 좀 하자면, 특정 목적을 위해 작물의 유전형질을 변경하는 것이 어제오늘의 일은 아니다. 커 박사는 이렇게 표현했다. “농작물에 대한 선택적 교배는 옛날 옛적 인간이 먹이 찾아다니기를 멈추고 한곳에서 밀이 익고 빵이 익을 때까지 기다리기 시작한 때부터 지금까지 계속되어온 일입니다.”

차이가 있다면 지금은 농작물의 유전형질을 수확기 단위로 개조해나갈 필요가 없다는 것이다. 아예 작물의 DNA 구조를 바꾸는 방법으로 처음부터 튼튼한 농작물을 개발한다. 이 기술의 주요 동인은 효율이다. 전통적 식물 육종은 시간도 오래 걸리고 중간 폐기물이 많이 발생한다.

유전자 변형의 최신 접근법을 정밀 유도 유전자 변이precisely directed mutation라고 부른다. 작물을 개량하는 차원을 넘어 그 작물에서 우리가 원하는 부분만 만들어내는 방법이다. 그러면 필요 없는 대부분을 버릴 일이 없어진다. 감자를 예로 들면 우리가 원하는 것은 뿌리 부분이고, 땅 위로 자라는 부분은 모두 버려진다.

여기에는 특정 유전자의 발현을 억제하는 기술부터 한 식물의 이로운 유전자를 다른 식물에 이식하는 기술까지 여러 다양한 기술이 복합적으로 쓰인다. 그렇다고 닭의 DNA를 농작물에 끼워 넣는 일 따위는 결코 일어나지 않는다. 일부의 의심과 달리 과학이 세상물정과 무관하게 존재하지는 않는다. 과학자들의 머리는 해당 연구의 사회적, 환경적, 정치적 파장에 대한 고민에서 절대 자유롭지 않다. 유전자 변형 작물 연구에 있어서는 더더욱 그렇다.

식량 문제에 있어서 과학이 모든 해답을 제공하지는 못한다. 과학을 통한 타개책은 큰 그림의 일부, 큰 흐름의 일파일 뿐이다. 또 그래야 한다. 유전자 변형 작물의 정의와 범위를 놓고도 아직 논쟁이 뜨겁다. 농작물에 대한 생물공학기술이 장기적으로 어떤 부작용을 가져올지도 아직 미지의 영역이다. 오히려 그것이 이 연구가 중요하게 지속되어야 할 이유다.

문제를 직시하지 않고 회피하는 것은 해결책이 아니다. 먹는 사람과 환경에 안전하면서 농약 없이도 병충해에 강한 작물을 개발하고, 영양학적 이점은 많고 생산 원가는 낮은 쌀 품종을 만들고, 기후 변화를 이겨낼 작물을 설계할 방법을 찾는 노력이 과연 나쁜 걸까?

유전자 변형 외에도 도시의 미래 생존 전략 산업으로 한창 개발 중인 농업 기술들이 또 있다. 이 기술들을 한데 아우르는 단어가 바로 '도시 농장'이다. 일본 IT 기업 후지쯔가 축구장보다 넓은 면적의 반도체 공장을 실내 농장으로 개조해서 채소를 재배한다. 2011년 동일본 대지진 이후 피해 지역 농장들이 피폐해지고 전국적 식료 오염 문제로 이어지자 이렇게 최첨단 IT 기술을 접목한 실내 농장 붐이 일었다.

첨단 농장에서는 저출력 LED가 태양광을 대신해 낮밤을 만들고 광합성에 필요한 환경을 제공한다. 여기서 끝이 아니다. 녹색 식물은 햇빛 속의 에너지로 이산화탄소와 물을 포도당으로 바꿔 성장을 위한 양분으로 삼는다. 이것이 광합성의 기초다. 그런데 특정 파장의 빛을 받으면 이 과정이 빨라진다. 따라서 특정 파장을 가진 LED 조명을 쓰면 식물의 성장 속도를 높일 수 있다. 첨단 시스템으로 조도뿐 아니라 온도, 습도, 이산화탄소 함량 등 모든 생육 조건을 민감하게 감시하고 조절해서 일반 농장에 비해 몇 배의 생산성을 올린다.

일본만이 아니다. 런던, 뉴어크, 코펜하겐 등의 도시들에서도 태양과 토양 없는 인공 농장들이 지역 식료 생산의 양상을 바꾸기 시작했다. 도시농장을 흔히 수직농장vertical farm이라고도 한다. 재배 판을 층층이 쌓아올려서 공간 활용을 최대화하기 때문에 밭보다 훨씬 많은 식물을 동시에 재배한다. 그렇다고 너무 놀랄 건 없다. 이 기술이 전통적 밭농사에 종말을 고하지는 않는다.

실내 인공 농장에서 재배할 수 있는 농작물의 종류에는 한계가 있다. 도시농장 프로젝트는 대부분 푸른 잎채소 재배에 집중되어 있다. 물론 이 기술은 전기를 쓴다. 그러나 아직은 이 약점을 다른 장점들이 압도한다. 특히 도시 사용자 입장에서는 그렇다.

도시농장은 계절이나 날씨에 영향을 받지 않아 식료를 일 년 내내 생산하고, 차지하는 면적이 적어서 도시 어디에나 위치할 수 있다. 또한 토양 없이 재배하는 시스템이기 때문에 물도 적게 들고, 수확 때 발생하는 쓰레기도 일반 밭농사에 비해 훨씬 적다. 축소판 도시농장을 도입하는 레스토랑과 학교들이 늘어나고, 아파트 건물을 위한 조립식 '텃밭'도 개발 중이다. 이런 프로젝트들이 기존 식료 공급 사슬에서 장거리 운송과 중간 유통을 덜어내는 데 상당한 기여를 할 것으로 보인다.

운송으로 넘어가기 전에, 내가 꾸준히 받는 질문 하나를 간단히 짚어보고 싶다. 모두가 채식주의자가 되는 것이 모두에게 좋은 일이 아닐까? 단순히 예/아니오로 답할 수 있는 문제가 아니다. 그래서 나는 이 질문을 커 박사에서 넘겼다.

박사는 개발도상국 농민은 우리의 식량 생산 사슬에서 없어서는 안 될 존재이며, 또한 그들에게 소는 걸어다니는 고깃덩어리 이상의 존재라는 점을 분명히 했다. "그들에게 소는 우유와 거름 공급원이자 농산물을 가까운 소비지로 옮기는 운송 수단이 됩니다."

영국 같은 나라의 목초지는 어차피 농사가 어려운 척박한 땅이라는 점도 아울러 기억할 필요가 있다. 요점은 고기와 채소가 꼭 양자택일 관계에 있는 건 아니라는 것이다. 커 박사는 "스코틀랜드에게는 기후와 목축이야말로 풀을 인간의 음식으로 바꾸는 고마운 수단"이라고 말한다. 소에게 콩과 옥수수 같은 작물을 사료를 먹이는 대규모 공장식 축산은 논외로 한다. 공장식 축산은 생태학적으로 아무런 득이 되지 않는다.

목초지는 또 다른 역할도 한다. 작물 재배에 없어서는 안 될 꽃가루 매개자 곤충(벌, 나비 등)에게 서식지를 제공한다. 그러니 우리의 식량 생산 사슬에서 동물을 배제하는 것은 현명한 또는 현실적인 제안이 되지 못한다. 다만 내가 만난 학자들 모두 과다한 육류 소비를 지양할 필요에 대해서는 전적으로 동의했다.

: 데이터 체인

     도시를 움직이는 모든 것들의 과학

이제 농장을 벗어나 다시 길로 나서보자. 식료가 생산지에서 소비지로 이동하는 방법에도 변화가 일고 있다. 이번에도 데이터가 변화의 핵심에 있다. 로테르담과 시드니 같은 주요 항구도시들의 경우, 적어도 육지에서는 이미 완전 자동화 시스템을 가동하고 있다. 스트래들 캐리어 straddle carrier(바퀴 달린 박스 형태의 소형 기중기)가 컨테이너를 트럭에서 내려 미리 지정된 적재 구역으로 운반한다. 사람의 개입은 없다. 장비들이 레이저와 레이더를 탑재하고 무인 자동차처럼 혼자 알아서 길을 찾아다닌다.

화물이 육지를 떠난 이후의 과정도 변하고 있다. 지금도 화물선은 컴퓨터 제어장치로 움직이는 편이지만, 내일의 화물선은 한발 더 나아가 승무원 한 명 없이 혼자 항구를 찾아갈 것으로 기대된다. 무인 화물선의 첫 번째 이점은 안전이다. 도로 사고나 항공 사고처럼 해운 사고도 대부분 사람의 실수로 발생한다. 적어도 이론상으로는, 사람을 아예 빼버리는 것이 위험을 획기적으로 줄이는 방법이다.

두 번째 이점은 연료 절약이다. 승무원들이 무거워서가 아니다. 조선공학자 폴 스톳Paul Stott에 따르면 "선박의 연료 소비량은 선체 형태에 따라 대략 항해 속도의 3~4제곱에 비례한다". 간단히 말해서 배가 빠르게 가면 연료가 많이 든다는 얘기다. 그렇다고 감속 운항으로 연료 절감을 꾀하자니 항해 기간이 길어지고, 장기 항해는 승무원들에게 큰 부담을 준다.

2015년 롤스로이스의 해양기술 사업부가 저속 무인 화물선 설계를 위한 대규모 연구 프로젝트를 발족했다. 언론은 이를 '유령선 프로젝트'라고 부른다. 이 프로젝트는 다수의 대학 연구팀과 선박 설계 회사와 위성통신 업체들과 제휴해서 GPS, 레이더, 비디오 이미징을 결합한 항법을 구현하고, 위성 기반 통신과 원격 조종에 필요한 기술들을 모색한다.

이들 기술은 이미 개발되어 있거나 개발 막바지 단계다. 하지만 다른 과제들이 남아 있다. 5장에서 논한 무인 자동차의 경우처럼, 자동 시스템과 사람이 같은 공간에서 함께 운행할 때 생기는 문제들이 있다. 일단 컴퓨터와 사람은 같은 규칙을 따르지 않는다.

컴퓨터는 양자택일 흑백 논리에 따른다. 모든 것이 예/아니오, 정지/진행으로 갈린다. 반대로 인간에게는 미묘한 회색 지대가 존재한다. 사람은 문제 해결과 상황 대처에 경험과 직감과 판단력을 이용한다. 어떤 것이 더 좋다 나쁘다 말하려는 것이 아니다. 자율 운행 시스템을 우리에게 이롭게 쓰려면 이 차이를 이해해야 한다는 뜻이다.

컴퓨터는 사람을 '대체'하지 못한다. 사람이 지시한 것만 할 수 있을 뿐이다. 물론 현실적으로 말해서 자동화가 일자리를 없앨 수는 있다. 나도 노동자 계층 출신이기 때문에 이에 대한 우려를 전적으로 이해한다. 내가 할 수 있는 말은 이거다. 기술은 언제나 고용 시장에 영향을 미쳤고, 거기에 반응해서 일자리 자체도 항상 변했다. 50년 전에는 정보통신기술이라는 용어도 없었지만, 2013년에는 이 분야에 종사하는 사람이 1,100만 명이나 된다.

여러 전문가를 만나면서 나는 이 수준의 자동화가 몽상이 아니라는 인상을 받았다. 무인 열차가 수출용 컨테이너들을 도시의 항만으로 실어 나르고, 로봇 크레인이 이들을 거대한 무인 화물선에 적재하고, 무인 화물선이 목적지를 항해 항해한다. 전 과정에서 인간의 개입은 거의 없거나 전혀 없다. 잘하면 향후 20년 내에 이 단계에 도달할 수도 있다.

공상과학도가 혹할 만한 또 다른 차세대 물류 기술은 화물 비행선이다. 거대한 풍선 형태의 비행선은 과거 항공기가 보편화되기 전에 운송 수단으로 널리 사용되다가 1937년 초대형 여객 비행선 힌덴부르크 호의 공중 폭발 사고 이후 역사의 뒤안길로 사라졌다. 그런데 영국 사우샘프턴 대학교의 톰 처렛Tom Cherrett 교수의 전언에 따르면 화물 비행선이 요즈음 다시 개발 중에 있다. 이 분야 선두주자 중 한 명이 카자흐스탄 태생의 엔지니어 이고르 파스테르나크Igor Pasternak다.

2013년에 진수된 그의 첫 프로토타입은 경량 알루미늄 패널과 탄소섬유 버팀대로 골조를 만든 길이 81m의 비행체다. 폴리머 소재의 반짝이 외피가 골조를 덮어서 비행선의 거대한 가스주머니를 형성한다. 이 가스주머니를 전문 용어로 기낭envelope이라고 부른다. 배가 물에 뜨는 것처럼 비행선은 기낭의 부력으로 공기 중에 뜬다.

얼핏 들으면 미친 소리 같다. 특히 1930년대의 비행선 참사들을 떠올리면 더더욱 그렇다. 하지만 장점이 꽤 된다. 비행선은 수직으로 이륙하기 때문에 발사 부지가 적게 들고, 바다나 육로로 접근이 어려운 지역에도 수송이 가능하며, 화석연료 연소 없이 엄청난 양의 화물을 나를 수 있다.

비행선은 착륙이 문제인데 이것도 해결 국면에 있다. 비행선은 공기보다 가벼운 기체(전통적으로 헬륨)로 기낭을 채워 하늘로 올라간다. 이점 때문에 안전하게 착륙시키기가 매우 까다롭다. 헬륨 가스는 귀하다. 전해조로 수소를 생산해서 이를 대체물로 사용하는 방법이 대안으로 부상하기도 했다. 파스테르나크는 기낭에 공기를 주입해서 헬륨을 압축하고 기낭을 무겁게 만드는 방법을 개발했다. 잠수함이 잠항 수위를 조절하는 방법도 이와 비슷하다. 가라앉을 때는 밸러스트탱크를 물로 채우고, 뜰 때는 공기로 채운다.

그럼 실용화까지 얼마나 남았을까? 마땅한 자료가 없지만 아쉬운 대로 업체의 생산 견적을 판단 근거로 삼자면, 2025년까지는 이들을 도시 상공에서 보게 될지도 모르겠다. 빅토리아풍 미래를 꿈꿔왔던 한 사람으로서 나는 비행선의 부활에 응원을 보낸다.

보다 작은 차원의 이야기도 해보자. 일견 자잘해 보이지만 센서들도 맹활약을 예고하고 있다. 앞으로 물품의 구매, 선적, 포장에 센서가 엄청난 영향을 미치게 된다. 식품과 음료 포장에는 이미 나노 기술이 널리 적용되고 있다. 세계적으로 나노 기술 시장 규모가 2013년 추산으로 65억 달러에 달했다.

종이와 유리 같은 전통적 소재도 여전히 쓰이지만 녹말, 실리카, 섬유소 등의 나노 결정체로 만든 폴리머 필름이 갈수록 인기를 모으고 있다. 폴리머 필름은 산소와 습기를 막아 식품의 수명과 신선도를 더 오래 유지하는 방습 포장재로 기능하고, 무엇보다 생분해되기 때문에 환경에 주는 부담도 적다.

다시 거시적 세계로 돌아오자. 이제는 유통 중인 식품의 환경과 상태를 수천 킬로미터 밖에서 감시하고 제어하는 것이 전적으로 가능하다. 주로 전파식별radio frequency identification, RFID이라는 기술 덕분이다. RFID는 바코드를 대체하는 차세대 인식 기술로 '전자 라벨', '스마트 태그'라고도 불린다.

　　　　　　　　　　　도시를 움직이는 모든 것들의 과학

상품 정보를 담는 소형 컴퓨터칩과 무선안테나로 구성된 RFID 태그를 물품에 부착하고, 전파 추적으로 RFID 태그를 읽어서 각각의 물품이 유통, 보관, 소비되는 전 과정을 실시간 파악한다. 디지털 메모리의 성능 대비 생산비가 내려가면서 RFID가 점점 더 스마트해지고 있다. 전기전도성 잉크와 배터리 인쇄 기술도 함께 개발 중이어서 조만간 컴퓨터칩조차 필요 없는, 물품에 직접 인쇄하는 저렴한 RFID 태그가 등장할 전망이다.

이 데이터 집약적 물류 관리 접근법을 앞서 논한 실내 농장과 결합할 수는 없을까? MIT 미디어랩의 케일럽 하퍼Caleb Harper 박사가 이 분야 대표주자다. 그가 개발한 '미래 농장을 위한 운영 시스템,' 시티팜은 물의 pH수치(산성도)부터 주변 공기의 이산화탄소 함량까지 작물의 생장 환경에 대한 모든 것을 낱낱이 분석한다. 정말로 멋진 점은 그다음부터다.

수집 정보는 '기후 레시피climte recipes'라는 이름으로 무료로 세상에 공유된다. 사용자들이 여러 환경 인자를 다양하게 조합해서 자기만의 레시피를 만들고 그에 따른 재배 현황 관찰 정보를 서로 나누는 것이다. 이 정보를 이용해서 사용자들은 세계 어디서나 소규모 자립형 설비로 토마토나 후추나 브로콜리를 완벽하게 재배할 수 있다.

하퍼의 주목적은 도시 농부 세대를 지원하고, 모두가 부분적으로나마 식품 생산에 참여하도록 이끄는 것이다. 과학기술 잡지 〈와이어드〉에 따르면 하퍼의 시스템이 이미 샌프란시스코와 디트로이트부터 두바이와 첸나이와 홍콩에 이르기까지 전 세계에서 시험되고 있다. 첨단 기술과 오픈소스 데이터의 팬이라면 이 프로젝트를 흥미롭게 지켜볼 만하다.

이런 정보 공유 시스템은 거대한 정보망의 일부로 존재할 때 비로소 제 기능을 다한다. 다행히 센서와 데이터 처리 장치의 단가와 인터넷 접속 비용이 날로 떨어지고 있어서, 빅데이터를 활용한 정밀 농업은 아이디어에서 현실로 빠르게 바뀌고 있다. 이제 드디어 사물인터넷을 논할 때가 온 것 같다.

: 와이어리스

사물인터넷Internet of Things, 줄여서 IoT라는 용어가 요즘 사람들 입에 유행어처럼 오르내린다. 나는 이 명칭이 맘에 들지 않는다. 구체적인 의미가 있는 것처럼 들리지만 사실은 전혀 그렇지 않다. 나는 이 용어를 마케팅 용어로 본다. 실제로 이 분야 사람들과 말해본 결과, 막상 관계자들 사이에서는 대중적인 용어도 아니었다. 하지만 워낙 유행처럼 번지고 있고, 또 내가 말하고자 하는 많은 기술을 보자기처럼 모두 포함하는 용어라서 여기서는 부득이하게 사용하기로 한다.

좌우간 사물인터넷은 모든 것을 인터넷 기반으로 상호 연결하는 기술 환경을 포괄적으로 일컫는 말이다. 온·오프 스위치가 있는 사물이라면 모두 잠재적으로 인터넷에 연결될 수 있다. 여기서 나온 발상들 중에는 어이없는 것들도 많다. 이를테면 내장 카메라가 우유가 떨어졌다는 것을 포착해서 주인에게 문자를 보내는 스마트 냉장고 같은 것들은 정보를 위한 정보라는 비판을 낳는다.

하지만 사물인터넷은 이런 식의 유치한 발상 그 이상의 것이다. 후지쯔 IoT 사업부의 알렉스 바진Alex Bazin 박사는 이렇게 표현한

 도시를 움직이는 모든 것들의 과학

다. "사람과 사물, 그리고 서비스가 모두 연결되는 초연결사회hyper-connected society의 핵심 개념은 이것입니다. 데이터와 기술을 이용해서 모두가 개인 맞춤 제품을 대량 생산 비용으로 가지게 되는 것. 이 추세의 좋은 예가 스마트폰입니다. 같은 제조사의 동종 제품을 사도 사람들의 스마트폰은 결과적으로 다 달라집니다. 어느 두 개도 서로 같지 않죠. 사용자는 앱과 툴로 휴대전화를 온전히 자기만의 것으로 개인화합니다." 더구나 도시 생활에서 스마트폰이 가지는 중요성에 대해서는 내가 따로 말할 필요가 없다.

사물인터넷이 앞으로 몇 년 내에 우리의 아침을 완전히 바꿔놓을 수도 있다. 잠을 깨우는 알람이 샤워기와 커피머신에게도 작동 명령을 내린다. 이와 동시에 일기예보, 교통정보, 대중교통 시간표, 개인 일정표를 한데 묶는 소프트웨어가 그날의 목적지까지 최적 노선을 짠다. 도시 곳곳에서 빌딩과 차량을 감시하는 센서들이 스스로 점검보수 일정을 잡고, 작물이 도시 농부에게 수확 시점을 예고하고, 쓰레기통들이 관할 관청에 쓰레기 수거 시점을 통지한다.

우리는 정보가 갖가지 갈래와 방향으로 끊임없이 흐르는 자율 시스템, 즉 사물인터넷 안에서 살게 된다. 무인 자동차들이 내가 알아챌 겨를이나 필요도 없이 서로서로 그리고 도로와 교통신호와 알아서 소통한다. 비현실적으로 들릴지 모르지만 이를 실현할 기술들은 이미 있다. 그들 사이에 아직 이어지지 못한 틈들이 있을 뿐이다.

이 연결성이 과연 어느 수준까지 진행될까? 궁금하지만 답은 아직 아무도 모른다. 도시의 IoT 이용 규모에 대한 일치된 합의는 없다. 가까운 장래의 일도 알 수 없다.

IT 리서치 기업 가트너Garther의 경우 2020년까지 250억 개의 사물이 인터넷에 연결될 것이라고 본다. 통신설비업체 시스코Cisco는 예측치를 500억 개로 잡는다. IoT 낙관론자 명단의 1위는 투자금융사 모건스탠리가 차지했다. 한때 모건스탠리는 2020년까지 인터넷에 연결될 사물 수가 750억 개에 이를 것으로 예측했다. 이는 지구인 한 명당 11개의 온라인 기기에 해당한다. 과장의 냄새가 난다.

어쨌든 무수히 많은 기기가 끊임없이 데이터를 전송하자면 데이터망에 과부하가 걸릴 게 분명하다. 상하수도관처럼 통신망들도 설계 시에 용량(대역폭)이 정해진다. 실제 사용량이 이를 초과하면 상황이 지저분하게 꼬인다. 뭔가 대대적인 변화가 필요하다.

오늘날의 단순한 센서 대신 내일의 센서는 초소형 컴퓨터와 비슷해진다. 그 자리에서 데이터를 처리해서 핵심 정보만 걸러서 필요한 곳으로 보낸다. 이렇게 해도 일부 통신망은 IoT를 지원할 만큼 안정적이지 못하다. 그래서 와이파이와 3세대 이동통신과 고정라인 인터넷에서 독립한 다른 무선 기술들이 뜨고 있다.

대역폭bandwidth도 대역폭이지만 이들 통신 시스템에 그보다 더 중요한 것이 있다. 바로 전력이다. 통신 시스템의 전력은 벽에 달린 콘센트에서 나오지 않는다. 2015년, 워싱턴 대학교의 컴퓨터과학자와 전기공학자들로 구성된 팀이 와이파이로(!) 다양한 기기들에 전력을 보내고, 9m쯤 떨어져 있는 배터리를 충전하는 데 성공했다고 밝혔다. 전력과 통신 모두에서 전선의 필요를 없애는 것은 니콜라 테슬라의 오랜 꿈이기도 했다.

앞서 와이파이는 전파로 데이터를 전송한다고 했다. 작은 전기회로

　　　　　　　　　　　　도시를 움직이는 모든 것들의 과학

를 써서 이 전파를 전기에너지로 바꾸는 것이 가능하다. 해당 개발팀은 온도 센서에 이 회로를 부착한 다음, 평범한 전파 전송용 와이파이 라우터 옆에 놓았다. 그리고 전압을 측정했더니 전압이 불쑥불쑥 늘었다. 라우터가 데이터를 보내거나 받을 때만 그랬다.

그래서 개발팀은 라우터를 개조해서 해당 와이파이 채널이 이용되지 않을 때는 다른 채널들에 계속 정크 데이터를 보내게 했다. 그러자 소형 저전압 카메라와 배터리 충전기를 작동할 만한 전압이 꾸준히 발생했다. 개발팀은 이 기술을 파워 오버 와이파이Power over Wifi, 짧게 포와이파이PoWiFi라고 명명하고 여섯 도시 가정에 시험 도입했다. 그 결과, 포와이파이가 다양한 기기에 무선으로 전력을 공급할 때도 라우터의 통신 속도와 질에는 전혀 영향이 없는 것으로 나타났다.

과학기술지 〈MIT 테크놀로지 리뷰MIT Technology Review〉는 포와이파이를 '사물인터넷을 마침내 생활 안으로 가져올 기술'이라고 평했다. 나도 이 의견에 동의한다. 이렇게 통신 장비를 주변 기기 동력 공급에 이용하는 기술이 다방면에서 개발 중이다. 시스코는 인터넷 케이블로 가로등에 전력을 공급하는 방법을 모색 중이다. 크리소스는 이 기술을 '유틸리티의 진화에서 커다란 도약'으로 표현했다. 계속 지켜볼 일이다.

IoT와 관련된 또 다른 주요 이슈는 보안 문제다. 데이터 공유와 사생활 보호가 벌써부터 헤드라인에 함께 오르내린다. 활짝 열린 사물인터넷 시대가 오면 말 그대로 수백억 개의 사물이 한 줄기로 잠재 해킹의 대상이 되는 날이 오면, 해킹의 정도와 폐해는 지금까지와 전혀 다른 차원이 된다.

공포를 조성할 마음은 없지만 IoT 제품 중 아주 소수에만 자체 보안 장치가 있다. 그나마도 딱 지금의 홈 네트워크만큼만 안전하다. 다시 말해 별로 안전하지 않다. 최근 화이트 해커들의 점검 결과 가정용 온도 조절 장치, 베이비 모니터, TV 모두 해킹에 노출되어 있다.

지금이야 이들 기기 사이에 중요하고 민감한 데이터가 공유되는 일이 거의 없지만, 만약 그렇게 되는 날에는 우리는 당장 심각한 위협에 직면하게 된다. 누군가 내 무인 자동차를 원격 해킹한다고 생각해보라. 혹은 로봇 청소기가 집안 구석구석을 찍어서 영상을 외부로 전송할 수도 있다.

우리는 현재 사물인터넷의 진화에서 결정적 단계에 있다. 사물인터넷으로 실현될 어플리케이션들은 상상을 초월하게 흥미진진하다. 하지만 그와 함께 보안에 대한 염려도 커간다. 막을 방법은 보안 기술이 한발 앞서 가는 것밖에 없다. 그러려면 유능한 프로그래머와 컴퓨터 엔지니어기 많이 필요하다. 직업상담가와 학생들에게 주는 힌트다.

: 디바이스

이번 장의 미래 전망에 등장한 모든 기술들을 추진하는 한 가지 '법칙'이 있다. 바로 무어의 법칙Moore's Law이다. 무어의 법칙은 사실 '법칙'보다는 '염원'이나 '관찰'에 가깝다. 인텔의 공동 설립자 고든 무어Gordon Moore가 1965년 반도체칩 하나에 집적되는 트랜지스터 수가 2년마다 배로 증가한다고 예언한 데서 유래했다. 이후 무어의 법칙은 컴퓨터칩의 놀라운 발전 속도를 이르는 말이 되었다. 즉 무어의 법칙은 '컴퓨터 부품 소형화 추세'의 또 다른 이름이다. 2015년 IBM이 트

　도시를 움직이는 모든 것들의 과학

랜지스터 각각의 폭이 7나노미터에 불과한 컴퓨터칩 개발에 성공했다
는 보도가 나왔다. 7나노미터면 사람 머리카락 굵기의 약 1/10,000에
해당한다.

하지만 세계 여러 업체와 연구소들의 미세 반도체 개발 여세를 살펴
보니, IBM의 트랜지스터가 거대해 보일 날도 멀지 않은 것 같다. 그중
에서도 특히 독일 폴 드루드 연구소의 논문이 내 눈길을 끌었다. 이 연
구소는 일본 NTT 연구소와 미국 해군연구소와 공동으로, 인듐 원자들
에 둘러싸인 유기분자 하나로 트랜지스터를 만들었다. 분자 크기의 트
랜지스터가 탄생한 것이다.

전통적 트랜지스터는 0 아니면 1이었다. 다시 말해 켜거나 *끄거나*
둘 중 하나였다. 그러나 분자 트랜지스터는 극단적 미세함 때문에 양
자 얽힘entanglement이라는 양자역학적 효과quantum effect의 덕을 볼
수 있다. 즉 분자 트랜지스터는 0과 1의 상태 외에 0과 1이 동시에 존
재하는 상태가 가능한 것이다!

뉴사우스웨일스 대학교의 앤드레아 모렐로Andrea Morello 교수가 최
근 이 얽힘 현상이 실리콘 마이크로칩에 존재한다는 것을 입증했다.
이게 왜 중요하냐고? 이 발견이 컴퓨팅의 양상을 완전히 바꿔놓을 수
있다면 믿겠는가?

모렐로 교수가 말했다. "양자 컴퓨터의 성능은 기존 컴퓨터보다 기
하급수적으로 커집니다. 양자 얽힘을 이용해서 컴퓨터 명령 코드의 조
합을 확장하기 때문입니다. 알파벳으로 비유하자면, 26개 글자를 똑같
이 쓰면서도 갑자기 기존의 수십만 개가 아니라 수억 개의 단어를 만
들게 되는 거죠." 트랜지스터가 원자 하나의 크기에 가까워지면서 여

러 가능성이 광범위하게 대두한다. "분자 시뮬레이션과 약물 설계 같은 분야에서는 늘어난 양자 코드를 활용해 어마어마한 진전을 이룰 수 있습니다."

미래의 컴퓨터가 지금과 비교 불가한 성능을 가지는 것은 좋은데, 도구에 대한 인간의 무한한 욕망과 관련해 당장 발등에 떨어진 문제가 있다. 우리가 사용하는 첨단 전자기기 대부분에는 란탄 계열 원소lanthanides, 다른 말로 희토류 금속이 필수적으로 들어간다. 중국이 희토류 주산지로, 현재 전 세계 희토류 생산의 90%를 차지한다.

엄밀히 말해서 희토류는 희귀하지도 않을 뿐 아니라 흙도 아니다. 실제로는 여러 흔한 암석들에 조금씩 존재한다. 희토류가 처음 발견된 18세기에는 기술적 한계로 추출이 어려워 귀한 광물로 분류되었다. 이때의 명칭이 고착된 거다.

희토류는 특정 광물의 이름이 아니다. 여러 금속 원소가 희토류에 속한다. 도시에 사는 사람이라면 그중 적어도 한 가지는 하루에도 몇 번씩 사용한다. 란타늄은 하이브리드카의 배터리에 들어 있고, 유로퓸은 백색 LED의 형광체에 첨가되고, 산화세륨은 스마트폰 화면에 반질반질한 광택을 내며, 네오디뮴은 헤드폰, 하드 드라이브, 풍력터빈에 들어간다. 우리의 세계는 이런 금속들로 지어졌다 해도 과언이 아니다. 다만 그 토대가 다소 위태롭다는 것이 문제다.

광석에서 희토류 금속을 원소별로 추출하는 일에는 에너지가 엄청 많이 쓰인다. 거기다 그 과정에서 독성이 강한 오염 물질이 발생한다. 우리는 기술 업그레이드를 즐긴다. 그래서 전자제품을 자주 갈아치우는 탓에 이 유용한 금속들이 몇 톤씩 쓰레기로 매립지에 쌓인다. 문제

　　　　　　　　　도시를 움직이는 모든 것들의 과학

는 희토류 금속들이 단독으로 존재하지 않는다는 것이다. 그러니 우리는 제품과 기기들에 쓰인 합성물에서 화학적으로 분리해내야 한다.

2014년 네덜란드 레이던 대학교가 희토류의 재활용이 가능하다는 반가운 연구 보고를 냈다. 연구팀은 낡은 하드 드라이브에서 네오디뮴을 추출하는 것이 새로 채굴하는 것보다 에너지를 60% 덜 쓴다고 추산했다. 하지만 실용적인 방법을 제시하지는 못했다.

그러다 2015년 8월, 미국 에너지부 에임스 연구소가 버려지는 전자제품에서 희토류 금속을 회수하는 공정을 개발했다고 발표했다. 원자 사이의 화학 결합을 깨고, 희토류 금속 원자를 제거가 용이한 다른 물질에 강제로 결합시키는 방법이다. 현재 이 시스템은 상용화 단계에 있다. 뒤늦은 감이 있지만 희토류 재활용을 위한 이런 과학적 접근법은 환경을 생각할 때 매우 고무적이다.

: 지불

어느덧 내가 말하고자 하는 마지막 주제에 왔다. 이번 주제는 도시 거주자들에게 항상 부족한 두 가지를 결합한다. 바로 시간과 돈이다. 지난 20년 사이에 다른 무엇보다 우리가 상품과 서비스의 대금을 지불하는 방식이 극적으로 변했다. 개인 수표책은 선진국 도시들에서 거의 사라졌고, 아직은 현금이 가장 대중적인 결제 수단으로 남아 있지만 다른 방법들이 무서운 속도로 이를 대체하고 있다.

2014년 영국에서는 신용카드와 스마트폰과 온라인 결제를 통한 거래가 지폐와 동전을 통한 거래보다 많았다. 미래의 지불 방식은 전자 결제로 굳어지고 있다. 그리고 암호화폐cryptocurrency로 불리는 가상화폐를 빼고는 전자결제를 논하기 어렵다.

돈보다는 어쩐지 컴퓨터 바이러스처럼 들리는 것이 사실이다. 하지만 앞으로는 실물화폐가 아닌 가상화폐가 도시 생활을 특징짓는 대세가 될 것이 분명하다.

일단 가상화폐는 돈을 범세계적으로 만든다. 어느 나라의 통화도 같은 가상화폐로 전환할 수 있고, 은행 같은 중간 기관을 거칠 필요 없이 온라인으로 다른 사용자에게 송금할 수 있다. 가상화폐 중 가장 유명한 것이 비트코인bitcoin일 것이다. 지금은 인터넷 서비스마다 가상화폐를 만들어서 가상화폐가 흔해졌다. 가격 변동도 걸림돌이고, 법정통화로 인정받지 못하는 문제가 있는데도 가상화폐를 통한 거래가 늘고 있다.

암호화폐에 대한 열풍은 비트코인이 처음 등장하던 때에 비하면 많이 잦아들었다. 하지만 암호화폐에 사용되는 '분산형 거래원장 기술,' 이른바 블록체인block chain 기술은 미래 경쟁력을 갖춘 기술로 주목받고 있다. 거래가 이루어질 때마다 네트워크에 공개된 장부에 거래 내역이 사슬처럼 연결된다고 해서 블록체인이라고 부르는데, 기존 금융 시스템들과 호환되어 거래를 기록, 추적, 증명하는 수단으로 쓰일 수 있다.

블록체인은 특정 중앙서버에 저장되는 대신, 컴퓨터 네트워크의 모든 거래 교점들에 분산 저장된다. 전 세계의 수많은 컴퓨터를, 그것도 일시에 해킹하지 않는 한 정보 조작이나 금융 사기가 거의 불가능하다. 그래서 금융거래의 차세대 보안 기술로 통한다. 거기다 블록체인을 통하면 송금과 결제의 속도도 올라간다. 이 때문에 은행들이 블록

도시를 움직이는 모든 것들의 과학

체인의 도입을 적극 고려하고 있다.

하지만 2015년, 보스턴 대학교의 연구팀이 블록체인의 인터넷 의존도, 구체적으로 말해서 인터넷 타임internet time 의존도가 문제될 수 있다고 지적했다. 다른 금융 시스템들처럼 블록체인도 거래를 추적하기 위해 타임스탬프를 이용한다. 그런데 거래 정보가 네트워크에 퍼져 있기 때문에, 시각 정보 수신 과정에 오류나 해킹이 발생하면 일대 혼란으로 이어질 수 있다. 그 경우 블록체인이 자랑하는 안전성이 크게 약화된다. 아직은 해결할 과제가 많다는 뜻이다.

도시의 미래에서 시간의 역할은 갈수록 커진다. 모든 것이 시간 싸움이라 해도 지나치지 않다. 시간을 논하자니 다시 GPS를 소환하지 않을 수 없다. 스마트폰, 금융 시스템, 전기 배급, 농업, 운송 등이 모두 위성에서 보내주는 공짜 신호에 의존한다. 위성 신호가 없으면 정확한 시간을 알 수 없는 세상이다.

하지만 우리가 위성 신호에 크게 의존한다는 건 솔직히 매우 겁나는 일이다. 탄력적 항법과 시각동기 재단Resilient Navigation and Timing Foundation의 대표 다나 고워드Dana Goward는 이렇게 말한다. "문제는 GPS가 이른바 실패의 급소가 될 수 있다는 겁니다. 거기가 삐끗하면 전체가 고장 나는 거죠."

2015년 텍사스 대학교의 공학자들이 GPS 신호가 걱정스러우리만치 전파 교란에 취약하다는 것을 입증했다. 토드 험프리스Todd Humphreys 교수가 이끄는 팀이 드론에 거짓 GPS 신호를 반복 전송하는 방법으로 드론을 고의적으로 항로에서 이탈시켰다. 이 연구팀은 드론으로 실험하기 몇 년 전에는 선박을 상대로 같은 실험을 했다. 또한 금융거래에서도 시간 대상 사보타주가 천문학적 손해를 초래한다는 것도 보여주었다. 우리의 GPS 의존도, 결제 방식의 변화, 드론 배달의 가능성 증가 등을 생각할 때 GPS 스푸핑GPS spoofing 같은 신호 교란 공격이 심히 우려스럽다.

하지만 옛것을 알면 새것도 알 수 있는 법, 다행히 이번에도 옛날 기술 덕을 볼 수 있을 것 같다. 제2차 세계대전 때 썼던 LORANLong Range Navigation(장거리 무선 항법 시스템)이 우리에게 필요한 안전망을 제공할 가능성이 높다. LORAN 시스템을 보완한 첨단 지상파 항법 시스템 eLORANenhanced long range navigation이 그것이다.

eLORAN은 위성 없이 지상과 바다에 퍼져 있는 저주파 무선국 네트워크를 기반으로 한다. GPS의 지상 버전이라고 할 수 있다. 지금은 영국과 아일랜드와 미국에서만 제한적으로 사용되고 있지만, 연구자들이 정확도를 점진적으로 높여가고 있어서 앞으로 수년 내에 우리 생활권 안으로 들어올 공산이 크다.

eLORAN은 주로 GPS의 백업 시스템으로 사용되겠지만, GPS에 없는 이점이 있다. 고출력 저주파 신호를 쓰기 때문에 전파 방해가 적고 스푸핑이 어렵다. 또한 고워드에 따르면 지하와 물속과 실내에도 잘 침투해서 GPS를 훌륭히 보완하는 기술이 된다.

이번 장이 우리에게 알려준 것이 있다면, 그건 도시는 물리적 인프라와 스카이라인 외에 더 많은 것들로 이루어져 있다는 사실이다. 거래, 통신, 식료의 흐름. 도시 생활에 가장 깊은 영향을 미치는 것은 사실 이런 보이지 않는 연결망들이다. 우리 앞의 수많은 미해결 과제들을 생

   도시를 움직이는 모든 것들의 과학

각할 때 앞으로 이 연결망들에 어떤 일이 일어날지 예측하기란 쉽지 않다. 내가 확신하는 하나는, 그리고 여러분에게 확신을 주고 싶은 한 가지는 과학과 공학과 기술이 우리가 도시를 만들고 도시와 상호작용 하는 방식을 빚었고, 앞으로도 그럴 것이라는 점이다.

지금까지 이 책에서 논했던 모든 것의 중심에는 이 책에서 전혀 논하지 않았던 무언가가 있다. 그건 바로 사람들이다. 그래서 이어지는 마지막 장에서는 회의론자의 모자를 벗어버리고 지금껏 기댔던 전문가들에게도 안녕을 고하려 한다. 대신 상상의 미래 도시를 방문해서 거기 사는 주민의 눈으로 보려고 한다. 사이언스 팩트보다는 사이언스 픽션에 가깝겠지만 여러분도 홀가분한 마음으로 마지막 여정을 즐겨주기 바란다.

CHAPTER 08

내일의 도시

SCIENCE AND THE CITY

아침

:

한밤중, 내가 잠결에 뒤척일 때도 도시는 활짝 깨어 움직인다. 낮에는 대형 트럭의 도심 진입이 금지되기 때문에 배달은 주로 자정부터 새벽 사이에 진행된다. 하지만 드론과 비행선의 활약과 전기차와 연료전지의 발달로 배달이 전적으로 소리 없이 이루어지기 때문에 인근의 소음 수준은 매우 낮다.

운송과 물류에서 자율 시스템이 보편화되어서 사람은 이제 일선에서 뛰는 대신 전체 과정을 감독하고 관리하는 역할을 한다. 사람의 기량과 전문지식은 로봇들이 제 일을 다 하도록 만전을 기하는 데 쓰인다. 옆집 어르신도 무거운 물건이나 기계를 직접 다룰 일이 없다 보니 여전히 젊었을 때 하던 일을 계속하고 계신다.

새벽이 다가오고 도로가 한산해지면서 빌딩숲의 풍경이 서서히 변한다. 한때는 도시들이 밤에 하도 휘황찬란해서 우주에서도 보일 정도였다지만 지금은 상황이 다르다. 물론 지금도 라이트 쇼를 벌이는 도시들이 있기는 하다. 요즘 도시의 밤은 대개 낮에 수확한 에너지로 작동하는 고효율 조명장치들에 의존한다. 이들은 조명 장치인 동시에 스마트 기기다. 인터넷 접속과 내장형 센서를 통해 지역 기상예보 시스템에 데이터를 전달하고, 전자기기 충전소 역할도 한다. 우리 동네 가로등들은 인터넷 케이블로 동력을 공급받는다. 덕분에 가로등 설치도 한결 쉬워졌다.

라디오 소리에 잠이 깬다. 라디오 알람은 참 변하지도 않고 오래 간다. 장수 테크놀로지다. 나는 휴대전화에 들어온 경보들을 확인한다. 출근길에 도로 공사로 인한 지체 구간은 없나? 다른 추천 노선 중 열차편을 선택하자 내 교통 태그에 자동으로 열차 요금이 정확히 입금된다. 교통 태그는 첫 번째 약속 장소에서 가까운 커피숍의 할인권도 미리 장전한다. 똘똘한 것, 가끔은 나보다도 나를 잘 안다.

나는 아침형 인간이 아니다. 침대에서 나올 때 머리 쓸 일이 없다는 것도 다행이다. 욕실 문에 이르면 샤워기가 자동으로 물을 틀고, 샤워 부스의 전기 변색 유리가 불투명하게 바뀐다. 사람들이 물 수요에 민감해지면서 생활 습관이 많이 달라졌다. 우선 샤워기에 제한 시간이 있어서 예전 '파워 샤워'보다 물을 반 이상 적게 쓴다.

지금 쓰는 온수는 건물 지하실의 열병합발전CHP 시스템에서 생산하고, 나머지 난방용수 공급은 건물 옥상의 태양열 시스템이 맡는다. 공공건물들은 대부분 근처 원자력 발전소의 폐열을 활용하는 지역난방 시스템을 이용한다. 우리 도시가 화석연료 없는 사회에 바싹 근접한 것이 자랑스럽다. 다른 도시들도 빠르게 쫓아오고 있는 중이다.

새로 합류하는 동료들과 회의가 있어서 오늘은 본사로 향한다. 출근 경로는 이미 정해졌다. 나는 산책 삼아 공원을 가로질러 열차역으로 가서 고속 자기부상 열차에 오른다. 요즘에는 나처럼 중심업무지구 central business district(비즈니스, 상업, 금융 기능이 밀집한 도심지역)로 출근하는 사람들이 드물다. 동네의 개념이 과거와 변한 덕분이다.

사업체들이 대부분 주거 지역 근처로 사무실을 이전하거나 개설해서 도심과 주택가의 구분이 상당히 희미해졌다. 내 친구가 최근 이사한 지역은 직장과 집뿐 아니라 자녀들의 학교까지 포함하고 넓은 옥외 공간을 제공한다. 업무 환경과 업무의 속성이 달라지면서 도시는 더 이상 오전 9시 출근 오후 5시 퇴근의 낡은 방식에 따라 움직이지 않는다.

업무 시간은 업장마다 사람마다 시차를 두고 탄력적으로 운영된다. 인터넷에 어디서나 값싸게 접속할 수 있기 때문에 사람들 대부분 일주일에 적어도 이틀은 원격으로 업무를 본다. 간단히 말해서, 지금의 도시 사람들은 일정 주기로 도심이라는 자석에 줄줄 딸려가는 쇳가루처럼 살지 않는다. 사람들의 흐름은 많이 분산되었다. 지금 걷는 길 같은 유서 깊은 거리가 도시에서 차지하는 역할은 미미해졌다. 다만 관광객에게는 아직 인기가 높다.

나는 할인 커피를 손에 들고 사무실에 도착해 새로 합류한 동료들과 인사를 나누고 회의에 들어간다. 생산적인 논의가 많았던 아침 일정을 끝내고 나는 케이블 없이 자석의 힘으로 움직이는 엘리베이터를 타고 1층으로 내려가 점심을 먹으러 간다.

오후

:

점심을 먹고 나서 다음 미팅 전까지 자투리 시간에 처리할 일이 하나 있다. 내 설계안들을 지하층에 있는 사설 팹랩_{fabrication laboratory}(제작 실험실. 기술적 아이디어를 실험하고 프로토타입을 만드는 곳)에 보내야 한다. 아직은 제조업의 시대고 3D 프린터 다루는 일이라면 자신 있지만 이번 주말에는 직접 제작할 시간이 나지 않아서 이번에는 이 일을 공동 작업 명단에 추가했다. 다음 주에 다시 사무실에 올 때 제작을 부탁한 부품을 찾을 생각이다.

날씨가 끝내준다. 마침 다음 일정은 전화 회의다. 굳이 사무실에 들어갈 필요가 없다. 빌딩 옥상정원으로 올라가자. 요즘 도시마다 과거에 비해 녹지가 많이 늘었다. 덕분에 과거 21세기 초의 어느 도시보다 공기가 맑아졌다. 화석연료 차량도 이제는 희귀한 물건이 됐다. 다른 대안들에 비해 석유 가격이 압도적으로 높은 지금, 화석연료 차가 드물게라도 있는 게 신기하다.

옥상을 차지하고 있을 줄 알았던 태양전지판이 없어서 놀랐을 거다. 전지판이 어디 있을까? 보이지 않는 곳에 숨어 있다. 빌딩 창유리 한 장 한 장이 모두 태양광 흡수 물질로 코팅되어 있다. 눈에는 보이지 않지만 이 건물 일체형 태양전지가 빌딩 전력 수요의 상당 부분을 책임진다.

오늘날의 전력망은 예전의 그것과 많이 다르다. 이제는 쌍방향 협업 체제라고 할까. 물론 아직도 중앙집중식 국영 전력망이 존재한다. 하지만 지금은 이 빌딩처럼 자체적으로 전기를 생산하고 배급하는 전력

도시를 움직이는 모든 것들의 과학

공급 시스템이 대세다.

자연 조건 면에서 우리 도시는 운이 좋은 편이다. 해안에 위치하고 햇빛이 좋아서 풍력 발전과 태양광 발전에 유리하다. 내가 사는 아파트 건물은 옥상에 태양전지판이 있고, 남향 발코니도 녹색 식물과 더불어 집광기로 덮여 있다. 지역 공동 기금으로 해상 풍력터빈도 임대해서 운영하고 있다.

우리 지역은 전력 사용량의 대부분을 이 두 가지 방법으로 얻는다. 에너지 저장 기술의 엄청난 발전이 없었다면 불가능했을 일이다. 이 기술 없이는 전력의 수급 균형을 확보하기 어렵다. 전력망은 전국 차원과 지역 차원 모두에서 지속적으로 관찰된다. 언제 어디서나 우리 집이 전기를 얼마나 쓰고 있는지, 그 전기가 어디에서 오는지 정확하게 알 수 있다. 이런 정보가 손끝에 있는 것이 두둑한 지갑을 든 것마냥 든든하다.

오후 미팅은 아르헨티나와 중국을 전화로 연결해서 그곳의 동료들과 화상으로 한다. 동시통역 시스템 덕분에 우리의 대화는 물 흐르듯 진행된다. 컴퓨터 단말기가 얼굴을 스캔해서 내 신원을 파악했기 때문에 통화가 종료됨과 동시에 내 일정표에 후속 미팅 일정이 뜬다.

엘리베이터 안에서 휴대전화가 울린다. 우리 동네 에너지 수요가 정점을 찍었다는 신호음이다. 아싸! 무슨 행사라도 있나보다! 우리 집의 남는 태양광 전기를 지역 전력망에 되팔 좋은 기회고, 나는 그 기회를 놓치지 않는다.

두 시간 후에 도시의 다른 곳에서 또 다른 미팅이 있다. 그때까지 이 빌딩을 좀 더 탐험해보자. 우선 화장실부터. 다른 도시들처럼 우리 도시도 기존 폐수 처리 시스템을 재정비했다. 지금은 빌딩 아래에 화장실에서 나오는 고형 오물과 부엌에서 나오는 음식물 쓰레기를 분해하는 생물반응조가 있어서 오물을 메탄가스로 바꾸고, 이 가스는 우리 아파트 단지의 열병합발전과 비슷한 자체 발전 시설의 연료로 쓰인다. 쉽게 말하면 이 빌딩은 똥으로 난방을 하는 셈이다! 분해 처리 후 남은 고형 오물은 엄격한 공정을 거쳐 옥상정원용 비료로 재탄생한다.

싱크대에서 배출되는 오수도 전량 정화 과정을 거친다. 일부는 팹랩에서 재활용하지만 최종 단계까지 깨끗하게 처리된 물은 식수로 돌아온다. 이 빌딩이 아직 물을 자급자족하지는 못하지만 곧 그 수준에 이를 것으로 예상된다.

이 빌딩은 바깥에도 봐도 친환경적이다. 구조물의 대부분을 집광 창유리로 덮었고, 맨 아래 4개 층은 공기 중에 자연스럽게 존재하는 미생물의 생장을 촉진하는 콘크리트로 지었다. 이게 왜 좋은가 하면, 계절이 변하면서 빌딩의 외관이 함께 변하기 때문이다. 여름에는 마흔 가지 초록색으로 덮이고, 가을에는 갖가지 보석 빛깔로 변한다.

이왕 밖으로 나온 김에 루프Loop를 타자. 도시를 가로지르는 가장 빠른 방법이다. 같은 경로를 신청해놓은 동료가 또 있다. 덕분에 길동무가 생겼다. 우리 둘은 자기부상 열차에 오른다. 루프는 소형 자기부상 차량들이 고속 주행하는 플라스틱 터널 네트워크다. 우리 도시가 이 시스템을 선구적으로 도입했다. 솔직히 말해 아직은 비싼 편에 드는 교통수단이다. 오늘은 특별히 내 자신에게 쏘는 셈치고 탄다. 예전 택시의 초고속 버전이라고 할까.

모임 장소는 근처 공원의 카페다. 공원의 외관은 늘 있던 그대로지만 자세히 살펴보면 예전에 비해 미묘한 차이들이 있다. 벤치와 테이블 모두 3D 프린터가 재활용 플라스틱으로 만든 것이고, 숨어 있는 센서들이 지속적으로 공용 채소밭의 온도와 습도를 모니터한다. 지난 시대 부단히 화석연료를 태워온 결과 지금의 기후 패턴은 매우 유동적이다. 도처에서 수집되는 환경 데이터는 과학자들이 기후 패턴 분석 모델을 돌리는 데에도 도움을 준다. 센서를 요긴하게 써먹는 또 다른 방법이다. 커피 두 잔을 소화하고 프로젝트 계획 하나를 마무리한 후 나는 집으로 향한다.

저녁

:

가장 가까운 교통 허브로 걸어간다. 직행 열차 시간에 딱 맞춰 도착할 수 있다고 휴대전화가 알려준다. 역에 들어서자 내 발걸음에서 나오는 운동 에너지가 바닥 조명에 동력을 제공하고, 그에 따른 포인트가 내 교통 태그로 자동 입금된다. 지금 내가 지나는 벽은 한때 열차 터널을 파던 굴착기의 커팅헤드로 만들었다. 내가 승강장에 들어서자 열차가 바로 도착한다. 이번에는 수소 연료로 달리는 열차다.

집에 도착해서 몇 가지 일을 처리한 다음, 저녁거리를 뜯으러 옥상으로 향한다. 이 텃밭이 우리가 이 건물로 이사 온 이유 중 하나다. 정화 처리한 오수와 재생에너지로 만든 전기로, 그것도 최소한의 양으로 주민들이 여기에 천국을 조성했다. 필요한 채소는 모두 여기서 조달받는다.

나는 감자 몇 개를 캐고 샐러드 구역으로 간다. 우리 텃밭은 다른 농장의 재배 레시피를 따르고 있는데 수확량이 몰라보게 늘었다. 일단 폐기물이 거의, 또는 전혀 나오지 않는다. 내 개인적인 야심은 커피콩도 직접 재배해보는 것이다. 하지만 그건 무無토양 토마토 재배보다 좀 어렵다.

저녁 먹기 전 조깅하러 나간다. 요즘 운동을 게을리 했다. 나는 내 최근 운동 데이터를 시계에 업로드하고, 운동 목표를 설정하고, 내 심박 동수를 확인한 후 출발한다. 강을 끼고 가는 경로를 택한다. 이 길은 우리 도시를 다른 곳과 차별화하는 여러 첨단 기술들을 모아놓은 쇼케이스와 같다.

길을 비추는 LED 조명은 내가 접근하면 휘도가 올라간다. 여기 곁들여 어둠 속에서 빛을 내는 발광성 식물들은 조명 반 재미 반이다. 강둑도 눈여겨볼 가치가 다분하다. 특히 이 지역 길거리 예술가들의 그림들로 덮인 패널이 압권이다. 예술가들은 여기서 어떤 제한도 받지 않는다. 한 가지 규칙이 있다면 공기 정화 물감을 사용해야 한다는 것뿐.

강둑의 다른 곳은 자생 식물들이 덮고 있다. 소량의 양분으로도 잘 자라기 때문에 따로 흙 상자가 필요 없다. 고개를 드니 건설 중인 마천루가 마지막 봤을 때보다 상당히 높아져 있다. 빌딩 올라가는 속도도 과거보다 무척 빨라졌다. 내 시계가 목표 운동량 달성을 알린다. 나는 강을 건너 다시 집으로 향한다. 저녁식사가 기다리고 있다.

내일은 토요일이다. 가족의 자동차 여행이 예정되어 있다. 자동차 예약을 확인해야 한다. 요즘은 자가용을 가진 집이 드물다. 특급 부자들이나 특급 바보들이 전용차를 소유한다. 우리는 같은 건물에 사는 다른 세 가족과 전기차 1대를 공유한다. 차 배터리가 완전히 충전되어 있는지, 교통 태그에서 포인트가 맞게 공제되는지 확인한다. 우리 차를

　　　　　　　도시를 움직이는 모든 것들의 과학

조만간 수소차로 업그레이드할 예정이다. 우리 풍력터빈에서 생산되는 잉여 전기의 일부를 근처의 전해조 설비로 돌려서 수소 연료 탱크를 채우는 데 쓰면 된다.

주말

:

아침이다! 우리는 아침 먹고, 샤워하고, 카페인을 주입한다. 이제는 길을 나설 일만 남았다. 지금은 차들이 거의 전부 완전 자율주행차다. 하지만 나는 아직도 운전을 즐긴다. 우리 도시는 점진적으로 도로표지와 신호들을 없애고 있다. 차들이 알아서 경로를 탐색하기 때문에 필요가 없다. 하지만 당분간 교차로의 신호등은 계속 운용한다. 자동차가 도로의 센서들과 지속적으로 데이터를 교환하고, 수집된 교통 데이터는 우리가 가장 빠른 길을 찾고 선택하는 데 쓰인다.

나 말고는 핸들을 잡고 있는 운전자가 몇 명 없다. 최신형 차종에는 핸들이 아예 없다. 시내를 벗어나 일단 고속도로에 접어들면 나도 자율 주행 시스템에 운전대를 넘길 생각이다. 느긋이 기대앉아 읽던 책이나 마저 읽으면서 가야지. 진짜 주말은 그때부터다.

이 이야기가 어쩌면 너무나 유토피아적으로, 터무니없이 미래적으로 들릴 수 있다. 하지만 진실을 말하자면, 이 미래 도시를 건설하는 데 필요한 모든 것이 이미 우리 손 안에, 또는 우리가 팔을 뻗으면 닿을 곳에 있다. 누가 우리를 막을 것인가?

참고문헌

책을 쓸 때 가장 힘든 일은 생략할 것을 정하는 것이다. 내가 흥미롭게 생각한 것을 모두 책에 넣었다면 이 책은 최소 두 배는 두꺼워졌을 것이다. 다음의 목록은 자세한 내막을 원하는 독자들을 위해 내가 할 수 있는 최소한의 배려다. 포괄적 목록도 아니다. 그보다는 논문(인터넷에서 열람이 가능하지만 유료 자료인 경우는 '£' 표시를 했다)과 보고서와 책과 인터넷 링크들의 두서없는 명단에 가깝다. 여러분의 독자적인 후속 도시 탐험에 작은 도움이 되기를 바란다. 특별히 관심 가는 분야가 있지만 무엇을 읽을지에 대한 조언이 필요한 독자는 내게 트위터(@laurie_winkless)로 연락 주기 바란다. 최선을 다해 돕겠다.

Chapter 01
- 국제초고층도시건축학회(The Council on Tall Buildings and Urban Habitat, CTBUH)의 전 세계 고층건물 데이터베이스: http://skyscrapercenter.com/
- 재료과학 교재로 다음 책을 추천한다: Michael F. Ashby, Hugh Shercliff & David Cebon, 2012(중판). Materials: Engineering, Science, Processing and Design.
- 강철의 역사를 개관하기에는 다음 웹사이트가 유용하다: http://www.worldsteel.org/

　　　　　　　　　　　　　도시를 움직이는 모든 것들의 과학

steelstory/

- Robert Courland, 2011. Concrete Planet: The Strange and Fascinating Story of the World's Most Common Man-Made Materia.

- 바나듐 자가 세정 유리창에 관해서는 다음 논문을 추천한다: J. Zheng 외, 2015. TiO$_2$(R)/VO$_2$(M)/TiO$_2$(A) multi-layer film as smart window: Combination of energy-saving, anti-fogging and self-cleaning functions. 〈Nano Energy〉 11: 136-45(£).

- Sandra Manso-Blanco, 2014 박사 논문, Bio-receptivity optimisation of concrete substratum to stimulate biological colonisation. http://goo.gl/qEDnBX

- 세계보건기구의 대기 질 보고서는 모두 다음 웹사이트에서 다운받을 수 있다: http://www.who.int/phe/publications/

- 〈공기 예찬(In Praise of Air)〉에 대해 자세히 알고 싶다면 다음 웹사이트를 참고하기 바란다: http://www.catalyticpoetry.org/

- 다음 논문이 광촉매 외장재를 훌륭하게 개괄한다: N. S. Allena 외, 2008. Photocatalytic titania based surfaces: Environmental benefits. 〈Polymer Degradation and Stability〉 93 (9): 1632-46(£).

Chapter 02

- David MacKay, 2008. Sustainable Energy – Without the Hot Air. 저자의 웹사이트에서 무료로 다운로드할 수 있다.

- 영국 독자는 'DECC statistical data set'을 검색해서 영국 내 모든 도시의 에너지 소비량 데이터를 열람할 수 있다.

- 뉴욕의 에너지 사용 관련 통계 자료: B. Howard 외, 2012. Spatial distribution of urban building energy consumption by end use. 〈Energy and Buildings〉 45: 141-51.

- 다음 웹사이트에서 뉴욕시 에너지 소비 지도를 직접 탐색해보기 바란다: http://sel-columbia.github.io/nycenergy/

- H. M. Paul, 1884. Edison's Three-Wire System of Distribution. 〈Science〉 4 (94): 477-8(£).

- 유엔 환경계획(United Nations Environment Program, UNEP), 2015. District Energy in Cities.

• 풍력터빈 날개 설계에 대한 자세한 설명은 다음 문헌을 참고하기 바란다: http://www. gurit.com/files/documents/3_blade_structure.pdf

• 미국 국립재생에너지연구소(National Renewable Energy Lab)의 PVWatts 프로그램은 태양광 발전량 예측에 대한 놀랍고 흥미로운 근거 자료를 제공한다. 다음 웹사이트로 접속하면 된다: http://pvwatts.nrel.gov/

• F. R. Martins, S. L. Abreu & E.B. Pereira, 2012. 브라질의 태양열 에너지 활용 사례: 〈Energy Policy〉 48: 640–9(£).

• 미국 환경정책연구센터(Environment America Research & Policy Centre) 보고서: J. Burr & L. Hallock, 2015. Shining Cities–Harnessing the Benefits of Solar Energy in America.

• R. R. Hernandez 외, 2015. Efficient use of land to meet sustainable energy needs. 〈Nature Climate Change〉 5: 353–8(£).

• F. Creutzig 외, 2015. Global typology of urban energy use and potentials for an urbanization mitigation wedge. 〈PNAS〉 112 (20): 6283– 8.

• N. Debbage & J. M. Shepherd, 2015. The urban heat island effect and city contiguity. 〈Computers, Environment and Urban Systems〉 54: 181–94(£).

• A. Gouldson 외, 2015. Accelerating Low–Carbon Development in the World's Cities. 〈The New Climate Economy〉.

• MIT Energy Initiative 2015. The Future of Solar Energy.

• J. Moon 외, 2015. Black oxide nano–particles as durable solar absorbing material for high–temperature concentrating solar power system. 〈Solar Energy Materials & Solar Cells〉 134: 417–24(£).

• (수력 전기를 포함한) 대규모 에너지 저장 방법을 총망라한 자료를 원한다면 국제재생에너지기구(International Renewable Energy Agency, IRENA)의 다음 보고서를 추천한다: Electricity Storage Technology Brief , 2015.

• 배터리에 관한 두 개의 논문 가운데 첫 번째 논문: M. C. Lin 외, 2015. An ultrafast rechargeable aluminium–ion battery. 〈Nature〉 520: 324–8.

• 두 번째 논문(삼성이 발표한 논문): I. H. Son 외, 2015. Silicon carbide–free graphene growth on silicon for lithium–ion battery with high volumetric energy density. 〈Nature Communications〉 6: 7393.

                     도시를 움직이는 모든 것들의 과학

Chapter 03

- Peter Gleick, 2011. Bottled and Sold: The Story Behind Our Obsession with Bottled Water.

- 세계은행(World Bank), Urban Development Series 2012. What a Waste: A Global Review of Solid Waste Management.

- G. Grass 외, 2011. Metallic Copper as an Antimicrobial Surface. 〈Applied and Environmental Microbiology〉 77 (5): 1541-7.

- 미국 지질조사국(US Geological Survey)의 Water Science School이 물 공급에 대한 포괄적이고 훌륭한 자료를 제공한다. 해당 웹사이트를 살펴보기 바란다. water.usgs.gov/edu/sitemap.html

- 영국 환경식품농무부(Department for Environment, Food and Rural Affairs, DEFRA)와 식품환경연구청(Food and Environment Research Agency, FERA), 2010. The role and business case for existing and emerging fibres in sustainable clothing.

- 물발자국(water footprint)은 제품의 생산·사용·폐기 전 과정에서 얼마나 많은 물을 쓰는지 나타내는 환경 지표다. 물발자국에 대해 더 알고 싶은 독자는 유엔의 물과 식량 안보(Water and Food Security) 웹사이트를 참고하면 좋다. http://www.un.org/waterforlifedecade/food_security.shtml . 기존 가상수 개념에 물의 이력을 추가하여 물발자국 개념을 만든 호엑스트라(Arjen Y. Hoekstra) 교수의 논문들도 참고하기 바란다. 그가 유네스코의 의뢰를 받아 쓴 다음 보고서가 좋은 출발점이 된다: The green, blue and grey water footprint of farm animals and animal products, vols. 1~2. 아울러 다음 보고서도 좋은 자료가 된다: 영국 기계학회(Institution of Mechanical Engineers), 2013. Global Food: Waste Not, Want Not.

- 폐수와 물 관련해서 세계적 연구 동향을 알고 싶다면 유엔 인간정주계획(United Nations Habitat) 웹사이트(http://unhabitat.org/)와 유엔 환경계획(United Nations Environment Programme)의 웹사이트(http://www.unep.org/)를 참고하기 바란다. 모든 보고서를 무료로 열람할 수 있다.

- J. T. Powell 외, 2016. Estimates of solid waste disposal rates and reduction targets for landfill gas emissions. 〈Nature Climate Change〉 6: 162-5(£).

- K. C. Park 외, 2013. Optimal Design of Permeable Fiber Network Structures for Fog Harvesting. 〈Langmuir〉 29 (43): 13269-77(£).

• S. C. O'Hern 외, 2014. Selective Ionic Transport through Tunable Subnanometer Pores in Single-Layer Graphene Membranes. 〈Nano Letters〉 14 (3): 1234–41(£).

• W. Lei 외, 2013. Porous boron nitride nano-sheets for effective water cleaning. 〈Nature Communications〉 4 Article no. 1777.

• M. Bhattacharjee 외, 2015. Low algal diversity systems are a promising method for bio-diesel production in wastewater fed open reactors. 〈ALGAE〉 vol. 30 no. 1: 67–79.

• Y. Yang 외, 2015. Biodegradation and Mineralization of Polystyrene by Plastic-Eating Mealworms. Part 2. Role of Gut Microorganisms. 〈Environmental Science & Technology〉 49 (20): 12087–93.

Chapter 04

• Tom Vanderbilt, 2009. Traffic: Why we drive the way we do (and what it says about us).

• CIA(미국 중앙정보국)의 월드팩트북(The World Factbook)은 다음 웹사이트에서 무료로 열람할 수 있다: www.cia.gov/library/publications/the-world-factbook

• 타코마 해협교(The Tacoma Narrows) 붕괴 사고 영상은 각종 온라인 동영상 공유 사이트에 널리 퍼져 있다. 이 사고는 공진 현상이 얼마나 파괴적인 결과를 낳을 수 있는지를 단적으로 보여준다.

• 원형 경주로에서 유령 교통체증이 일어나는 과정을 동영상으로 볼 수 있는 곳: https://goo.gl/lc4uoG

• C. H. Papadimitriou & J. N. Tsitsiklis, 1999. The complexity of optimal queuing network control. 〈Mathematics of Operations Research〉 24: 293– 305(£).

• M. Audo, 외, 2015. Subcritical Hydrothermal Liquefaction of Microalgae Residues as a Green Route to Alternative Road Binders. 〈Sustainable Chemistry & Engineering〉 3 (4): 583–90(£).

• 많은 학자들이 자가 치유 콘크리트를 다각적으로 연구 중이다. 특히 델프트 공대의 헨드리크 존커스(Hendrik Jonkers), 카디프 대학교의 밥 라크(Bob Lark), 연세대학교 정찬문 교수의 연구를 눈여겨볼 만하다.

• B. J. Blaiszik 외, 2010. Self-Healing Polymers and Composites. 〈Annual Review of Materials Research〉40: 179–211.

- 다리 상판에 쓰는 복합 재료에 대한 자세한 설명은 뉴욕 주립대학교 버펄로 캠퍼스의 교각공학협회 자료를 참고하기 바란다.
- 헤일로(Halo)는 최근 미국 통신설비업체 퀄컴(Qualcomm)에 인수되었다. 헤일로의 전기차 충전 기술에 관한 내용은 온라인에 널리 공유되어 있다.
- 전기차 충전 방식 표준화에 대한 정보는 지능형교통시스템 합동계획본부에서 얻을 수 있다: http://www.its.dot.gov/
- 태양광 발전 도로와 보도에 대한 내용도 인터넷 검색으로 쉽게 접할 수 있다. 와트웨이(Wattway), 솔라로드(SolaRoad), 솔라로드웨이스(Solar Roadways)를 먼저 검색해보기 바란다.
- M. Jackett & W. Frith, 2013. Quantifying the impact of road lighting on road safety–A New Zealand Study. 〈IATSS Research〉36 (2): 139–45.
- MIT 에이지랩(AgeLab)의 '노령 체험 슈트'의 이름은 아그네스(AGNES)다. MIT의 비디오 페이지에서 관련 동영상을 볼 수 있다: http://video.mit.edu/
- S. Box, 2014. Supervised learning from human performance at the computationally hard problem of optimal traffic signal control on a network of junctions. 〈Royal Society Open Science〉1: 140211.

Chapter 05

- 미국 환경청(Environmental Protection Agency)이 다양한 차량의 연료 소비율에 관한 데이터를 대대적으로 수집했다. 해당 웹사이트에서 관련 정보를 얻을 수 있다: http://www3.epa.gov/otaq/
- 디젤엔진의 발명자 루돌프 디젤(Rudolf Diesel)은 1913년 벨기에 앤트워프에서 런던으로 향하던 증기선에서 의문의 죽음을 맞기까지 파란만장한 삶을 살았다. 그의 생애에 관해서는 이 책을 읽어볼 만하다: W. Robert Nitske & Charles Morrow Wilson, Rudolf Diesel: Pioneer of the Age of Power.
- 도요타와 테슬라와 BMW의 웹사이트에 들어가면 하이브리드카와 전기차에 관한 기술 정보를 폭넓게 얻을 수 있다.
- 브라질과 바이오 에탄올의 관계에 대한 정보는 국제에너지기구(International Energy Agency) 웹사이트를 참고하기 바란다(£): www.iea.org. 다음 책은 미국 인텍(INTECH) 출판사의 웹사이트에서 무료로 다운받을 수 있다: Bio–diesel

Feedstocks, Production and Applications, www.intechopen.com. 해당 주제에 관한 좋은 입문서가 된다.

• 유럽연합 집행위원회(European Commission)의 웹사이트에서 유럽연합의 재생에너 지와 바이오 연료 관련 주력 사업에 대한 정보를 얻을 수 있다.

• L. de Schutter & S. Giljum, 2014. A calculation of the EU Bioenergy land footprint.

• 하이파이브(HyFive) 프로젝트도 멋들어진 자체 웹사이트를 보유하고 있다. 들러보기 바란다: http://www.hyfi ve.eu/

• 경량 재료는 자동차 소재로 인기 폭발이다. 레이저 처리 프로젝트는 독일 프라운호퍼 연 구소(Fraunhofer Institute)가 주도하고 있고, 알루미늄 소재는 개별 자동차 제조사들 이 경쟁적으로 개발 중이다. 한편 마즈다(Mazda)가 2014년 차량 외장재에 바이오 플라 스틱을 채용한다는 계획을 발표했다.

• A. Elmarakbi, 2015. A Short Overview of Graphene Nano–composites for Automotive Structural Applications. 〈International Journal on Automotive Composites〉, Autumn Highlights.

• M. A. Rahman 외, 2011. Development of a catalytic hollow fibre membrane micro–reactor for high purity H_2 production. 〈Journal of Membrane Science〉 368: 116–23(£).

• 배터리 관련 논문은 수도 없이 많다. 두 개만 소개하자면 다음과 같다: Y. Liu 외, 2013. Feasibility of Lithium Storage on Graphene and Its Derivatives. 〈Journal of Physical Chemistry Letters〉 4 (10): 1737–42(£); Z. Favors 외, 2015. Towards Scalable Binderless Electrodes: Carbon Coated Silicon Nano–fiber Paper via Mg Reduction of Electrospun SiO_2 Nano–fibers. 〈Scientific Reports〉 5: 8246.

• 에너지를 수확하는 장난감 지프차에 대한 무료 기사를 읽고 싶다면 다음 제목을 검색하 라: Rolling, rolling, rolling: harvesting friction from car tyres.

• IBM과 에인트호벤 시의 파일럿 프로젝트를 다음 유튜브 채널에서 동영상으로 볼 수 있 다: IBMBeNeLux YouTube channel.

• 미국 교통연구위원회(Transportation Research Board)에 모인 무인 자동차 연구 관 련 정보는 해당 웹페이지에서 열람할 수 있다. 일부는 무료고, 일부는 회원가입 후 로그 인 후에 읽을 수 있다.

• The video of Andy Greenberg 's SUV–hacking experiment is widely available on sites including Wired, Forbes and YouTube.

Chapter 06

- 런던의 '튜브(지하철)'를 다룬 책은 수없이 많지만 개인적으로 다음 책의 열혈 팬이다: Paul Moss, 2014, London Underground Haynes Manual.

- 런던의 크로스레일(Crossrail) 건설 공사는 2018년 완공 예정이다. 크로스레일 웹사이트에서 관련 정보를 얻을 수 있다: http://www.crossrail.co.uk/construction/

- 현재 일런 머스크(Elon Musk)의 하이퍼루프(Hyperloop) 프로젝트는 아직 초기 단계라서 자세한 정보를 얻기 어렵다. 다만 머스크가 설립한 민간 우주개발업체 스페이스X(SpaceX)의 웹사이트를 계속 지켜볼 필요가 있다.

- 지하철을 대상으로 한 다양한 '자동화 등급'에 대해 알고 싶다면 세계대중교통연합(International Association of Public Transport) 웹페이지를 참고하기 바란다.

- 유럽 열차 제어 시스템(European Train Control System)에 대한 자세한 설명은 다음 웹사이트에 있다: http://uic.org/ETCS.

- D. Fournier, 2015, 박사 논문. Metro Regenerative Braking Energy Optimization through Rescheduling. 〈Paris Diderot University〉 HAL Id: tel–01102408.

- S. Lu, 2011, 박사 논문. Optimising Power Management Strategies for Railway Traction Systems. 〈University of Birmingham〉 ID Code: 3091.

- N.J. McCormick 외, 2014. Assessing the condition of railway assets using DIFCAM: results from tunnel examinations. 6th IET Conference on Railway Condition Monitoring: 1–6(£).

- T. Moreno 외, 2014. Subway platform air quality: Assessing the influences of tunnel ventilation, train piston effect and station design. 〈Atmospheric Environment〉 92: 461–8.

Chapter 07

- 실시간 선박 운행 정보를 볼 수 있는 마린트래픽(Marine Traffic) 웹사이트는 정말 대단하다. 들어가기 전에 놀랄 준비를 하기 바란다: http://www.marinetraffic.com/

- J. Tournadre, 2007. Signature of Lighthouses, Ships, and Small Islands in Altimeter Waveforms. 〈Journal of Atmospheric and Oceanic Technology〉 24: 1143–9.

• J. Tournadre, 2014. Anthropogenic pressure on the open ocean: The growth of ship traffic revealed by altimeter data analysis. 〈Geophysical Research Letters〉 Vol. 41 (22): 7924–32.

• Marc Levinson, 2008. The Box: How the Shipping Container Made the World Smaller and the World Economy Bigger.

• J. P. Rodrigue, 2014. Reefers in North American Cold Chain Logistics. Hofstra University.

• Tom Jackson, 2015. Chilled: How Refrigeration Changed the World and Might Do So Again.

• 유엔 식량농업기구(Unite Nations Food and Agriculture Organization, FAO), 2013. Tackling climate change through livestock.

• 유엔 식량농업기구 통계국 ESS/14–02, Agriculture, Forestry and Other Land Use Emissions by Sources and Removals by Sinks (1990–2011).

• D. Satterthwaite 외, 2010. Urbanization and its implications for food and farming. 〈Philosophical Transactions of the Royal Society B〉 365: 2809–20.

• For a great primer on time, visit http://www.npl.co.uk/educate-explore/what-is-time/

• 참여과학자모임(Union of Concerned Scientists, UCS)의 위성 데이터베이스는 다음 웹사이트에서 다운로드 가능하다: http://www.ucsusa.org/

• Michio Kaku, 2012(증판). Physics of the Future.

• J. Cook 외, 2013. Quantifying the consensus on anthropogenic global warming in the scientific literature. 〈Environmental Research Letters〉 8: 024024 (7pp).

• 웹툰 〈XKCD〉은 전편 모두 끝내주지만, 해당 주제를 가장 잘 반영한 부분은 이것이다: http://xkcd.com/1601/

• M. L. Jat 외, 2011. Layering Precision Land Leveling and Furrow Irrigated Raised Bed Planting. 〈American Journal of Plant Sciences〉 2: 578–88.

• 유튜브에 MIT 미디어랩의 케일럽 하퍼(Caleb Harper) 박사가 시티팜(CityFARM)에 대해 설명하는 동영상이 올라와 있다.

• V. Talla 외, 2015. Powering the Next Billion Devices with Wi-Fi. arXiv: 1505.06815.

• 미국 공영 라디오 방송 NPR(National Public Radio)의 웹페이지 www.npr.org에서

IBM의 7나노미터 트랜지스터에 관한 내용을 들을 수 있다.

- J. Martinez-Blanco 외, 2015. Gating a single-molecule transistor with individual atoms. 〈Nature Physics〉 11: 640-4.
- BBC 퓨처(BBC Future) 사이트에 희토류 추출에 관한 여러 의미 있는 기사들이 다수 올라와 있다. 다음 기사가 출발점으로 삼기 좋다: The dystopian lake filled by the world's tech lust, www.bbc.co.uk/future.
- B. Sprecher 외, 2014. Life Cycle Inventory of the Production of Rare Earths. 〈Environmental Science & Technology〉 48 (7): 3951-8.
- A. Malhotra 외, 2015. Attacking the Network Time Protocol. 보스턴 대학교 컴퓨터 사이언스(Boston University Computer Science) 웹페이지에서 열람 가능하다: https://goo.gl/TiXe4l
- T. E. Humphreys, 2011. GPS Spoofing and the Financial Sector, a short introduction, https://goo.gl/zMZqcg
- M. L. Psiaki & T. E. Humphreys, 2016. GNSS Spoofing and Detection. 항법과 시각동기에 대한 국제 심포지엄, 2015. 〈Proceedings of the IEEE〉.
- eLORAN(enhanced long range navigation, 첨단 장거리 항법) 시스템에 대한 상세한 내용은 탄력적 항법과 시각동기 재단(Resilient Navigation and Timing Foundation)의 웹사이트에 있다: www.rntfnd.org

공통

다음은 과학책은 아니지만 도시와 관련된 주제의 책들이다. 시각자료(인포그래픽이나 컬러링북)를 좋아하는 독자에게 권한다.

- James Cheshire & Oliver Uberti 2014. London: The Information Capital.
- Frank Jacobus 2015. Archi-Graphic: An Info-graphic Look at Architecture.
- Paul Knox 2014. Atlas of Cities.
- Ton Dassen & Maarten A. Hajer 2014. Smart About Cities: Visualising the Challenge for 21st Century Urbanism.
- Steve McDonald 2015. Fantastic Cities.
- Mister Mourao 2016. Fantastic Cityscapes.

사진 출처

[그림 1.1] 자료제공: Skidmore, Owings & Merrill LLP

[그림 1.2] 자료제공: NASA

[그림 1.3] ⓒDonaldytong / Wikipedia Commons

[그림 1.4] ⓒColin / Wikimedia Commons

[그림 1.5] ⓒArmand du Plessis / Wikimedia Commons

[그림 3.1] ⓒMichel Royon / Wikimedia Commons

[그림 4.2] ⓒNilfanion / Wikimedia Commons

[그림 4.3] ⓒFrank Schulenburg / Wikimedia Commons

[그림 4.4] ⓒWilliam Murphy / Wikimedia Commons

[그림 5.1] ⓒOleg Alexandrov / Wikimedia Commons

[그림 6.1] ⓒArnoldius / Wikimedia Commons

[그림 6.4] 자료제공: Crossrail

[그림 6.5] 자료제공: Nick McCormick

[그림 7.1] ⓒSlawos / Wikimedia Commons

도시를 움직이는 모든 것들의 과학

   도시를 움직이는 모든 것들의 과학

찾아보기

도시를 움직이는 모든 것들의 과학

1판 1쇄 인쇄 2026년 4월 10일
1판 1쇄 발행 2026년 4월 30일

—

지은이 로리 윙클리스
옮긴이 이재경

—

펴낸이 백성빈
펴낸곳 반니출판
주소 서울 서초구 서초중앙로 69 806호
전화 02-6204-0491
전자우편 banni@banni.co.kr
출판등록 2025년 10월 13일 (제2025-000266호)

—

ISBN 979-11-24280-75-1 03400

—

책값은 뒤표지에 있습니다.
잘못된 책은 구입하신 곳에서 교환해드립니다.